信号とシステム

工学博士 斉藤 洋一 著

コロナ社

序　　文

　自然界には，電子や陽子など素粒子が主役の極微小の世界から宇宙の極巨大の世界まであり，またこれと直交しているように思われるカオスに代表される極複雑の世界もある。これらの世界はそれぞれ一つのシステムである。人類は，自然界というシステムに内在する秩序を知覚し，これらを分析・合成することにより科学や文明を築き上げてきた。また，身のまわりの日常生活においてはさまざまな情報が顕在化している。われわれは意識することなく情報を取得・活用し，さらには処理したあとに新たな情報として送り出している。

　これは情報の処理・伝達システムである。信号は情報の物理的表現であり，通常，時間を独立変数とする関数である。例えば，電話やTV信号などがあげられる。システムは，受け取った信号を加工・処理して別の信号に変換する**実体**（entity）としてとらえることができる。この実体はハードウェアとして物理的に実現される場合もあるし，アルゴリズムとしてソフトウェアで実現される場合もある。いずれにしても，システムが機能するためには秩序が必要で，この秩序を記述するものが数学的なモデルである。

　工学におけるシステムは特定の機能をもつ信号の変換器であり，これを**構築**（synthesis）するためには入出力の信号を**分析**（analysis）しなければならない。その際に，信号とシステムをいろいろな角度から眺めることが重要である。本書の目的は，信号とシステムを時間領域と周波数領域の二つの視座から観察することにより，それらの性質や振舞いを理解して，システムを設計するための基礎技術を身につけることにある。

　本書の具体的内容として，1，2章は信号およびシステムの形態を示したもので，基本的な概念や数学的モデルを時間領域で考察している。3，4章はフーリエ解析を扱い，信号と線形・時不変なシステムのかかわりを周波数領域から理解する。5章はラプラス解析を扱う。拡張した周波数領域を利用することにより，フーリエの手法では困難であったシステムの過渡現象を解析できることを学ぶ。6章はアナログ信号を離散化，ディジタル化するための基礎を述べている。コンピュータの数値演算性能が向上するに伴い，ディジタル信号処理

技術があらゆる場面で使われるようになっている。このような状況下でも周波数領域での考察は必要不可欠である。ただし，離散化した信号ともとのアナログ信号はスペクトル特性に相違点が存在することに注意が必要で，この点を十分理解できるようにしている。この相違を念頭に置き，7章は離散信号のフーリエ解析を扱っている。コンピュータによる信号スペクトル解析を理解し，実践する力を養うことを目標とする。同様に，8章は離散信号とシステムのラプラス解析（z変換）を扱っている。おもに，離散システムを設計する際に必要な基礎技術を学ぶ。

以上述べたように，1，2章で信号とシステムに関する基礎概念を，3〜5章で連続系の，6〜8章で離散系の信号とシステムを扱うために必要な数学的な基礎を修得できるよう構成し，大学専門課程における通年の教材用にまとめている。したがって，本書を1セメスターの教材として使用するには，連続系に絞って1〜5章まで，あるいは離散系に焦点を当てて1，2，6，7，8章など，適当に選択することになる。1，2章を導入部として，適当な章を取捨選択すれば本書の意図する最小限の目標は達成できるものと考えている。

本書は，信号とシステムに関する基礎を述べたものであるが，同時に難しい内容も含んでいる。目次に記した＊印はそれらに相当するもので，テーマの一貫性を保つためと，より深く学ぼうとする読者のために付け加えている。これらのテーマを飛ばしても，本書の目的を達成するうえでなんら支障はない。また，本書で扱う信号は確定信号に限っており，信号とシステムをより深く理解するために必要な不規則（ランダム）信号とその時系列の性質については触れることができなかった。しかし，本書を理解していれば容易に対応が可能であり，参考文献にあげた書物などを参照していただきたい。

世の中の技術は変革し続けてきわまることはないが，変わらないものがある。それは，本書で扱うような基礎知識や概念であり，数学における公理のようにそれを土台にして技術体系が構築される。本書で学んだ読者は，技術者として活躍するために必要な基礎学力を修得したと自信をもってよい。本書をきっかけに，少しでも多くの読者が技術によって社会に貢献できるようになれば，著者にとり望外の喜びである。

2003年4月 著　者

目　　　次

1. 信号の形態

1.1　連続/離散信号 …………………………………………………………… *1*
1.2　周期/非周期信号 ………………………………………………………… *4*
1.3　偶対称/奇対称信号 ……………………………………………………… *6*
1.4　エネルギー信号/電力信号 ……………………………………………… *8*
1.5　信号の操作と表現 ……………………………………………………… *10*
1.6　信号の相関 ……………………………………………………………… *15*
　演　習　問　題 ……………………………………………………………… *17*

2. システムの形態

2.1　線形/非線形システム ………………………………………………… *19*
2.2　時不変/時変システム ………………………………………………… *22*
2.3　無記憶/記憶システム ………………………………………………… *23*
2.4　因果的/非因果的システム …………………………………………… *24*
2.5　線形・時不変システムの応答 ……………………………………… *26*
2.6　システムの結合 ………………………………………………………… *31*
　演　習　問　題 ……………………………………………………………… *33*

3. フーリエ級数

3.1　周期信号の表現 ………………………………………………………… *36*
3.2　複素フーリエ級数 ……………………………………………………… *39*
3.3　周期信号のフーリエ級数による近似★ ……………………………… *45*
3.4　周期信号に対する線形・時不変システムの応答 ………………… *52*
　演　習　問　題 ……………………………………………………………… *56*

4. フーリエ変換

4.1 非周期信号の表現 …………………………………………… 59
4.2 基本的な信号のフーリエ変換 ………………………………… 63
4.3 フーリエ変換の性質 …………………………………………… 69
   4.3.1 線 形 性 …………………………………………………… 69
   4.3.2 対 称 性 …………………………………………………… 70
   4.3.3 双 対 性 …………………………………………………… 72
   4.3.4 面 積 …………………………………………………… 72
   4.3.5 時間シフト ………………………………………………… 73
   4.3.6 周波数シフト ……………………………………………… 75
   4.3.7 スケーリング ……………………………………………… 76
   4.3.8 畳み込み …………………………………………………… 77
   4.3.9 乗 積 …………………………………………………… 77
   4.3.10 微 分 …………………………………………………… 78
   4.3.11 積 分 …………………………………………………… 79
4.4 線形・時不変システムの解析 ………………………………… 80
4.5 フーリエ変換の応用 …………………………………………… 84
   4.5.1 周期信号のフーリエ変換 ………………………………… 84
   4.5.2 現実の信号スペクトル解析 ……………………………… 86
   4.5.3 パーシバルの定理とエネルギースペクトル …………… 88
   4.5.4 相関関数とウィーナー・ヒンチンの定理★ …………… 89
   4.5.5 因果的信号のスペクトル★ ……………………………… 91
演 習 問 題 …………………………………………………………… 95

5. ラプラス変換

5.1 複素周波数によるフーリエ変換の拡張 ……………………… 98
5.2 基本的な信号のラプラス変換 ………………………………… 103
5.3 ラプラス変換の性質 …………………………………………… 105
   5.3.1 線 形 性 …………………………………………………… 105
   5.3.2 時間シフト ………………………………………………… 105

5.3.3　周波数シフト ································· 106
　5.3.4　スケーリング ································· 107
　5.3.5　微分（時間領域） ····························· 107
　5.3.6　微分（s 領域） ······························ 108
　5.3.7　積分（時間領域） ····························· 109
　5.3.8　積分（s 領域） ······························ 109
　5.3.9　畳み込み ····································· 110
　5.3.10　乗積（変調） ································ 111
　5.3.11　初期値の定理 ································ 112
　5.3.12　終期値の定理 ································ 112
5.4　逆ラプラス変換 ······································· 114
5.5　システムの伝達関数と安定性 ··························· 116
5.6　ラプラス変換の応用 ··································· 121
　5.6.1　線形微分方程式の解法 ························· 121
　5.6.2　電気回路の動作解析 ··························· 122
　5.6.3　制御システムの解析★ ·························· 125
演 習 問 題 ··· 129

6.　アナログ信号のディジタル化

6.1　標　本　化 ··· 132
　6.1.1　シャノン・染谷の標本化定理 ··················· 132
　6.1.2　帯域信号の標本化★ ···························· 138
　6.1.3　標本パルス波形の与える影響 ··················· 143
6.2　量　子　化 ··· 146
　6.2.1　信号の量子化 ································· 146
　6.2.2　量子化雑音 ··································· 149
　6.2.3　線形量子化と非線形量子化★ ···················· 153
6.3　数 値 の 符 号 化 ······································· 156
　6.3.1　10進数のバイナリ表現 ························· 156
　6.3.2　固定小数点演算 ······························· 160
　6.3.3　浮動小数点演算 ······························· 164

演 習 問 題 ……………………………………………………………… 166

7. 離散フーリエ変換

7.1 離散信号のフーリエ変換 ……………………………………………… 169
 7.1.1 離散時間フーリエ変換 ………………………………………… 170
 7.1.2 離散フーリエ変換とその周期性 ……………………………… 171
7.2 離散フーリエ変換の性質 ……………………………………………… 175
 7.2.1 線 形 性 ………………………………………………………… 175
 7.2.2 対 称 性 ………………………………………………………… 175
 7.2.3 和 ………………………………………………………………… 177
 7.2.4 巡回時間シフト ………………………………………………… 177
 7.2.5 巡回周波数シフト ……………………………………………… 178
 7.2.6 巡回畳み込み …………………………………………………… 178
 7.2.7 乗 積 …………………………………………………………… 181
 7.2.8 パーシバルの定理 ……………………………………………… 182
7.3 信号のスペクトル解析 ………………………………………………… 183
 7.3.1 周波数分解能 …………………………………………………… 183
 7.3.2 有限時間観測に伴うスペクトルの漏洩 ……………………… 186
 7.3.3 窓関数の効果 …………………………………………………… 189
7.4 高速フーリエ変換★ …………………………………………………… 195
演 習 問 題 ……………………………………………………………… 200

8. z 変 換

8.1 z 変換の定義 …………………………………………………………… 202
8.2 基本的な信号の z 変換 ………………………………………………… 205
8.3 z 変換の性質 …………………………………………………………… 207
 8.3.1 線 形 性 ………………………………………………………… 207
 8.3.2 時間シフト ……………………………………………………… 207
 8.3.3 ランプ関数との乗算 …………………………………………… 208
 8.3.4 スケーリング …………………………………………………… 209

目 次　vii

　　8.3.5　畳み込み ……………………………………………… 210
　　8.3.6　初期値の定理 ………………………………………… 211
　　8.3.7　終期値の定理 ………………………………………… 211
8.4　逆 z 変 換 ……………………………………………………… 212
　　8.4.1　ベキ級数展開 ………………………………………… 213
　　8.4.2　部分分数展開 ………………………………………… 214
8.5　システムの伝達関数と応答 …………………………………… 215
8.6　他の変換との関係 ……………………………………………… 220
8.7　z 変 換 の 応 用 ………………………………………………… 224
　　8.7.1　因果的システムの実現方法 …………………………… 224
　　8.7.2　ディジタルフィルタ …………………………………… 226
演 習 問 題 …………………………………………………………… 235

付　　録

　　A.1　オイラーの公式 ………………………………………… 237
　　A.2　直交関数による信号の表現★ ………………………… 239
　　A.3　部分分数展開 …………………………………………… 242
　　A.4　極とゼロが周波数特性に与える影響★ ……………… 244
　　A.5　ラプラス変換と特殊関数★ …………………………… 248
　　A.6　オーバーサンプリングとデシメーションおよび
　　　　　インターポレーション★ ……………………………… 251
　　A.7　量子化雑音の低減法★ ………………………………… 255
演習問題略解 ………………………………………………………… 259
参 考 文 献 ………………………………………………………… 289
索　　　引 ………………………………………………………… 291

─── 理解度セルフチェック ───

読者に身に付けて欲しい知識・手法を自己チェックできるように，各章ごとに「理解度セルフチェック」なるものを作成しました．下記 URL から，ユーザ名：signals_and_systems を入力し，「Self-Check.pdf」ファイルを開けば見ることができます（パスワードは不要です）．

http://www.wakayama-u.ac.jp/~ysaito/Self-Check/

1 信号の形態

　信号は，音声や映像などの情報を検知できるような形に変換した物理量であり，通常は最も扱いやすい電気信号に変換される。信号はまた，一つ以上の独立変数の関数として表される。例えば，電圧や電流により表される音声信号は時間の関数として与えられ，輝度と色相により表される画像信号は2次元平面の座標 (x, y) の関数として与えられる。議論を簡単にするため，本書は一つの独立変数（例えば，時間）のみを含む信号を扱うものとする。本章では，まず信号とシステムのかかわりをみる際に必要となる，信号の時間関数としての数学的形態を明らかにする。

1.1 連続/離散信号

　独立変数の性質により信号を分類できる。独立変数が連続であれば対応する信号は**連続信号**（continuous signal）と呼ばれ，離散変数の場合は**離散信号**（discrete signal）と呼ばれる。連続時間信号 $g(t)$ の独立変数 t は連続的な実数であり，信号振幅 $g(t)$ も実数値をとる。離散時間信号 $g(n)$ の独立変数 n は整数であり，適当な正の実定数 T_s を与えたとき $g(n)$ は $t = nT_s$ における実数値をとる。ここで注意すべき点は，連続信号の振幅は必ずしも連続的ではない。同様に，離散信号の振幅は必ずしも離散的ではなく，多くの場合連続的である。連続/離散の違いは，独立変数の連続性/離散性に起因し，関数の値とは無関係である。

　連続時間信号 $g(t)$ について，任意の時刻 t_0 とその前後 $t_0+\varepsilon$，$t_0-\varepsilon$ におけ

る関数値（信号振幅）を考えよう。ここで，ε は任意に小さい正の実数とする。もし，$g(t_0)=g(t_0+\varepsilon)=g(t_0-\varepsilon)$ ならば $g(t)$ は $t=t_0$ で連続である。等しくなければ $t=t_0$ で不連続であり，その時刻で信号振幅はジャンプする。離散時間信号の場合は，独立変数 n が整数であるため n_0-1, n_0, n_0+1 において信号振幅にジャンプを生じるように思えるが，サンプル全体としてみたときに $g(n)$ は実数であり連続量といえる。具体例として，**表 1.1** に示す代表的な連続時間信号と，それぞれに対応する離散時間信号によってみていこう。

（1） 正弦波信号

$$g(t) = \sin(at), \quad a > 0 \quad \text{（連続）} \tag{1.1}$$

$$g(n) = \sin(an), \quad a > 0 \quad \text{（離散）} \tag{1.2}$$

振幅値はそれぞれ連続的である。

（2） 指数関数

$$g(t) = a_0 \exp(at), \quad a_0, \ a > 0 \quad \text{（連続）} \tag{1.3}$$

$$g(n) = a_0 \exp(an), \quad a_0, \ a > 0 \quad \text{（離散）} \tag{1.4}$$

振幅値はそれぞれ連続的である。

（3） 単位ステップ関数

$$g(t) = \mathrm{u}(t) \equiv \begin{cases} 1 & \cdots\cdots \quad t \geq 0 \\ 0 & \cdots\cdots \quad t < 0 \end{cases} \quad \text{（連続）} \tag{1.5}$$

$$g(n) = \mathrm{u}(n) \equiv \begin{cases} 1 & \cdots\cdots \quad n \geq 0 \\ 0 & \cdots\cdots \quad n < 0 \end{cases} \quad \text{（離散）} \tag{1.6}$$

振幅値はそれぞれ非連続的（区間的に連続）である。

（4） 矩形パルス信号

$$g(t) = \mathrm{rect}\left(\frac{t}{T}\right) \equiv \begin{cases} 1 & \cdots\cdots \quad |t| \leq \dfrac{T}{2} \\ 0 & \cdots\cdots \quad |t| > \dfrac{T}{2} \end{cases} \quad \text{（連続）} \tag{1.7}$$

$$g(n) = \mathrm{rect}\left(\frac{n}{N}\right) \equiv \begin{cases} 1 & \cdots\cdots \quad |n| \leq \dfrac{N-1}{2} \\ 0 & \cdots\cdots \quad |n| > \dfrac{N-1}{2} \end{cases} \quad \text{（離散）} \tag{1.8}$$

1.1 連続 / 離散信号

表 1.1 代表的な信号

関　数	連続時間信号	離散時間信号
1. 正弦波	$g(t) = \sin(at), \ a>0$	$g(n) = \sin(an), \ a>0$
2. 指数関数	$g(t) = a_0 \exp(at), \ a_0, \ a>0$	$g(n) = a_0 \exp(an), \ a_0, \ a>0$
3. 単位ステップ関数	$g(t) = \mathrm{u}(t) \equiv \begin{cases} 1 & \cdots\cdots t \geqq 0 \\ 0 & \cdots\cdots t < 0 \end{cases}$	$g(n) = \mathrm{u}(n) \equiv \begin{cases} 1 & \cdots\cdots n \geqq 0 \\ 0 & \cdots\cdots n < 0 \end{cases}$
4. 矩形パルス	$g(t) = \mathrm{rect}\left(\dfrac{t}{T}\right) \equiv \begin{cases} 1 & \cdots\cdots |t| \leqq \dfrac{T}{2} \\ 0 & \cdots\cdots |t| > \dfrac{T}{2} \end{cases}$	$g(n) = \mathrm{rect}\left(\dfrac{n}{N}\right) \equiv \begin{cases} 1 & \cdots\cdots |n| \leqq \dfrac{N-1}{2} \\ 0 & \cdots\cdots |n| > \dfrac{N-1}{2} \end{cases}$
5. 符号関数	$g(t) = \mathrm{sgn}(t) \equiv \begin{cases} 1 & \cdots\cdots t \geqq 0 \\ -1 & \cdots\cdots t < 0 \end{cases}$	$g(n) = \mathrm{sgn}(n) \equiv \begin{cases} 1 & \cdots\cdots n \geqq 0 \\ -1 & \cdots\cdots n < 0 \end{cases}$
6. デルタ関数	$g(t) = \delta(t) \equiv \begin{cases} \infty & \cdots\cdots t = 0 \\ 0 & \cdots\cdots t \neq 0 \end{cases}$	$g(n) = \delta(n) \equiv \begin{cases} 1 & \cdots\cdots n = 0 \\ 0 & \cdots\cdots n \neq 0 \end{cases}$

振幅値はそれぞれ非連続的（区間的に連続）である。

（5） 符号関数

$$g(t) = \mathrm{sgn}(t) \equiv \begin{cases} 1 & \cdots\cdots & t \geqq 0 \\ -1 & \cdots\cdots & t < 0 \end{cases} \quad \text{（連続）} \qquad (1.9)$$

$$g(n) = \mathrm{sgn}(n) \equiv \begin{cases} 1 & \cdots\cdots & n \geqq 0 \\ -1 & \cdots\cdots & n < 0 \end{cases} \quad \text{（離散）} \qquad (1.10)$$

振幅値はそれぞれ非連続的（区間的に連続）である。

（6） デルタ関数

$$g(t) = \delta(t) \equiv \begin{cases} \infty & \cdots\cdots & t = 0 \\ 0 & \cdots\cdots & t \neq 0 \end{cases} \quad \text{（連続）} \qquad (1.11)$$

$$g(n) = \delta(n) \equiv \begin{cases} 1 & \cdots\cdots & n = 0 \\ 0 & \cdots\cdots & n \neq 0 \end{cases} \quad \text{（離散）} \qquad (1.12)$$

デルタ関数 $\delta(t)$ は，量子力学の創始者の一人**ディラック**（P. Dirac）が考案した仮想的な超関数で，信号を表現する際によく使われる（1.5節）。また，離散デルタ関数 $\delta(n)$ は**クロネッカ**（Kronecker）**のデルタ**とも呼ばれる。

1.2 周期/非周期信号

連続時間信号がすべての実数 t で次式を満足するとき，$g(t)$ は周期 kT の**周期信号**（periodic signal）である。

$$g(t) = g(t + kT), \quad k = 1, 2, 3, \cdots \qquad (1.13)$$

ここで，T は正の実数とする。自然数 k の値により周期は一意に定まらないが，$k = 1$ の場合の T を基本周期と呼び，$1/T$ を基本周波数と呼ぶ。

非周期信号は式 (1.13) を満足しない。すなわち，一定の時間間隔 T で同じ値を無限に繰り返すことがない信号である。したがって，現実の信号はすべて**非周期信号**（aperiodic signal）である（無限の継続時間をもつ信号はない）。しかし，現実的な信号に対するシステムの応答を知るうえで，周期信号の応答が本質的な役割を演ずる。このため，周期信号を考えることが重要とな

る。

　離散時間信号の周期信号となる条件は，すべての整数 n で次式を満足することである。

$$g(n) = g(n+kN), \quad k = 1,\ 2,\ 3,\ \cdots \tag{1.14}$$

ただし，N は自然数である。

◁ **例 1.1**

　周期信号の典型的な例は正弦波である。表 1.1(a) の連続信号（$a = 2$）の場合 $g(t) = \sin 2t$ で，式 (1.13) を満足する基本周期は $T = \pi$ である。しかし離散信号の場合，$g(n) = \sin 2n$ と $g(n+N) = \sin 2(n+N)$ が等しくなるためには，$N = \pi$ でなければならない。これは N が自然数という条件に反するため，$\sin 2n$ は非周期信号となる。

　このように，離散信号の場合正弦波は必ずしも周期関数とはならず，周期性の判定に注意が必要である。

◁ **例 1.2**

　A，B，a，b を正の実数としたとき，異なる二つの周期信号の和 $g(t) = A\sin 2\pi at + B\cos 2\pi bt$ の基本周期を求めよう。

　$g_1(t) = A\sin 2\pi at$ の基本周期は $T_1 = 1/a$ であるから $g_1(t) = g_1(t+k_1/a)$。また，$g_2(t) = B\cos 2\pi bt$ の基本周期は $T_2 = 1/b$ であるから $g_2(t) = g_2(t+k_2/b)$。したがって，$g(t) = g_1(t) + g_2(t) = g_1(t+k_1/a) + g_2(t+k_2/b)$ と $g(t+T) = g_1(t+T) + g_2(t+T)$ が等しくなる T が基本周期となる。これより

$$T = \frac{k_1}{a} = \frac{k_2}{b}$$

でなければならない。また，k_1，k_2 は自然数であるから

$$\frac{k_1}{k_2} = \frac{a}{b}$$

は有理数でなければならない。

以上より,異なった周期をもつ信号の和は周期信号になる場合と,ならない場合がある。この例で明らかなように,基本周波数 a, b の比が有理数の場合 $g(t)$ は周期信号となり,その基本周期は $T = \text{LCM}[T_1, T_2] = \text{LCM}[1/a, 1/b]$ ($1/a$, $1/b$の最小公倍数) である。図 1.1 に周期信号になる例と非周期信号になる例を示す。

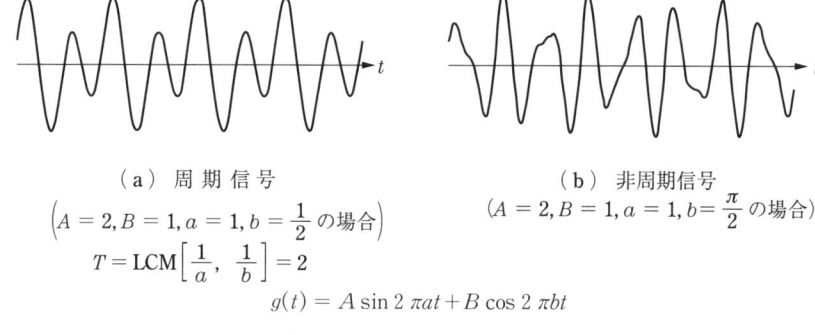

(a) 周期信号
$\left(A = 2, B = 1, a = 1, b = \dfrac{1}{2} \text{の場合}\right)$
$T = \text{LCM}\left[\dfrac{1}{a}, \dfrac{1}{b}\right] = 2$

(b) 非周期信号
$\left(A = 2, B = 1, a = 1, b = \dfrac{\pi}{2} \text{の場合}\right)$

$g(t) = A \sin 2\pi a t + B \cos 2\pi b t$

図 1.1　二つの周期信号の和

1.3　偶対称/奇対称信号

任意の信号 $g(t)$ に対し,$g(-t)$ は原点 $t = 0$ に関して折り返した信号である。いま,関数 $g_e(t)$ に関し次式が成立すれば,$g_e(t)$ は偶対称信号である。

$$g_e(-t) = g_e(t) \tag{1.15}$$

また,次式が成立するとき $g_o(t)$ は奇対称信号である。

$$g_o(-t) = -g_o(t) \tag{1.16}$$

この式から,奇対称信号の特徴として必ず $g_o(0) = 0$ が成立することがわかる。そのほか,偶関数と奇関数の間の演算ではつぎの関係が成立する。

偶関数×偶関数＝偶関数

奇関数×奇関数＝偶関数

偶関数×奇関数＝奇関数

これらは，積分などの演算をする際によく使われる性質で，その証明は偶/奇関数の定義式 (1.15)，(1.16) より明らかであろう（演習問題 7）。

任意の信号は，次式より偶対称信号と奇対称信号に分解できることがわかる。

$$g(t) = \frac{1}{2}\{g(t)+g(-t)\} + \frac{1}{2}\{g(t)-g(-t)\}$$
$$= g_e(t) + g_o(t) \tag{1.17}$$

最初の式の第 1 項が偶関数，第 2 項が奇関数であることは，先と同様定義式から容易に導くことができる（演習問題 8）。

◯◁ 例 1.3

関数 $g(t) = \cos(2\pi f_0 t + \theta)$ は次式に示すように偶関数と奇関数に分解できる。

$$g(t) = \cos(2\pi f_0 t + \theta) = \cos 2\pi f_0 t \cdot \cos\theta - \sin 2\pi f_0 t \cdot \sin\theta$$

◯◁ 例 1.4

図 1.2 に示す指数関数 $g(t) = a_0 \exp(at)\,(a_0 > 0,\ a > 0)$ を偶関数と奇関数に分解してみよう。式 (1.17) より，偶関数を $g_e(t)$，奇関数を $g_o(t)$ とすれ

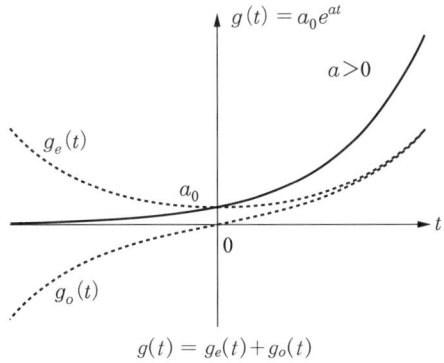

図 1.2　信号 $g(t)$ の偶/奇対称信号への分解

ば

$$g_e(t) = \frac{g(t)+g(-t)}{2} = \frac{a_o(e^{at}+e^{-at})}{2}$$

$$g_o(t) = \frac{g(t)-g(-t)}{2} = \frac{a_o(e^{at}-e^{-at})}{2}$$

が得られる。

1.4 エネルギー信号/電力信号

いままで信号の形に着目してきたが，信号の大きさや強さといったパラメータも考えておく必要がある。図 1.3 は電圧 $v(t)$ の信号源に負荷抵抗 R が接続されている。この抵抗で消費される瞬時電力は，$p(t) = v^2(t)/R = Ri^2(t)$ で与えられる。ここで，議論を一般化するため電力を正規化し ($R = 1\Omega$)，電圧や電流を一般的な信号 $g(t)$（複素数とみなす）に置き換えると

$$p(t) = |g(t)|^2 \tag{1.18}$$

となる（実信号の場合，絶対値は不要）。時間間隔 L での信号エネルギーは次式で定義される。

$$E_L = \int_0^L |g(t)|^2 \, dt \tag{1.19}$$

また，信号 $g(t)$ の全エネルギーは時間 $t \in (-\infty, \infty)$ で定義され，次式で与えられる。

$$E = \lim_{L \to \infty} \int_{-L/2}^{L/2} |g(t)|^2 \, dt \left(= \int_{-\infty}^{\infty} |g(t)|^2 \, dt \right) \tag{1.20}$$

上式の積分で極限が存在し，$0 < E < \infty$ の場合，信号 $g(t)$ を**エネルギー信号**

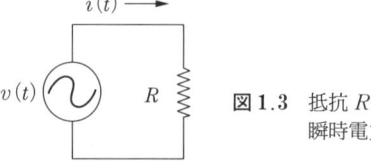

図 1.3　抵抗 R で消費される瞬時電力

(energy signal)と呼ぶ。エネルギー信号の典型は，表1.1(d)のような孤立波形である。矩形パルスの振幅をA，パルス幅をTとすれば，その信号のエネルギーはA^2Tとなる。

信号$g(t)$の平均電力は次式で与えられる。

$$P = \lim_{L \to \infty} \frac{1}{L} \int_{-L/2}^{L/2} |g(t)|^2 \, dt \tag{1.21}$$

上式の積分で極限が存在し，$0 < P < \infty$の場合，信号$g(t)$を**電力信号**(power signal) と呼ぶ。電力信号の典型は正弦波である。正弦波は周期関数で，すべての時間にわたり存在し，そのエネルギーは無限大に発散する。しかし，平均電力は有限である。周期関数の平均電力を求める場合，式(1.21)の積分範囲は1周期分をとれば十分である。

離散信号の場合も連続信号と同様，エネルギー信号と電力信号に分類することができ，離散信号$g(n)$のエネルギーと平均電力はNを整数としてそれぞれ次式で与えられる。

$$E = \lim_{N \to \infty} \sum_{n=-N}^{N} |g(n)|^2 \tag{1.22}$$

$$P = \lim_{N \to \infty} \frac{1}{2N+1} \sum_{n=-N}^{N} |g(n)|^2 \tag{1.23}$$

◁ 例1.5

正弦波$g(t) = A \sin 2\pi f_0 t$の平均電力は，1周期分$(T = 1/f_0)$の2乗平均値として次式で求まる。

$$P = \frac{1}{T} \int_0^T |A \sin 2\pi f_0 t|^2 \, dt = \frac{A^2}{2}$$

また，$\sqrt{P} = |A|/\sqrt{2}$を実効値と呼ぶ。

◁ 例1.6

表1.1(c)に示す単位ステップ関数$u(t)$は

$$E = \lim_{L \to \infty} \int_{-L/2}^{L/2} |\mathrm{u}(t)|^2 \, dt = \lim_{L \to \infty} \frac{L}{2} \to \infty$$

$$P = \lim_{L \to \infty} \frac{1}{L} \int_{-L/2}^{L/2} |\mathrm{u}(t)|^2 dt = \frac{1}{2}$$

より電力信号に分類され,その平均電力は 1/2 である.

◁ **例 1.7**

離散指数関数 $2^{-n}\mathrm{u}(n)$ は初項 1,公比 1/2 の無限等比級数である.したがって,エネルギーは有限の値をもち,エネルギー信号に分類できる.

$$E = \lim_{N \to \infty} \sum_{n=-N}^{N} |2^{-n}\mathrm{u}(n)|^2 = \lim_{N \to \infty} \sum_{n=0}^{N} 2^{-2n} = \frac{4}{3}$$

1.5 信号の操作と表現

信号を蓄積あるいは伝送する場合,信号をさまざまな形に加工し処理するが,その際信号に施される基本的な操作についてみておく.信号を記述する独立変数として「時間」をとると,それらは信号の時間シフト,時間反転,時間伸縮(スケーリング),およびそれらの組合せである.また,ディラックのデルタ関数を用いた畳み込み操作による信号表現も理解すべき重要な概念である.

(1) **時間シフト**

任意の信号 $g(t)$ に対し,$g(t-\tau)$ は図 1.4(a)に示すようにもとの信号を τ だけ時間シフトしたものである.シフト量が $\tau > 0$ の場合は右側へのシフト(時間遅れ)で,$\tau < 0$ の場合は左側へのシフト(時間進み)である.

(2) **時間反転**

任意の信号 $g(t)$ に対し,$g(-t)$ は図(b)に示すように $t = 0$ に関し時間軸を反転したものである.時間シフトした信号 $g(t-\tau)$ に対する時間反転信号は

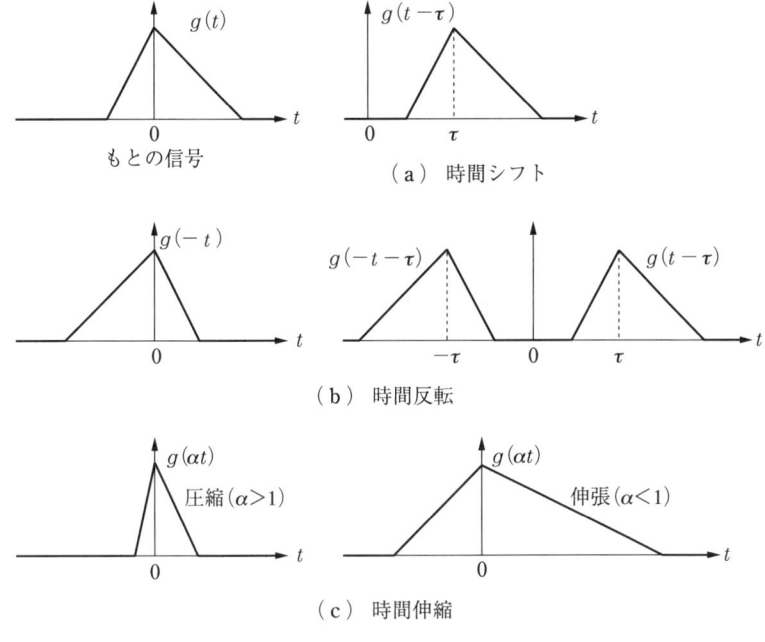

図 1.4　信号の基本操作

$g(-t-\tau)$ であり，両者は $t=0$ に鏡を置いたときの実体とその鏡像の関係にある。時間反転操作は，1.3 節で述べたように信号の対称性を調べるときにも使われる。

（3）時　間　伸　縮

任意の信号 $g(t)$ に対し，$g(\alpha t)$ は図（c）に示すように時間軸を伸縮したものである。係数 α は通常正の実数とし，$0<\alpha<1$ で時間軸を $1/\alpha$ 倍に伸張し，$\alpha>1$ では α 倍に圧縮する。

○○○　**例題 1.1**　○○○

図 1.5（a）をもとの信号 $g(t)$ として，$g(2-t)$ および $g(2-2t)$ を描け。

解　時間軸の反転，時間シフト，時間軸の圧縮を用いて描くことができるが，ここでは数式的に処理してみよう。

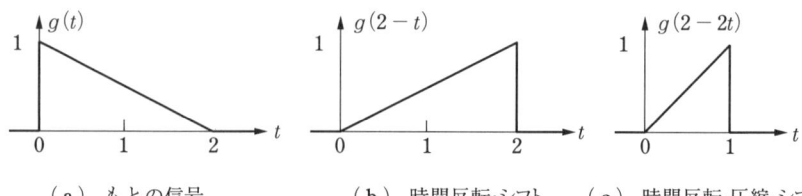

(a) もとの信号　　　（b）時間反転・シフト　　（c）時間反転・圧縮・シフト

図 1.5　信号の反転，シフト，圧縮の例

$$g(t) = \begin{cases} 1 - \dfrac{t}{2} & \cdots\cdots \quad 0 \leq t \leq 2 \\ 0 & \cdots\cdots \quad \text{elsewhere} \end{cases}$$

より，変数 t および t の範囲に $2-t$ を代入して図(b)の $g(2-t)$ が得られる。

$$g(2-t) = \begin{cases} \dfrac{t}{2} & \cdots\cdots \quad 0 \leq t \leq 2 \\ 0 & \cdots\cdots \quad \text{elsewhere} \end{cases}$$

同様に，$2-2t$ を代入することで図(c)の $g(2-2t)$ が得られる。

$$g(2-2t) = \begin{cases} t & \cdots\cdots \quad 0 \leq t \leq 1 \\ 0 & \cdots\cdots \quad \text{elsewhere} \end{cases}$$

（4）デルタ関数による信号表現

デルタ関数は，表 1.1（f）に示すような $t=0$ における単位インパルスであり，振幅は無限大である。ただし，関数の積分値は 1 となる。

$$\int_{-\infty}^{\infty} \delta(t)\,dt = 1 \tag{1.24}$$

このことは，次式に示すように表 1.1 の 4 に示す振幅 $1/T$ の矩形パルス（面積は 1）の幅 T を無限小にしたときの極限として与えられることを意味している。

$$\delta(t) = \lim_{T \to 0} \frac{1}{T} \operatorname{rect}\left(\frac{t}{T}\right) \tag{1.25}$$

デルタ関数はまた単位ステップ関数とつぎの関係で結ばれている。

$$\mathrm{u}(t) = \int_{-\infty}^{t} \delta(\tau)\,d\tau \quad (t \geq 0) \tag{1.26}$$

$$\delta(t) = \frac{d}{dt}\mathrm{u}(t) \tag{1.27}$$

離散デルタ関数（クロネッカのデルタ）も離散ステップ関数と同様の関係にある。

$$\mathrm{u}(n) = \sum_{k=0}^{\infty} \delta(n-k) \tag{1.28}$$

$$\delta(n) = \mathrm{u}(n) - \mathrm{u}(n-1) \tag{1.29}$$

すなわち，式 (1.26) の積分は和分に，式 (1.27) の微分は差分に置き換えられる。

デルタ関数に関し，信号表現と密接に関連する別の定義を示しておく。任意の連続関数 $g(t)$ に対し，デルタ関数はつぎの積分方程式を満足する。

$$\int_{-\infty}^{\infty} g(t)\delta(t-\tau)\,dt = g(\tau) \tag{1.30}$$

すなわち，デルタ関数は任意の連続関数 $g(t)$ に対し，時刻 $t = \tau$ における関数値 $g(\tau)$ を抽出する機能をもつ。上式において，t と τ を入れ換えて，デルタ関数の偶対称性 $\delta(-t) = \delta(t)$ を利用すると次式が得られる。

$$g(t) = \int_{-\infty}^{\infty} g(\tau)\delta(t-\tau)\,d\tau \equiv g(t) \otimes \delta(t) \tag{1.31}$$

上式より，任意の連続関数 $g(t)$ は自分自身と $\delta(t)$ の**畳み込み積分** (convolution integral) により表される。ここで，畳み込み演算の記号を $\otimes$ と表しておく。式 (1.31) を別の言葉でいえば，任意の連続関数はデルタ関数の線形結合（極限的な意味の線形和）で表されることを示している。

畳み込みの操作は，図 **1.6** に示すように $\delta(\tau)$ を時間反転させ，さらに $t(-\infty, \infty)$ だけ時間シフトさせた $\delta(t-\tau)$ と $g(\tau)$ の重なった部分の面積を求めることである。ここではデルタ関数という特殊な関数を扱っているが，図

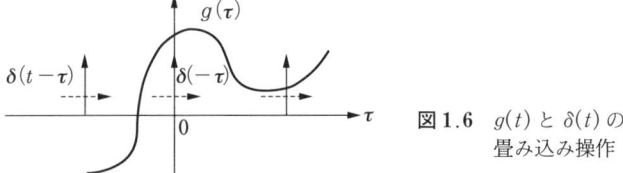

図 **1.6** $g(t)$ と $\delta(t)$ の畳み込み操作

1.7 に示すように，任意の関数 $x(\tau)$ と $y(\tau)$ の畳み込み積分は図を用いて視覚的に求めることができる。なお，時間反転・シフトする関数はどちらの関数でもよく，扱いやすい関数を選べばよい（変数 $t-\tau$ を u とおいて式を変形してみよ）。

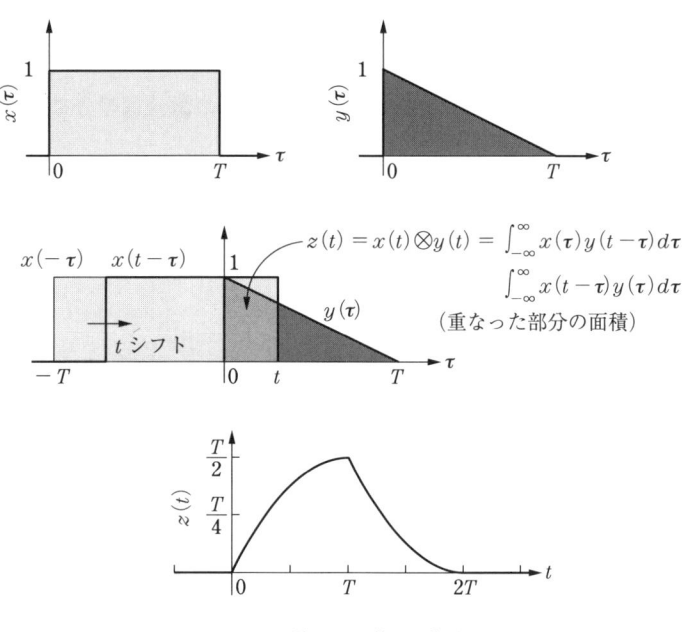

図 1.7 畳み込み積分の解釈

任意の離散時間関数 $g(n)$ も離散デルタ関数 $\delta(n)$ を用いて表すことができる。任意の時刻 $n=k$ における関数値は $g(k)=g(k)\delta(n-k)$，すなわち k だけ時間シフトした振幅 $g(k)$ のインパルスで与えられる。したがって

$$g(n) = \cdots + g(-1)\delta(n+1) + g(0)\delta(n) + g(1)\delta(n-1) + \cdots$$
$$= \sum_{k=-\infty}^{\infty} g(k)\delta(n-k) \equiv g(n) \otimes \delta(n) \quad (1.32)$$

が得られる。これより，任意の離散信号は自分自身 $g(n)$ と離散デルタ関数 $\delta(n)$ の畳み込み和（単位インパルスの線形結合）で表すことができる。単位ステップ関数（式 (1.28)）はこの特殊例である。

1.6 信号の相関

通信システムなどで二つの信号の類似性を評価する場合がある[†]。信号間の類似性を表す尺度として，**相関**（correlation）という概念が使われる。特に，二つの信号 $x(t)$ と $y(t)$ が実時間関数の場合，**相互相関関数**（cross-correlation function）は次式で定義される。

$$R_{xy}(\tau) = \lim_{T \to \infty} \frac{1}{T} \int_{-T/2}^{T/2} x(t)y(t+\tau)\, dt \tag{1.33}$$

信号 $x(t)$, $y(t)$ が基本周期 T_0 の周期信号の場合，相互相関は同様に基本周期 T_0 の周期関数であり，次式で与えられる。

$$R_{xy}(\tau) = \frac{1}{T_0} \int_{-T_0/2}^{T_0/2} x(t)y(t+\tau)\, dt \tag{1.34}$$

信号 $x(t)$, $y(t)$ がエネルギー信号の場合は次式で与えられる。

$$R_{xy}(\tau) = \int_{-\infty}^{\infty} x(t)y(t+\tau)\, dt \tag{1.35}$$

相互相関関数の変数 τ は時間シフト変数で，$x(t)$ と $y(t)$ の相対的時間シフト量を表している。すべての τ で $R_{xy}(\tau) = 0$ の場合，両信号は**無相関**であるという。相関を求める場合，時間シフトする関数を決める必要がある。一般的に $R_{xy}(\tau)$ と $R_{yx}(\tau)$ は等しくなく，つぎの関係（鏡像関係）が成立する（演習問題13）。

$$R_{xy}(\tau) = R_{yx}(-\tau) \tag{1.36}$$

ここで，信号 $x(t)$ と $y(t)$ の平均電力をそれぞれ P_x, P_y としたとき，$x(t)+y(t)$ の平均電力がどうなるかみておこう。平均電力の定義式（1.21）および $y(t)$ と $y(t+\tau)$ の平均電力は等しいことを考慮して

[†] 携帯電話システムなどで使われている CDMA 通信では，異なる複数の信号が合成されて受信されるが，**相関検波**により受信信号の中から所望信号のみを取り出すことができる。相関検波は，受信信号と基準信号の相互相関演算を行い，二つの信号の類似度を評価する。

16　　1. 信号の形態

$$P = \lim_{T\to\infty}\frac{1}{T}\int_{-T/2}^{T/2}[x(t)+y(t+\tau)]^2\,dt$$
$$= \lim_{T\to\infty}\frac{1}{T}\left\{\int_{-T/2}^{T/2}x^2(t)\,dt + \int_{-T/2}^{T/2}y^2(t+\tau)\,dt + 2\int_{-T/2}^{T/2}x(t)y(t+\tau)\,dt\right\}$$
$$= P_x + P_y + 2R_{xy}(\tau) \tag{1.37}$$

が得られる。したがって，信号 $x(t)$ と $y(t)$ が無相関であれば，合成した信号の平均電力はそれぞれの信号の電力和になるという重要な結論が得られる。

つぎに，$x(t) = y(t)$ という特殊な場合を考えよう。この場合，相互相関は信号それ自身の相関になり**自己相関関数**（auto-correlation function）と呼ばれる。

$$R_{xx}(\tau) = \lim_{T\to\infty}\frac{1}{T}\int_{-T/2}^{T/2}x(t)x(t+\tau)\,dt \tag{1.38}$$

上式より，自己相関関数について以下の性質が得られる。

（1）　信号の平均電力は $\tau=0$ の自己相関値 $R_{xx}(0)$ で与えられる。

$$R_{xx}(0) = \lim_{T\to\infty}\frac{1}{T}\int_{-T/2}^{T/2}x^2(t)\,dt \equiv P \tag{1.39}$$

（2）　自己相関の最大値は $R_{xx}(0)$ である。

$$R_{xx}(0) \geqq R_{xx}(\tau) \tag{1.40}$$

（3）　自己相関関数は偶関数である。

$$R_{xx}(\tau) = R_{xx}(-\tau) \tag{1.41}$$

以上は実時間関数についての性質であるが，$x(t)$，$y(t)$ がそれぞれ複素時間関数の場合も同様である。ただし，表記法が異なることに注意（演習問題16参照）。

◯◁　例 1.8

$x(t) = \cos 2\pi f_0 t$ と $y(t) = \sin 2\pi f_0 t$ はそれぞれ基本周期 $T_0 = 1/f_0$ の周期関数であるから，それらの相互相関関数は次式で求まる。

$$R_{xy}(\tau) = \frac{1}{T_0}\int_{-T_0/2}^{T_0/2}\cos 2\pi f_0 t \cdot \sin 2\pi f_0(t+\tau)\,dt$$
$$= \frac{1}{2}\sin 2\pi f_0 \tau$$

また，$x(t)+y(t+\tau)$ の平均電力は次式で与えられる。
$$P = P_x + P_y + 2R_{xy}(\tau) = 1 + \sin 2\pi f_0 \tau$$
すなわち，$\tau = n/2f_0$（n：整数）のとき両信号は無相関となり $P = P_x + P_y = 1$ である。しかし，$\tau \neq n/2f_0$ の場合は有相関となり，P は 1 以外の 0 から 2 までをとりうる。

なお，相関値を正規化した値として，**相関係数**は
$$\rho_{xy}(\tau) \equiv \frac{R_{xy}(\tau)}{\sqrt{R_{xx}(0) \cdot R_{yy}(0)}} \tag{1.42}$$
で定義され，$-1 \leq \rho_{xy}(\tau) \leq 1$ である。ただし，$R_{xx}(0)$，$R_{yy}(0)$ は $\tau = 0$ における $x(t)$，$y(t)$ の自己相関値（平均電力）である。

演 習 問 題

1. 表 1.1（b）の指数関数は実関数であるが，係数 a が複素数の場合，複素指数関数となる。複素指数関数 $g(t) = \exp(at)$，$a = 0.7 + j2\pi$ について，$g(t)$ の実部と包絡線 $\pm|g(t)|$ を図示せよ。
   ヒント：オイラー(Euler)**の公式**（付録 A.1 参照），$e^{j\theta} = \cos\theta + j\sin\theta$ を用いる。

2. 以下の信号は周期信号か？ 周期信号であれば基本周期を求めよ。
   （a） $\cos(\pi t)$ （b） $2\cos(3t + \pi/4)$ （c） $e^{j(\pi t - 1)}$

3. 以下の離散時間信号は周期信号か？ 周期信号であれば基本周期を求めよ。
   （a） $\cos(8\pi n/7 + 2)$ （b） $\cos(\pi n^2/8)$ （c） $e^{j(n/8 - \pi)}$

4. $x(t) = x(t + T_1)$，$y(t) = y(t + T_2)$ のとき，$z(t) = Ax(t) + By(t)$ が周期関数となるための条件を求めよ。また，そのときの基本周期を求めよ。ただし，A，B は定数とする。

5. $g(t) = \cos(2\pi f_c t + \theta)$ は周期が $1/f_c$ の周期関数であるが，離散時間信号 $g(n) = \cos(2\pi f_c n + \theta)$ は必ずしも周期関数であるとは限らない。$g(n)$ が周期関数となるための条件を求めよ。また，そのときの周期はなにか。

6. 離散時間信号 $g(n) = e^{j(2k\pi/m)n}$ の基本周期 N は $N = m/\text{GCD}[k, m]$ であることを示せ。ただし，$\text{GCD}[k, m]$ は k と m の最大公約数である。

18   1. 信 号 の 形 態

7. 偶関数と偶関数の積は偶関数，奇関数と奇関数の積は偶関数，偶関数と奇関数の積は奇関数であることを証明せよ。
8. $g_e(t) = \{g(t)+g(-t)\}/2$ は偶関数，$g_o(t) = \{g(t)-g(-t)\}/2$ は奇関数であることを証明せよ。
9. 関数 $g(t) = a_0 e^{-at} \mathrm{u}(t)\,(a>0)$ を偶関数と奇関数に分解せよ。
10. 離散ステップ関数 $\mathrm{u}(n)$ を偶関数と奇関数に分解せよ。
11. 以下の信号について，エネルギー信号の場合はエネルギーを，電力信号の場合は平均電力を求めよ。
    （a） $e^{-t}\mathrm{u}(t)$ （b） $A\sin(2t)+B\cos(3t)$ （c） $2^{-2n}\mathrm{u}(n)$
    （d） $\cos(n/N)+\sin(n/N)$
12. 関数 $x(t)$, $y(t)$, $z(t)$ の畳み込み積分に関し，
    （a） 交換則
    $$x(t) \otimes y(t) = y(t) \otimes x(t)$$
    が成立することを証明せよ。
    （b） 結合則
    $$x(t) \otimes y(t) \otimes z(t) = [x(t) \otimes y(t)] \otimes z(t) = x(t) \otimes [y(t) \otimes z(t)]$$
    が成立することを証明せよ。
    （c） 分配則
    $$x(t) \otimes [y(t) + z(t)] = x(t) \otimes y(t) + x(t) \otimes z(t)$$
    が成立することを証明せよ。
13. 相互相関演算は交換則が成立せず（$R_{xy}(\tau) \neq R_{yx}(\tau)$），$R_{xy}(\tau) = R_{yx}(-\tau)$ であることを証明せよ。
14. 自己相関関数の性質 $R_{xx}(0) \geqq R_{xx}(\tau)$，および偶対称性 $R_{xx}(\tau) = R_{xx}(-\tau)$ を証明せよ。
15. $z(t) = x(t)+y(t)$ の自己相関関数は次式で与えられることを証明せよ。
    $$R_{zz}(\tau) = R_{xx}(\tau)+R_{yy}(\tau)+R_{xy}(\tau)+R_{yx}(\tau)$$
16. 信号 $x(t)$, $y(t)$ がそれぞれエネルギー信号で，かつ複素時間関数の場合，相互相関関数は次式で定義される。
    $$R_{xy}(\tau) = \int_{-\infty}^{\infty} x^*(t)y(t+\tau)\,dt$$
    このとき，相互相関演算は交換則が成立せず $R_{xy}(\tau) = R_{yx}{}^*(-\tau)$（エルミート対称）であることを証明せよ。

2 システムの形態

1章で信号を連続信号と離散信号に分類したように、システムも信号に対応して連続システムと離散システムに分類される。しかし、いずれのシステムも、ある信号を別の信号に変換する**実体** (entity) であり、入力信号、出力信号（または応答）およびシステムが信号に作用する仕方（数学的モデル）によって特徴づけられる。本章では、システムの形態を数学的モデルとして分類する。さまざまな形態のなかで、現実に遭遇するシステムの多くは線形・時不変システムとして近似できる。また、線形・時不変システムでは、入力信号と出力信号の関係を分析する強力な手法が確立されており、この手法を学ぶことはシステムの動作特性を知るうえで重要である。

2.1 線形/非線形システム

線形システム (linear system) は、比例的な性質と加法的な性質を同時にもつ。どちらかの性質を一方でも満足しない場合は**非線形システム** (nonlinear system) である。いま、入力信号 $x_1(t)$, $x_2(t)$ に対しそれぞれ $y_1(t)$, $y_2(t)$ が出力されるものとする。このシステムに $x_1(t)$ の定数倍 $c_1 x_1(t)$ (c_1 は一般的に複素数) が入力し、$c_1 y_1(t)$ が出力される場合、システムは**比例的**であるという。また、入力 $x_1(t)+x_2(t)$ に対し $y_1(t)+y_2(t)$ が出力される場合、システムは**加法的**であるという。両方の性質をともにもつシステムでは、入出力につぎの関係が成立する。

$$x(t) = c_1 x_1(t) + c_2 x_2(t) \quad \rightarrow \quad y(t) = c_1 y_1(t) + c_2 y_2(t) \tag{2.1}$$

すなわち，入力 $x(t) = c_1x_1(t) + c_2x_2(t)$ に対し $y(t) = c_1y_1(t) + c_2y_2(t)$ が出力されるならば，**重ね合せの原理** (principle of superposition) が成立することになり，システムは線形である。このことから，線形システムの応答を調べる場合，入力信号を基本的な信号に分解して個々の応答を求め，それらを加算すればよいという重要な性質が導かれ，利用される。

◁ 例 2.1

信号を定数 (K) 倍するシステム（図 2.1（a））の入出力関係は次式で与えられる。

$$y(t) = Kx(t)$$

いま，c_1，c_2 を任意定数として $x(t) = c_1x_1(t) + c_2x_2(t)$ が入力したとき，出力は

$$y(t) = K\{c_1x_1(t) + c_2x_2(t)\} = c_1y_1(t) + c_2y_2(t)$$

となる。入出力の間で重ね合せの原理が成立するため，システムは線形である。

(a) $y(t) = Kx(t)$ (b) $y(t) = \dfrac{dx(t)}{dt}$

図 2.1　線形システム

信号を微分するシステム（図(b)）の入出力関係は次式で与えられる。

$$y(t) = \frac{dx(t)}{dt}$$

いま，c_1，c_2 を任意定数として $x(t) = c_1x_1(t) + c_2x_2(t)$ が入力したとき，出力は

$$y(t) = \frac{d\{c_1x_1(t) + c_2x_2(t)\}}{dt} = c_1y_1(t) + c_2y_2(t)$$

となる。入出力の間で重ね合せの原理が成立するため，システムは線形である。

例 2.2

信号を 2 乗するシステム（図 2.2(a)）の入出力関係は次式で与えられる。

$$y(t) = x^2(t)$$

いま，c_1 を任意定数として $x(t) = c_1 x_1(t)$ が入力したとき，出力は

$$y(t) = \{c_1 x_1(t)\}^2 \neq c_1 y_1(t)$$

となり，比例的ではない。また，$x(t) = x_1(t) + x_2(t)$ が入力したとき，出力は

$$y(t) = \{x_1(t) + x_2(t)\}^2 = x_1{}^2(t) + x_2{}^2(t) + 2x_1(t)x_2(t)$$
$$\neq y_1(t) + y_2(t)$$

となり，加法的ではない。入出力の間で重ね合せの原理が成立しない（比例的でも加法的でもない）ためシステムは非線形である。

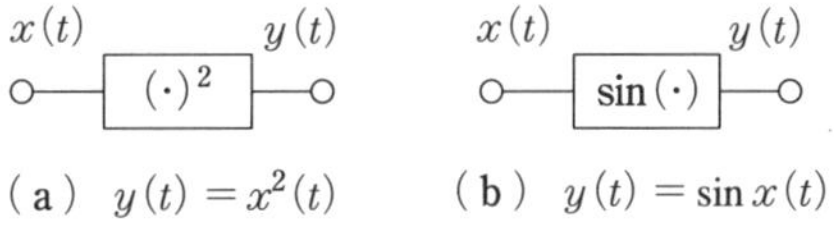

（a） $y(t) = x^2(t)$ （b） $y(t) = \sin x(t)$

図 2.2 非線形システム

例 2.3

信号の正弦をとるシステム（図 2.2(b)）の入出力関係は次式で与えられる。

$$y(t) = \sin x(t)$$

いま，c_1 を任意定数として $x(t) = c_1 x_1(t)$ が入力したとき，出力は

$$y(t) = \sin[c_1 x_1(t)] \neq c_1 y_1(t)$$

となり，比例的ではない。また，$x(t) = x_1(t) + x_2(t)$ が入力したとき，出力は

$$y(t) = \sin[x_1(t) + x_2(t)] = \sin x_1(t) \cdot \cos x_2(t) + \cos x_1(t) \cdot \sin x_2(t)$$
$$\neq y_1(t) + y_2(t)$$

となり,加法的ではない。入出力の間で重ね合せの原理が成立しない(比例的でも加法的でもない)ためシステムは非線形である。

2.2 時不変/時変システム

入力信号に対する応答が入力時刻に依存しないシステムを**時不変**(time-invariant)**システム**と呼ぶ。通常,システムを構成するパラメータは時間的に変化しない(経年劣化を無視)。したがって,応答波形は**図2.3**に示すように入力信号のみで決まり,いつ入力したかには無関係で,単に入力時刻 τ に対応した時間遅れが生じるだけである。いま,システムへの入力信号を $x_1(t)$,出力を $y_1(t)$ とする。$x_1(t)$ を τ だけ遅らせた信号 $x_2(t) = x_1(t-\tau)$ が入力したとき,出力が $y_2(t) = y_1(t-\tau)$ ならば時不変システムである。このような関係が成立しないシステムは**時変**(time-variant)**システム**である。

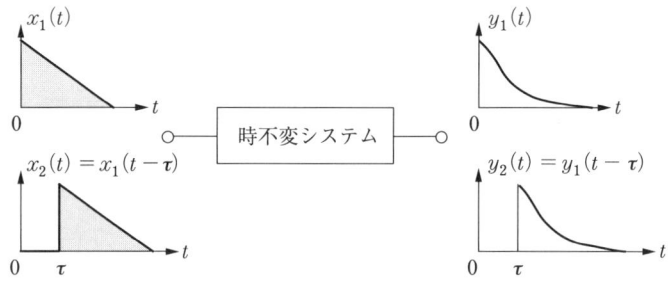

図2.3 時不変システムの応答

通信システムでは,受信した信号をフィルタに通して雑音を低減させる。最適な受信フィルタのパラメータは受信信号の波形によって決まる。通常,このパラメータは固定されており,受信フィルタは時不変システムである。しかし,伝送路が変動し,それによって受信信号の波形が変化する(歪む)とそれ

に応じてパラメータは最適値から偏移する。したがって，伝送路の変動に応じてパラメータを最適値に制御することが要求される。このような時間的にパラメータが変動するフィルタは時変システムである。

◯◁ 例 2.4

信号の正弦をとるシステム（図 2.2(b)）の入出力関係は

$$y_1(t) = \sin x_1(t)$$

である。$x_2(t) = x_1(t-\tau)$ が入力したとき，出力は

$$y_2(t) = \sin x_1(t-\tau) = y_1(t-\tau)$$

となる。したがって，このシステムは時不変である。

◯◁ 例 2.5

入力信号の時間圧縮/伸張を行うシステム（図 2.4）の入出力関係は

$$y_1(t) = x_1(\alpha t)$$

である。$x_2(t) = x_1(t-\tau)$ が入力したとき，出力は

$$y_2(t) = x_2(\alpha t) = x_1(\alpha t - \tau)$$
$$\neq y_1(t-\tau)$$

となる。したがって，このシステムは時変である。

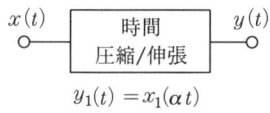

図 2.4　時変システム

2.3　無記憶/記憶システム

任意の時刻 t_0 におけるシステムの応答 $y(t_0)$ が，同時刻 t_0 における入力信号 $x(t_0)$ のみに依存する場合，そのシステムは**無記憶**（memoryless）**システム**ま

たは瞬時的システムであるという。時刻 t_0 以外の入力信号が出力に影響を与えるシステムは**記憶**（memory）**システム**である。

通信システムで重要な役割をするフィルタは，雑音を低減したり信号波形を整形したりするが，その数学的モデルは時間的な平均化操作として表される。すなわち，時刻 t_0 におけるフィルタ出力 $y(t_0)$ は，t_0 を含む前後の入力信号を利用して得られる。したがって，フィルタは記憶システムである。

◯◁ 例 2.6

入力信号 $x(t)$ を電流，出力 $y(t)$ を抵抗 R の両端の電圧とすれば，システムの入出力関係は次式で与えられる。

$$y(t) = Rx(t)$$

すなわち，任意の時刻における出力電圧はその時刻における電流値のみによって決定される。したがって，このシステムは無記憶である。

◯◁ 例 2.7

例 2.6 の抵抗をコンデンサ（キャパシタンスを C とする）に置き換えてみる。このとき，システムの入出力関係は次式で与えられる。

$$y(t) = \frac{1}{C}\int_{-\infty}^{t} x(\tau)\, d\tau$$

すなわち，任意の時刻における出力電圧は，無限の過去からその時刻までに入力した電流によって決定される（実際には入力信号が加えられた時間からの積分値と，コンデンサの初期電圧の和で与えられる）。したがって，このシステムは記憶システムである。

2.4　因果的/非因果的システム

結果として現れるどのような事象にもそれに先立つ原因がある。物理的に実

現可能なシステムは，時刻 t_0 における応答 $y(t_0)$ が t_0 以前の入力信号 $x(t)$ ($t \leq t_0$) のみに依存し，将来の入力信号 ($t > t_0$) には依存しない。これを因果律と呼び，因果律を満足するシステムは因果的であるという[†]。もっと平易にいえば，**因果的**（causal）**システム**の応答は，現在および過去に入力した信号のみによって与えられる。

数学的にはつぎのようにモデル化できる。二つの異なる信号 $x_1(t)$ と $x_2(t)$ が任意の時刻 t_0 に至るまで等しいとする。

$$x_1(t) = x_2(t) \quad (t \leq t_0) \tag{2.2}$$

このとき，因果的システムが記憶/無記憶システムにかかわらず，その応答は

$$y_1(t) = y_2(t) \quad (t \leq t_0) \tag{2.3}$$

である。$x_1(t)$ と $x_2(t)$ が $t > t_0$ において異なる値をとろうとも，システムは t_0 以前に二つの信号が異なる信号であると予測することはできない。

無記憶システムは，応答がその時刻の入力のみに依存するため，明らかに因果的である。しかし，その逆は必ずしも正しくない。2.3 節で示した例 2.7 の記憶システムは，過去から現在までに入力した電流を積分して出力電圧を得る因果的システムである。このように，リアルタイムの信号処理システムは因果的である。さらに，「無記憶システムは因果的である」という命題は真であるため，その対偶である「非因果的システムは記憶システムである」もまた真である。

つぎに，入力信号の時間平均をとるシステムを考えよう。入力と出力の関係は次式で与えられる。

$$y(t) = \frac{1}{T} \int_{t-T/2}^{t+T/2} x(\tau) \, d\tau \tag{2.4}$$

式 (2.2) の二つの信号 $x_1(t)$, $x_2(t)$ が入力した場合，時刻 t_0 における出力

[†] 仏教に因果応報という思想がある。過去世の行為により現世の境遇が決まり，現世の行為により来世の境遇が決まり，因果の連鎖を永遠に繰り返す（輪廻）というものである。すべての出来事には原因があるという因果律を，われわれはアプリオリに受け入れている。しかし，量子論では"素粒子の振舞いは因果律を満足しない"という確率的解釈に立脚しており，対極的な思想も存在する。

$y_1(t_0)$, $y_2(t_0)$ はそれぞれ次式で与えられる。

$$y_1(t_0) = \frac{1}{T}\int_{t_0-T/2}^{t_0+T/2} x_1(\tau)\,d\tau \tag{2.5}$$

$$y_2(t_0) = \frac{1}{T}\int_{t_0-T/2}^{t_0+T/2} x_2(\tau)\,d\tau \tag{2.6}$$

信号 $x_1(t)$, $x_2(t)$ は $t > t_0$ で異なるため，$y_1(t_0) \neq y_2(t_0)$ であり，**非因果的** (noncausal) **システム**となる。

非因果的システムは，未来の入力データを使用するため物理的に実現できないと思われるかもしれない。しかし，リアルタイム性を犠牲に（時間遅延を許容）すれば，遅延素子と記憶素子を用いて物理的に実現することができる。すなわち，式 (2.5) で $T/2$ の遅延を導入して因果的システムに変換できる。

$$z(t_0) = y_1\left(t_0 - \frac{T}{2}\right) = \frac{1}{T}\int_{t_0-T}^{t_0} x_1(\tau)\,d\tau \tag{2.7}$$

このように，非因果的システムは記憶型（蓄積型）の信号処理システムにおいて，遅延を犠牲にすることにより実現する。

2.5 線形・時不変システムの応答

1章でデルタ関数の性質を示し，任意の関数はそれ自身とデルタ関数との畳み込み積分で表せることを述べた。

ここでは，デルタ関数の定義式 (1.31) からではなく，任意の関数を矩形パルス列で近似した極限として表してみよう。

任意の連続波形 $g(t)$ は，図 2.5（a）に示すように幅 $\varDelta\tau$ の矩形パルス列で近似できる。

k 番目の矩形パルスは時刻 $t = k\varDelta\tau$ にあり，パルス高は $g(k\varDelta\tau)$ である。パルス幅 $\varDelta\tau$ を 0 に近づけた極限では，大きさが矩形パルスの面積 $g(k\varDelta\tau)\varDelta\tau$ に等しいインパルス $g(k\varDelta\tau)\varDelta\tau \cdot \delta(t - k\varDelta\tau)$ になる。したがって，$g(t)$ は次式で表される。

2.5 線形・時不変システムの応答

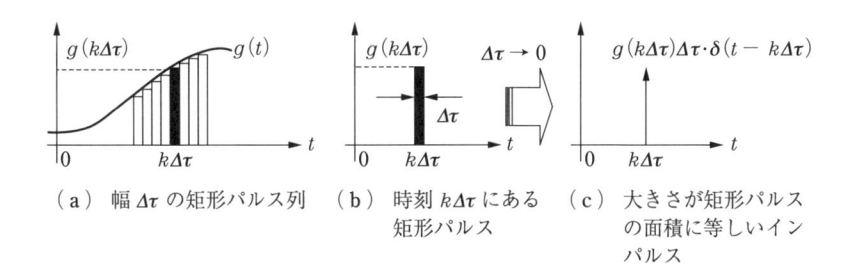

(a) 幅 $\Delta\tau$ の矩形パルス列　(b) 時刻 $k\Delta\tau$ にある矩形パルス　(c) 大きさが矩形パルスの面積に等しいインパルス

図 2.5　任意波形の矩形パルスによる近似

$$g(t) = \lim_{\Delta\tau \to 0}\left[\sum_{k=-\infty}^{\infty} g(k\Delta\tau)\Delta\tau \cdot \delta(t-k\Delta\tau)\right] = \int_{-\infty}^{\infty} g(\tau)\delta(t-\tau)\,d\tau$$
$$= g(t) \otimes \delta(t) \tag{2.8}$$

単位インパルス $\delta(t)$ に対するシステムの応答を $h(t)$ とする。**インパルス応答** $h(t)$ は，以下に述べるように**線形・時不変** (linear time-invariant) **システム**を解析する際に重要な役割を演じる。システムが線形であれば，α を定数として $\alpha\delta(t)$ に対するシステムの応答は $\alpha h(t)$ となる。また，システムが時不変であれば，τ を定数として $\delta(t-\tau)$ に対するシステムの応答は $h(t-\tau)$ となる。したがって，図 2.6 に示すように $g(k\Delta\tau)\Delta\tau \cdot \delta(t-k\Delta\tau)$ に対する線形・時不変システムの応答は，$g(k\Delta\tau)\Delta\tau \cdot h(t-k\Delta\tau)$ で与えられる。上に述べたように，任意の連続関数 $g(t)$ は矩形パルス列で近似でき，各矩形パルスの応答は $\Delta\tau \to 0$ の極限において次式で求まる。

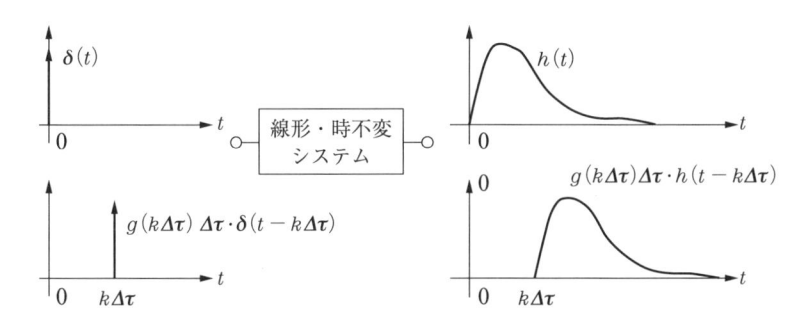

図 2.6　線形・時不変システムのインパルス応答

$$\Delta y(t - k\Delta\tau) = g(k\Delta\tau)\Delta\tau \cdot h(t - k\Delta\tau) \tag{2.9}$$

これより,$g(t)$ の応答は**図 2.7** に示すように式 (2.9) を線形加算したものとして次式で与えられる。

$$y(t) = \lim_{\Delta\tau \to 0} \sum_{k=-\infty}^{\infty} \Delta y(t - k\Delta\tau) = \lim_{\Delta\tau \to 0} \sum_{k=-\infty}^{\infty} g(k\Delta\tau)\Delta\tau \cdot h(t - k\Delta\tau)$$

$$= \int_{-\infty}^{\infty} g(\tau) h(t - \tau) \, d\tau \equiv g(t) \otimes h(t) \tag{2.10}$$

すなわち,線形・時不変システムのインパルス応答 $h(t)$ を知れば,任意の波形 $g(t)$ に対する応答 $y(t)$ を $g(t)$ と $h(t)$ の畳み込み積分により求めることができる。

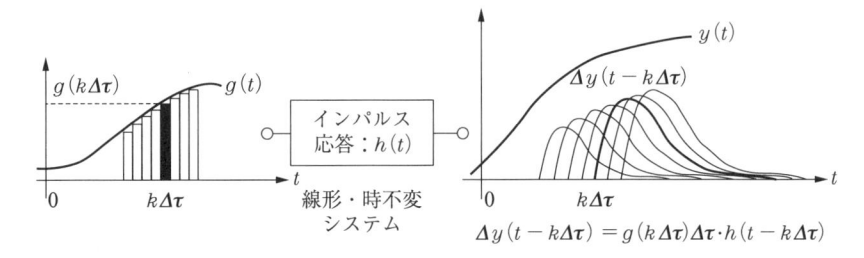

図 2.7 線形・時不変システムの任意波形応答

システムが線形・時不変性に加え因果的な性質ももつとすれば,応答 $y(t)$ は時刻 t よりも未来の時刻 τ ($\tau > t$) に入力される信号 $g(\tau)$ の影響を受けないはずである。したがって,因果的なシステムのインパルス応答 $h(t)$ は,式 (2.10) からつぎの条件を満足しなければならない。

$$h(t) = 0 \quad \cdots\cdots \quad t < 0 \tag{2.11}$$

このとき,式 (2.10) の積分範囲はつぎのように制限される。

$$y(t) = \int_{-\infty}^{t} g(\tau) h(t - \tau) \, d\tau$$

$$= \int_{0}^{\infty} h(\tau) g(t - \tau) \, d\tau \tag{2.12}$$

○○○ **例題 2.1** ○○○

インパルス応答 $h(t) = K \exp(-ct) \mathrm{u}(t)$ をもつ線形・時不変システムへの入力信号 $x(t) = a\delta(t) + b\delta(t - t_0)$ に対する応答 $y(t)$ を求めよ。ただし,K,

a, b, c は定数とする。

解 応答 $y(t)$ は $x(t)$ と $h(t)$ の畳み込み積分により，以下のように求まる。

$$y(t) = x(t) \otimes h(t) = \int_{-\infty}^{\infty} \{a\delta(\tau) + b\delta(\tau - t_0)\} Ke^{-c(t-\tau)} \mathrm{u}(t-\tau)\, d\tau$$
$$= aKe^{-ct}\mathrm{u}(t) + bKe^{-c(t-t_0)}\mathrm{u}(t-t_0)$$

応答を形式的に畳み込み演算で求めたが，入力信号はインパルスの和であるから，応答はそれぞれのインパルス応答の和として

$$y(t) = ah(t) + bh(t - t_0)$$

から求めても同じ結果が得られる。

いままで連続時間信号の応答を調べてきたが，離散時間信号についても同様の議論ができる。線形・時不変システムへの入力信号を単位インパルス $\delta(n)$ とし，その出力（応答）を $h(n)$ とする。任意の離散信号 $g(n)$ は，式 (1.32) で示したように時間反転した単位インパルスの線形結合である。したがって，$g(n)$ に対する応答 $y(n)$ は，次式に示すように時間反転させた単位インパルス応答を時間シフトし，$g(k)$ 倍して加算したものとして与えられる（$g(n)$ と $h(n)$ の**畳み込み和**）。

$$y(n) = \sum_{k=-\infty}^{\infty} g(k)h(n-k) \equiv g(n) \otimes h(n) \tag{2.13}$$

ここで，入力信号 $g(n)$ を単位ステップ関数 $\mathrm{u}(n)$ とした場合，応答は特に**ステップ応答**と呼ばれる。インパルス応答 $h(n)$ をもつシステムのステップ応答は，式 (2.13) より次式で与えられる。

$$y_s(n) = \sum_{k=-\infty}^{\infty} \mathrm{u}(k)h(n-k) = \sum_{k=-\infty}^{\infty} h(k)\mathrm{u}(n-k)$$
$$= \sum_{k=-\infty}^{n} h(k) \tag{2.14}$$

さらに，システムが因果的であればステップ応答は次式で与えられる。

$$y_s(n) = \sum_{k=0}^{n} h(k) \tag{2.15}$$

これより，逆にステップ応答を用いるとインパルス応答は次式で表される。

$$h(n) = y_s(n) - y_s(n-1) \tag{2.16}$$

2. システムの形態

○○○ **例題 2.2** ○○○

離散インパルス応答 $h(n) = \alpha^n \mathrm{u}(n)$ をもつ線形・時不変システムへの入力信号 $x(n) = \beta^n \mathrm{u}(n)$ に対する応答 $y(n)$ を求めよ ($\alpha = \beta$ と $\alpha \neq \beta$ の場合を考えよ)。

解 応答 $y(n)$ は $x(n)$ と $h(n)$ の畳み込み和により，以下のように求まる。

$$y(n) = x(n) \otimes h(n) = \sum_{k=-\infty}^{\infty} \beta^k \mathrm{u}(k) \alpha^{n-k} \mathrm{u}(n-k)$$

ここで，単位ステップ関数 $\mathrm{u}(n)$ の性質から，$\mathrm{u}(k) = 0\,(k < 0)$ および $\mathrm{u}(n-k) = 0\,(k > n)$ であり（システムと信号はともに因果的），上式の和の範囲が 0 から n までに制限される。したがって

$$y(n) = \sum_{k=0}^{n} \beta^k \alpha^{n-k} = \alpha^n \sum_{k=0}^{n} \left(\frac{\beta}{\alpha}\right)^k$$

$$= \begin{cases} (n+1)\alpha^n & \cdots\cdots \quad \alpha = \beta \\ \alpha^n \dfrac{1-(\beta/\alpha)^{n+1}}{1-\beta/\alpha} = \dfrac{\alpha^{n+1}-\beta^{n+1}}{\alpha-\beta} & \cdots\cdots \quad \alpha \neq \beta \end{cases}$$

◯◁ **例 2.8**

離散的な線形・時不変システムのインパルス応答を $h(n) = \{1,\ 0,\ -1\}\,(0 \leq n \leq 2)$，入力信号を $x(n) = \{1,\ 1\}\,(0 \leq n \leq 1)$ とする。定義域外は両者とも 0 となる有限長の数列である。また，$h(n)$，$x(n)$ は因果的な数列であるから，応答 $y(n)$ も因果的となり，次式で与えられる。

$$y(n) = \sum_{k=0}^{n} x(k)h(n-k) = \sum_{k=0}^{n} h(k)x(n-k)$$

具体的な畳み込み和の計算は以下のようになる。

$$y(0) = h(0)x(0) = 1, \quad y(1) = h(0)x(1) + h(1)x(0) = 1,$$
$$y(2) = h(1)x(1) + h(2)x(0) = -1, \quad y(3) = h(2)x(1) = -1$$

より，応答 $y(n) = \{1,\ 1,\ -1,\ -1\}$ である。

一般的に，畳み込まれる 2 系列の長さ（データの数）をそれぞれ M，N とすれば，応答の継続時間は $M+N-1$ で与えられる。

2.6 システムの結合

システムは通常複数のサブシステムから構成される。サブシステム間の結合を示すため，図 2.8 に示すようなブロックダイアグラムが使われる。ブロックダイアグラムは，入出力端子とサブシステムの機能を表すボックス，およびサブシステムを結ぶ結線から構成され，信号は矢印の向きに流れる（通常は左から右へ）。ここでは，各サブシステムの機能をインパルス応答として示している。サブシステム間の結合には，図に示すように(a)直列接続，(b)並列接続，(c)フィードバック接続，およびそれらを組み合わせた接続形態がある。ここでは，二つのサブシステムがこの3種類の接続形態で結合した場合，一つのシステムとしてどのような機能をもつことになるかをみておこう。

直列接続では，図(a)に示すようにサブシステム1の出力がサブシステム2の入力になっている。したがって，最終的な出力 $y(t)$ は次式で与えられる。

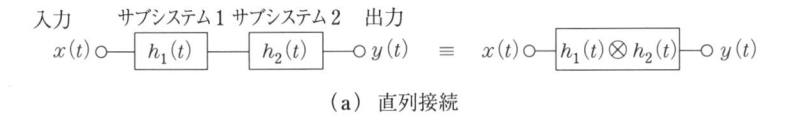

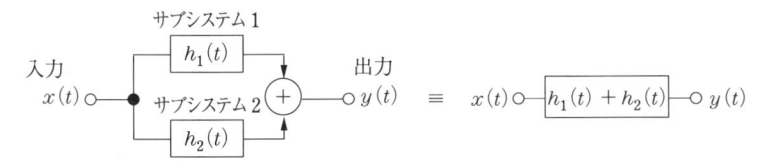

(a) 直列接続

(b) 並列接続

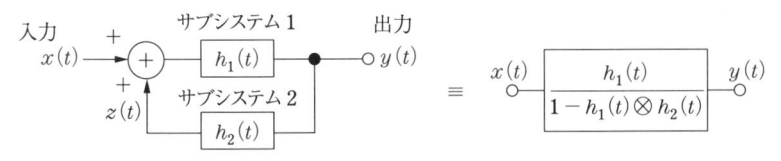

(c) フィードバック接続

図 2.8　サブシステムの接続と等価システムへの変換

$$y(t) = [x(t) \otimes h_1(t)] \otimes h_2(t)$$
$$= x(t) \otimes [h_1(t) \otimes h_2(t)] \tag{2.17}$$

第2の等式は畳み込み積分の結合則を利用している。これより，このシステムはインパルス応答が $h_1(t) \otimes h_2(t)$ となる一つのシステムと等価であることがわかる。

並列システムでは，図(b)に示すように入力 $x(t)$ が二つのサブシステムに入力され，それぞれの出力を加算して出力 $y(t)$ を得ている。したがって，$y(t)$ は次式で与えられる。

$$y(t) = x(t) \otimes h_1(t) + x(t) \otimes h_2(t)$$
$$= x(t) \otimes [h_1(t) + h_2(t)] \tag{2.18}$$

第2の等式は畳み込み積分の分配則を利用している。これより，このシステムはインパルス応答が $h_1(t) + h_2(t)$ となる一つのシステムと等価であることがわかる。

フィードバック接続では，図(c)に示すように出力 $y(t)$ がサブシステム2を介してサブシステム1の入力にフィードバック加算されている。この接続形態での出力はいままでのように簡単ではないが，フィードバック出力 $z(t)$ を求めておくと出力 $y(t)$ は以下のように表すことができる。

$$z(t) = y(t) \otimes h_2(t) \tag{2.19}$$

より

$$y(t) = \{x(t) + z(t)\} \otimes h_1(t) = x(t) \otimes h_1(t) + y(t) \otimes h_2(t) \otimes h_1(t) \tag{2.20}$$

したがって

$$y(t) = \frac{h_1(t)}{1 - h_1(t) \otimes h_2(t)} \otimes x(t) \tag{2.21}$$

が得られる。したがって，このシステムはインパルス応答が $h_1(t)/\{1 - h_1(t) \otimes h_2(t)\}$ となる一つのシステムと等価であることがわかる。

○○○ **例題 2.3** ○○○

図 2.9 のブロックダイアグラムに示すシステムのインパルス応答 $h(t)$ を求めよ．ただし，各サブシステムのインパルス応答を $h_1(t) = \exp(-2t)\,\mathrm{u}(t)$，$h_2(t) = 2\exp(-t)\,\mathrm{u}(t)$，$h_3(t) = \exp(-3t)\,\mathrm{u}(t)$，$h_4(t) = 4\delta(t)$ とする．

$h_1(t) = \exp(-2t)\,\mathrm{u}(t)$
$h_2(t) = 2\exp(-t)\,\mathrm{u}(t)$
$h_3(t) = \exp(-3t)\,\mathrm{u}(t)$
$h_4(t) = 4\delta(t)$

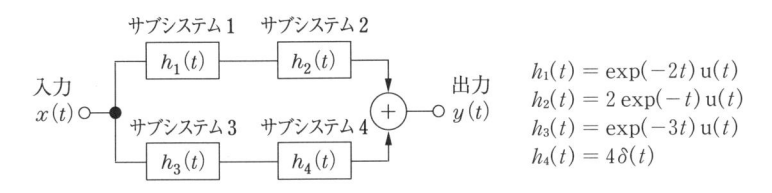

図 2.9 直並列接続

解 四つのサブシステムが直並列接続されており，総合のインパルス応答は次式で与えられる．

$$h(t) = h_1(t) \otimes h_2(t) + h_3(t) \otimes h_4(t)$$

ここで

$$h_1(t) \otimes h_2(t) = \int_{-\infty}^{\infty} e^{-2x}\,\mathrm{u}(x) \cdot 2e^{x-t}\,\mathrm{u}(t-x)\,dx = \int_0^t 2e^{-x-t}\,dx$$

$$= 2(e^{-t} - e^{-2t})\,\mathrm{u}(t)$$

$$h_3(t) \otimes h_4(t) = \int_{-\infty}^{\infty} e^{-3x}\,\mathrm{u}(x) \cdot 4\delta(t-x)\,dx$$

$$= 4e^{-3t}\,\mathrm{u}(t)$$

より

$$h(t) = 2(e^{-t} - e^{-2t} + 2e^{-3t})\,\mathrm{u}(t)$$

演 習 問 題

1. 以下の入出力特性をもつシステムについて，線形性，時不変性，記憶性，因果性を調べよ．
   （a） $y(t) = 2x(t) + 3$　（b） $y(t) = 2x^2(t) + 3x(t)$　（c） $y(t) = Ax(t)$
   （d） $y(t) = A \cdot t \cdot x(t)$　（e） $y(t) = x(t+5)$

(f) $y(t) = \begin{cases} x(t) \cdots\cdots & t \geqq 0 \\ -x(t) \cdots\cdots & t < 0 \end{cases}$ (g) $y(t) = \int_{-\infty}^{t} x(\tau)\,d\tau$

(h) $y(t) = \int_{0}^{t} x(\tau)\,d\tau \cdots\cdots\ t \geqq 0$ (i) $y(t) = \exp[x(t)]$

(j) $y(t) = x(t)x(t-2)$

2. 連続時間システムと同様,離散時間システムも線形性,時不変性,記憶性,因果性などの性質がある.以下の入出力をもつシステムについてそれらの性質の有無を調べよ.

(a) $y(n) = n \cdot x(n)$ (b) $y(n) = n \cdot x(n)+1$ (c) $y(n) = x(n-1)$
(d) $y(n) = x(n)x(n-1)$ (e) $y(n) = x(n)+2x(n+1)$
(f) $y(n) = \log x(n)$ (g) $y(n) = \exp[-x(n)]$
(h) $y(n) = \cos[x(n)]$ (i) $y(n) = \sum_{k=0}^{\infty} x(k)$ (j) $y(n) = \sum_{k=0}^{n} x(k)$

3. インパルス応答 $h(t)$ をもつ線形・時不変システムへ信号 $x(t)$ が入力した場合の応答 $y(t)$ を求めよ.

(a) $h(t) = \exp(-t)\,\mathrm{u}(t),\quad x(t) = \exp(-2t)\,\mathrm{u}(t)$
(b) $h(t) = \exp(-t)\,\mathrm{u}(t),\quad x(t) = t \cdot \exp(-2t)\,\mathrm{u}(t)$
(c) $h(t) = \exp(-t)\,\mathrm{u}(t),\quad x(t) = \sin t$
(d) $h(t) = \mathrm{u}(t),\quad x(t) = \exp(-t)\,\mathrm{u}(t)$
(e) $h(t) = \mathrm{rect}(t),\quad x(t) = \mathrm{rect}(t)$

4. インパルス応答 $h(n)$ をもつ離散的線形・時不変システムへ信号 $x(n)$ が入力した場合の応答 $y(n)$ を求めよ.

(a) $h(n) = 2^{-n}\,\mathrm{u}(n),\quad x(n) = \delta(n)+\delta(n-1)$
(b) $h(n) = \mathrm{u}(n),\quad x(n) = \delta(n)+2^{-n}\,\mathrm{u}(n)$
(c) $h(n) = \mathrm{u}(n),\quad x(n) = 1\ (0 \leqq n \leqq 4)$
(d) $h(n) = \mathrm{u}(n)-\mathrm{u}(n-3),\quad x(n) = n \cdot \mathrm{u}(n)$
(e) $h(n) = \{\cdots, 0, 1, -1, 1, -1, 0, \cdots\},\quad x(n) = \{\cdots, 0, 1, -1, 1, -1, 0, \cdots\}$

5. 三つのサブシステムを図2.10のように結合したとする.

(a) 全システムのインパルス応答をサブシステムのインパルス応答 $h_1(t)$, $h_2(t)$, $h_3(t)$ を用いて表せ.

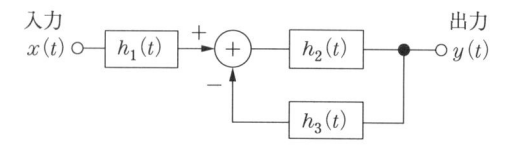

図2.10 サブシステムの結合

(b) $h_1(t) = \exp(-t)\mathrm{u}(t)$, $h_2(t) = \exp(-2t)\mathrm{u}(t)$, $h_3(t) = \exp(-3t)\mathrm{u}(t)$ の場合，入力信号 $x(t) = \delta(t)$ に対する応答 $y(t)$（インパルス応答）を求めよ。

6. 図 2.11 に示すサブシステムのインパルス応答を，$h_1(n) = h_2(n) = 2^{-n}\mathrm{u}(n)$, $h_3(n) = 3 \cdot 2^{-2n}\mathrm{u}(n)$, $h_4(n) = \mathrm{u}(n)$ とする。
 （a） 全システムのインパルス応答を求めよ。
 （b） 入力信号 $x(t) = \mathrm{u}(t)$ に対する応答 $y(t)$（ステップ応答）を求めよ。

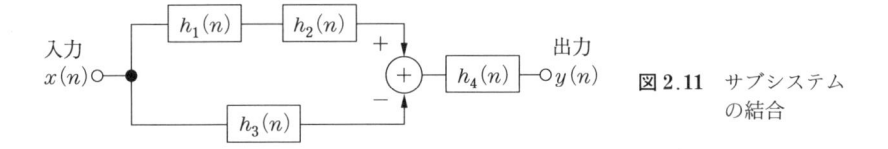

図 2.11 サブシステムの結合

3 フーリエ級数

1, 2 章において，任意の信号をデルタ関数という基本的な信号の線形結合として表現し，これによって線形・時不変システムの応答が入力信号とシステムのインパルス応答との畳み込みによって得られることを示した。これは信号やシステムを時間領域で考察していることになる。

電気・電子工学や通信工学に携わる技術者は，時間関数としての信号を周波数スペクトルの観点から眺めたり，システムを周波数応答としてとらえたりする。信号やシステムを解析する際，時間領域と周波数領域の両面から眺めることはそれらの性質や構造を明らかにするうえで有効である。そこで本章と 4 章において，信号を周波数スペクトルによって表現し，さらに周波数応答との関連性を考察する。

特に本章では，正弦波や指数関数を基本信号とすれば，任意の周期信号は基本信号の線形結合で表されることを示す。また，この表現により線形・時不変システムの応答が容易に求まることを明らかにする。

3.1 周期信号の表現

余弦波 $a\cos(2\pi f_0 t + \theta)$ は振幅 a，周波数 f_0，位相 θ の周期信号であり，基本周期は $T = 1/f_0$ で与えられる。この信号を**基本波**とする。また，n を整数として周波数 nf_0 の余弦波を n 次の**高調波**と呼ぶ。いま，基本波と任意の高調波（$n = 0$，すなわち直流成分も含む）からなる信号 $g(t)$ を考える。なお，各波の振幅と位相は任意の値をとるものとする。

3.1 周期信号の表現

$$g(t) = a_0 + a_1\cos(2\pi f_0 t + \theta_1) + a_2\cos(4\pi f_0 t + \theta_2) + \cdots$$
$$= a_0 + \sum_{n=1}^{\infty} a_n \cos(2\pi n f_0 t + \theta_n) \tag{3.1}$$

ここで，$2\pi n f_0 T = 2n\pi$ であることを考慮すると，上式より

$$g(t+T) = a_0 + \sum_{n=1}^{\infty} a_n \cos(2\pi n f_0 t + 2\pi n f_0 T + \theta_n)$$
$$= g(t) \tag{3.2}$$

が成立する。すなわち信号 $g(t)$ は周期信号であり，高調波の振幅や位相がどうであれ，その周期は基本波と同じである。

では，この逆は成立するであろうか？ すなわち，基本周期 T をもつ周期関数は，基本周波数 $f_0(=1/T)$ の基本波と直流成分を含むすべての高調波の和として表せるだろうか？ これはフーリエ級数の収束問題に絡む非常に難しい問題であり，3.3節，および付録 A.2 で概論するが，厳密な取扱いは本書のレベルを超えてしまう。ただいえることは，工学で扱う周期信号のほとんどはフーリエ級数展開が可能なクラスに属していると考えてよい。そこで，今後周期信号は式 (3.1) で表されるものとして議論を進める。

式 (3.1) において

$$a_n \cos(2\pi n f_0 t + \theta_n) = a_n \cos\theta_n \cos 2\pi n f_0 t - a_n \sin\theta_n \sin 2\pi n f_0 t$$

の関係を用い，便宜上 $a_0 = a_0/2$，$a_n \cos\theta_n = a_n$，$-a_n \sin\theta_n = b_n$ とおけば，$g(t)$ は次式で表される。

$$g(t) = \frac{a_0}{2} + \sum_{n=1}^{\infty} (a_n \cos 2\pi n f_0 t + b_n \sin 2\pi n f_0 t) \tag{3.3}$$

上式は三角関数によるフーリエ級数表現であり，フーリエ係数 $a_0/2$ は $g(t)$ の直流成分，a_n，b_n は n 次高調波の振幅を意味している。

フーリエ係数を求めるに際し，つぎの補助的な公式をあげておく。任意の整数 $n(\neq 0)$ に対し

$$\int_{-T/2}^{T/2} \cos 2\pi n f_0 t \, dt = \int_{-T/2}^{T/2} \sin 2\pi n f_0 t \, dt = 0 \tag{3.4 a}$$

同様に任意の整数 n，$m(\neq 0)$ に対し

$$\int_{-T/2}^{T/2}\cos 2\pi n f_0 t \cdot \cos 2\pi m f_0 t \, dt = \begin{cases} \dfrac{T}{2} & \cdots\cdots \quad m = n \\ 0 & \cdots\cdots \quad m \neq n \end{cases} \quad (3.4\,\text{b})$$

$$\int_{-T/2}^{T/2}\sin 2\pi n f_0 t \cdot \sin 2\pi m f_0 t \, dt = \begin{cases} \dfrac{T}{2} & \cdots\cdots \quad m = n \\ 0 & \cdots\cdots \quad m \neq n \end{cases} \quad (3.4\,\text{c})$$

また,任意の整数 n, m に対し

$$\int_{-T/2}^{T/2}\sin 2\pi n f_0 t \cdot \cos 2\pi m f_0 t \, dt = 0 \quad (3.4\,\text{d})$$

が成立する。

式 (3.3) において a_0 を求めるには,両辺に $2/T$ を掛けて1周期にわたり積分すればよい。項別積分の結果,式 (3.4 a) より式 (3.3) の右辺は a_0 のみが残る。同様に,任意の n 次高調波成分 a_n, b_n は,式 (3.3) の両辺にそれぞれ $2/T \cos 2\pi m f_0 t$, $2/T \sin 2\pi m f_0 t$ を掛けて1周期にわたり積分すればよい。式(3.4 a)~(3.4 d)より,式 (3.3) の右辺は $m = n$ の場合に限り a_n または b_n のみが残る。この結果,**フーリエ係数** a_0, a_n, b_n は次式で与えられる。

$$a_n = \frac{2}{T}\int_{-T/2}^{T/2}g(t)\cos 2\pi n f_0 t \, dt \quad (n = 0,\ 1,\ 2,\ \cdots) \quad (3.5)$$

$$b_n = \frac{2}{T}\int_{-T/2}^{T/2}g(t)\sin 2\pi n f_0 t \, dt \quad (n = 1,\ 2,\ \cdots) \quad (3.6)$$

○○○ **例題 3.1** ○○○

図 3.1(a)に示す信号 $g(t) = |\cos \pi t|$ をフーリエ級数に展開せよ。

解 信号 $g(t)$ は基本周期が $T = 1/f_0 = 1$ で,区間 $-1/2 \leq t \leq 1/2$ において $g(t) = \cos \pi t$ である。したがって,フーリエ係数 a_n ($n = 0,\ 1,\ 2,\ \cdots$)は次式で与えられる。

$$a_n = 2\int_{-1/2}^{1/2}\cos \pi t \cdot \cos 2\pi n t \, dt$$
$$= \frac{-4\cos n\pi}{(4n^2-1)\pi} = \frac{-4\cdot(-1)^n}{(4n^2-1)\pi} \quad (3.7)$$

また,$g(t)$ は偶関数であるから,フーリエ係数 b_n は 0 である。

式 (3.7) より,$a_0 = 4/\pi$。したがって,$g(t)$ は次式で表される。

(a) 全波整流波形

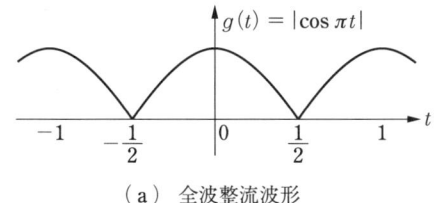

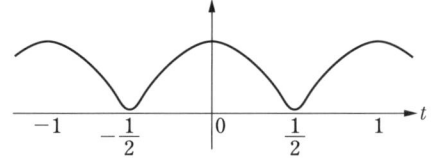

(b) $n=6$ 次までの高調波

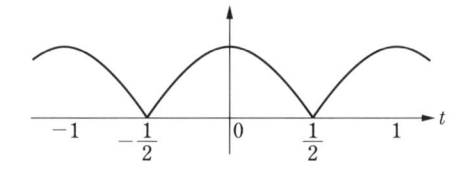

(c) $n=12$ 次までの高調波

図 3.1 $\cos \pi t$ の全波整流波形とフーリエ級数表示

$$g(t) = \frac{2}{\pi} + \sum_{n=1}^{\infty} \frac{4 \cdot (-1)^{n+1}}{(4n^2-1)\pi} \cos 2\pi nt \tag{3.8}$$

図(b), (c)に $n=6$, 12次までの高調波により求まる $g(t)$ を示す。

3.2 複素フーリエ級数

3.1節で,正弦波または余弦波を基本信号とすれば,周期信号 $g(t)$ は基本信号の線形結合で表されることを知った。ここでは,基本信号として複素指数関数を選んでも同様の表現が得られることを示す。信号の複素指数関数による表現は,三角関数に比べ表現がコンパクトであり,信号に対する各種演算(乗除

算,微積分)やシステムの応答を求める際の各種演算を容易にするため一般的によく使われる。ただし,物理的なイメージをつかみにくい欠点があるため,正弦波や余弦波などの実信号に変換して考えることも必要になる。

三角関数と指数関数を結びつけるオイラーの公式(付録 A.1 参照)を用いて,三角関数によるフーリエ級数を見直そう。

$$\cos 2\pi n f_0 t = \frac{1}{2}\left(e^{j2\pi n f_0 t} + e^{-j2\pi n f_0 t}\right)$$

$$\sin 2\pi n f_0 t = \frac{1}{2j}\left(e^{j2\pi n f_0 t} - e^{-j2\pi n f_0 t}\right) = -\frac{j}{2}\left(e^{j2\pi n f_0 t} - e^{-j2\pi n f_0 t}\right)$$

より,式 (3.3) は

$$\begin{aligned}g(t) &= \frac{a_0}{2} + \sum_{n=1}^{\infty}\left(a_n \frac{e^{j2\pi n f_0 t} + e^{-j2\pi n f_0 t}}{2} - j b_n \frac{e^{j2\pi n f_0 t} - e^{-j2\pi n f_0 t}}{2}\right) \\ &= \frac{a_0}{2} + \sum_{n=1}^{\infty}\left(\frac{a_n - j b_n}{2} e^{j2\pi n f_0 t} + \frac{a_n + j b_n}{2} e^{-j2\pi n f_0 t}\right) \end{aligned} \quad (3.9)$$

となる。ここで

$$c_0 = \frac{a_0}{2} \tag{3.10 a}$$

$$c_n = \frac{a_n - j b_n}{2} \quad (n = 1,\ 2,\ \cdots) \tag{3.10 b}$$

$$c_{-n} = \frac{a_n + j b_n}{2} \quad (n = 1,\ 2,\ \cdots) \tag{3.10 c}$$

とおけば,式 (3.9) は次式で表すことができる。

$$g(t) = c_0 + \sum_{n=1}^{\infty}\left(c_n e^{j2\pi n f_0 t} + c_{-n} e^{-j2\pi n f_0 t}\right) = \sum_{n=-\infty}^{\infty} c_n e^{j2\pi n f_0 t} \tag{3.11}$$

ここで,c_n は n 次高調波成分 ($f = n f_0$ のスペクトル成分) である。上式は周期関数の複素フーリエ級数表現であり,式 (3.3) に比べすっきりした形になっている。しかし,三角関数による実フーリエ級数では現れなかった負の周波数成分が現れることに注意が必要である。

複素フーリエ係数 c_n の物理的意味が明確ではないので,三角関数による実フーリエ級数に立ち返ってみよう。正負の n 次高調波スペクトル c_n と c_{-n} は,式 (3.10 b),(3.10 c) より複素共役対称(**エルミート対称**)の関係にあ

る。

$$c_{-n} = c_n{}^* \tag{3.12}$$

また，振幅および位相スペクトルは次式で表される。

$$|c_{-n}| = |c_n| = \frac{\sqrt{a_n{}^2 + b_n{}^2}}{2} \tag{3.13 a}$$

$$\arg[c_{-n}] = -\arg[c_n] = \tan^{-1}\left(\frac{b_n}{a_n}\right) \tag{3.13 b}$$

すなわち，実周期信号の**振幅スペクトル**は偶対称，**位相スペクトル**は奇対称であり，正の周波数スペクトルが決まれば負の周波数スペクトルは一意に定まる。複素フーリエ係数 c_n のエルミート対称性を利用すると，式 (3.11) はつぎのように表すこともできる。

$$g(t) = c_0 + 2\sum_{n=1}^{\infty} \mathrm{Re}\left[c_n e^{j2\pi n f_0 t}\right] \tag{3.14}$$

ただし，$\mathrm{Re}[\cdot]$ は・の実部を表す。

式 (3.11) から直接 c_n を求めるために，つぎの補助的な公式をあげておく。任意の整数 $n\,(\ne 0)$ に対し次式が成立する。

$$\int_{-T/2}^{T/2} e^{j2\pi n f_0 t}\, dt = 0 \tag{3.15 a}$$

また，任意の整数 n，m に対し次式が成立する。

$$\int_{-T/2}^{T/2} e^{j2\pi(n-m)f_0 t}\, dt = \begin{cases} T & \cdots\cdots \quad m = n \\ 0 & \cdots\cdots \quad m \ne n \end{cases} \tag{3.15 b}$$

式 (3.11) の両辺に $1/T$ を掛けて1周期にわたり項別積分すれば，式 (3.15 a) より c_0 が求まる。

$$c_0 = \frac{1}{T}\int_{-T/2}^{T/2} g(t)\, dt \tag{3.16 a}$$

上式より，c_0 は信号 $g(t)$ の平均値，すなわち直流成分である。また，式 (3.11) の両辺に $\exp(-j2\pi m f_0 t)/T$ を掛けて1周期にわたり項別積分すれば，式 (3.15 b) より $m = n$ の場合に限り c_n が残る。すなわち

$$c_n = \frac{1}{T}\int_{-T/2}^{T/2} g(t) e^{-j2\pi n f_0 t} dt \tag{3.16 b}$$

が得られる．

つぎに，信号の平均電力と複素フーリエ係数の関係を述べておく．周期信号の平均電力 P は，1周期分の2乗平均値として与えられる（1.4節）．

$$P = \frac{1}{T}\int_{-T/2}^{T/2} |g(t)|^2\, dt = \frac{1}{T}\int_{-T/2}^{T/2} \left|\sum_{n=-\infty}^{\infty} c_n e^{j2\pi n f_0 t}\right|^2 dt \tag{3.17}$$

ここで

$$\left|\sum_{n=-\infty}^{\infty} c_n e^{j2\pi n f_0 t}\right|^2 = \sum_{n=-\infty}^{\infty} c_n e^{j2\pi n f_0 t} \sum_{m=-\infty}^{\infty} c_m{}^* e^{-j2\pi m f_0 t}$$

$$= \sum_{n=-\infty}^{\infty} |c_n|^2 + \sum_{n\neq m} c_n c_m{}^* e^{j2\pi(n-m)f_0 t}$$

であるから，2項目は式（3.15 b）より1周期にわたる積分の結果0となる．したがって，式（3.17）よりつぎの関係を得る．

$$P = \frac{1}{T}\int_{-T/2}^{T/2} |g(t)|^2\, dt = \sum_{n=-\infty}^{\infty} |c_n|^2 \tag{3.18}$$

ここで，$|c_n|^2$ は n 次高調波の**電力スペクトル**であり，電力スペクトルの総和は信号の平均電力に等しいことを示している．この関係は**パーシバル**(Parseval)**の定理**と呼ばれている．周期信号の平均電力を時間領域と周波数領域のいずれからでも求めることができる．

○○○　**例題3.2**　○○○

図3.2(a)に示す鋸歯状波 $g(t)$ の複素フーリエ係数，振幅および位相スペクトルを求めよ．

解　信号 $g(t)$ は区間 $-1 \leqq t \leqq 1$ において $g(t) = t$ で与えられる．また，その基本周期は $T = 1/f_0 = 2$ であるから，複素フーリエ係数 c_n は次式で与えられる．

$$c_n = \frac{1}{T}\int_{-T/2}^{T/2} g(t)e^{-j2\pi n f_0 t}\, dt = \frac{1}{2}\int_{-1}^{1} t\cdot e^{-j\pi n t}\, dt$$

$$= j\frac{n\pi\cos n\pi - \sin n\pi}{(n\pi)^2} = \begin{cases} 0 & \cdots\cdots\quad n = 0 \\ \dfrac{j}{n\pi} & \cdots\cdots\quad n:\text{even} \\ -\dfrac{j}{n\pi} & \cdots\cdots\quad n:\text{odd} \end{cases}$$

また，振幅，位相スペクトルは，それぞれ図(b)，(c)に示すように

3.2 複素フーリエ級数

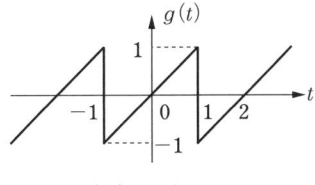

(a) 鋸歯状波

(b) 振幅スペクトル　　(c) 位相スペクトル

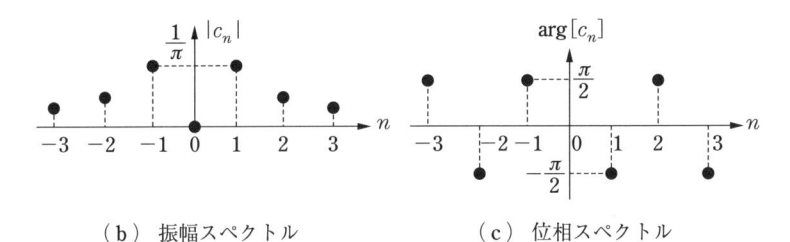

図 3.2　鋸歯状波とそのスペクトル

$$|c_n| = \begin{cases} 0 & \cdots\cdots \quad n = 0 \\ \dfrac{1}{|n|\pi} & \cdots\cdots \quad n \neq 0 \end{cases}$$

$$\arg[c_n] = \frac{\operatorname{sgn}(n)(-1)^n \pi}{2} \quad (n \neq 0)$$

で与えられる。ただし，sgn は符号関数である（表 1.1 の 5）。

余談であるが，パーシバルの定理を用いて信号 $g(t)$ の平均電力を求めると興味深い定理が得られる。

$$P = \sum_{n=-\infty}^{\infty} |c_n|^2 = \frac{1}{\pi^2} \sum_{\substack{n=-\infty \\ n \neq 0}}^{\infty} \frac{1}{n^2}$$

一方，時間領域からは

$$P = \frac{1}{2}\int_{-1}^{1} t^2 dt = \frac{1}{3}$$

と求まるため

$$\sum_{n=1}^{\infty} \frac{1}{n^2} = \frac{\pi^2}{6} \tag{3.19}$$

が得られる。この公式は**リーマン（Riemann）のツェータ関数**

$$\zeta(k) = \sum_{n=1}^{\infty} \frac{1}{n^k} \tag{3.20}$$

の $k=2$ に相当する。

○○○ **例題 3.3** ○○○

正弦波の全波整流波形 $g(t) = |\sin \pi t|$ の複素フーリエ係数を求めよ。

解 信号 $g(t)$ は区間 $0 \leq t \leq 1$ において $g(t) = \sin \pi t$ で与えられる。また，その基本周期は $T = 1/f_0 = 1$ であるから，複素フーリエ係数 c_n は次式で与えられる。

$$c_n = \int_0^1 \sin \pi t \cdot e^{-j2\pi n t} \, dt = -\frac{2}{(4n^2-1)\pi}$$

3.1 節の例題 3.1 で余弦波の全波整流波 $f(t) = |\cos \pi t|$ を実フーリエ級数に展開した。本例題の信号は，$f(t)$ を τ だけ時間シフトした $g(t) = f(t-\tau)$，$\tau = 1/2$ と表すことができる。したがって，c_n は次式で与えられる。

$$c_n = \frac{1}{T}\int_0^T f(t-\tau) e^{-j2\pi n f_0 t} \, dt = \frac{1}{T}\int_{-\tau}^{T-\tau} f(u) e^{-j2\pi n f_0 u} e^{-j2\pi n f_0 \tau} \, du$$
$$= d_n \cdot e^{-j2\pi n f_0 \tau} \tag{3.21}$$

ここで，d_n は $f(t)$ の複素フーリエ係数とする。実フーリエ係数と複素フーリエ係数は式 (3.10 a)～(3.10 c) の関係にあるから，式 (3.7) より

$$d_n = \frac{a_n}{2} = \frac{-2(-1)^n}{(4n^2-1)\pi}$$

である。したがって

$$c_n = d_n \cdot e^{-jn\pi} = (-1)^n d_n = -\frac{2}{(4n^2-1)\pi}$$

が得られる。このように，基本波形の複素フーリエ係数 d_n が既知の場合，時間シフトした波形のフーリエ係数は式 (3.21) を用いて容易に求めることができる。

○○○ **例題 3.4** ○○○

二つの実信号 $x(t)$ と $y(t)$ は，同じ基本周期 $T = 1/f_0$ をもち，それぞれの複素フーリエ係数を c_n，d_m とする。新たな信号 $z(t) = x(t)y(t)$ の複素フー

リエ係数 ζ_k を求めよ。ただし，$x(t)$ と $y(t)$ は2乗積分可能とする（この条件を満足しないと $z(t)$ は積分不能となり，フーリエ級数展開は意味をなさない）。

解 $x(t)$ および $y(t)$ のフーリエ級数展開より，$z(t)$ は

$$z(t) = \sum_{n=-\infty}^{\infty} c_n e^{j2\pi n f_0 t} \sum_{m=-\infty}^{\infty} d_m e^{j2\pi m f_0 t} = \sum_{m=-\infty}^{\infty} \sum_{n=-\infty}^{\infty} c_n d_m e^{j2\pi(n+m)f_0 t}$$
$$= \sum_{k=-\infty}^{\infty} \Big(\sum_{n=-\infty}^{\infty} c_n d_{k-n} \Big) e^{j2\pi k f_0 t}$$

と表すことができる。したがって，ζ_k は次式で与えられる。

$$\zeta_k = \sum_{n=-\infty}^{\infty} c_n d_{k-n} \tag{3.22}$$

すなわち，ζ_k は c_n と d_m の畳み込み和で与えられる。

ここで，$y(t) = x(t)$ として $z(t)$ の平均値（直流成分 ζ_0）を求めてみる。信号 $x(t)$ は2乗積分可能であるから，信号 $z(t)$ の平均値は

$$\frac{1}{T}\int_{-T/2}^{T/2} z(t)\,dt = \frac{1}{T}\int_{-T/2}^{T/2} |x(t)|^2\,dt$$

で与えられる。一方，信号 $y(t)$ の複素フーリエ係数は $d_m = c_n$ より

$$\zeta_0 = \sum_{n=-\infty}^{\infty} c_n c_{-n} = \sum_{n=-\infty}^{\infty} c_n c_n^* = \sum_{n=-\infty}^{\infty} |c_n|^2$$

である。したがって，式 (3.18) で示したパーシバルの定理が得られる。

$$\sum_{n=-\infty}^{\infty} |c_n|^2 = \frac{1}{T}\int_{-T/2}^{T/2} |x(t)|^2\,dt$$

3.3 周期信号のフーリエ級数による近似

どんな周期関数でもフーリエ級数により表現できるというフーリエの主張は，その後の**ディリクレ**（Dirichlet）らの研究により否定的に証明された。この問題はフーリエ級数の収束性に関係しており，厳密な証明は難しく，本書の目的からはずれてしまうので概略を述べるにとどめておく。

周期関数 $x(t)$ がつぎに示す**ディリクレの条件**を満足するならば，$x(t)$ のフ

ーリエ級数は必ず収束する。

（1） $x(t)$ は1周期にわたり絶対積分可能であること，すなわち

$$\int_0^T |x(t)|\,dt < \infty \tag{3.23}$$

（2） $x(t)$ の1周期中，最大・最小の数は有限であること，

（3） $x(t)$ の1周期中，不連続点の数は有限であること。

条件(2)，(3)を満足する場合，区間 T において**区分的に連続**(piecewise continuous)であるという。このディリクレの条件は十分条件であり，必要十分な条件はまだ見出されていない。また，工学で扱われるほとんどの信号はフーリエ級数により表現できることを注意しておく。

ディリクレの条件を満足する信号はフーリエ級数に展開でき，その和は不連続点を除くすべての点において $x(t)$ に収束する。不連続点 t_0 では，その和は右極限 $x(t_0^+)$ と左極限 $x(t_0^-)$ の平均値

$$x(t_0) = \frac{1}{2}\left[x(t_0^+) + x(t_0^-)\right] \tag{3.24}$$

に収束する(**Dirichlet–Jordan の定理**)。

周期信号のフーリエ級数表示として示した式 (3.3)，(3.11) の等号は，われわれが通常用いている，文字どおり両辺が等しいという意味とは異なる。この辺の事情を視覚的に理解するため，**図 3.3**(a)に示す振幅1，パルス幅 τ，周期 T の矩形パルス列 $g(t)$ をフーリエ級数で表してみよう。

信号 $g(t)$ はディリクレの条件を満足し，複素フーリエ係数は次式で与えられる。

$$\begin{aligned}
c_n &= \frac{1}{T}\int_{-T/2}^{T/2} g(t)e^{-j2\pi nt/T}\,dt \\
&= \frac{1}{T}\int_{-\tau/2}^{\tau/2} e^{-j2\pi nt/T}\,dt = \frac{\tau}{T}\cdot\frac{\sin(\pi n\tau/T)}{\pi n\tau/T}
\end{aligned} \tag{3.25}$$

したがって，$g(t)$ は式 (3.14) を用いて次式で表される。

$$g(t) = \sum_{n=-\infty}^{\infty} c_n e^{j2\pi nt/T} = \frac{\tau}{T} + \frac{2\tau}{T}\sum_{n=1}^{\infty}\frac{\sin(\pi n\tau/T)}{\pi n\tau/T}\cos\frac{2\pi nt}{T} \tag{3.26}$$

3.3 周期信号のフーリエ級数による近似

（a）[矩形パルス列 $g(t)$ のグラフ：振幅1，パルス幅 τ，周期 T]

（b）[$g_7(t)$ のグラフ：リップルを伴う近似波形]

（c）[$g_{27}(t)$ のグラフ：$g_N(\pm\tau/2)=0.5$，不連続点の前後でリップルが生じ，N を大きくしても消失しない]

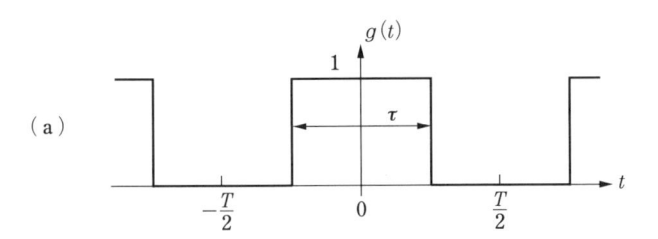

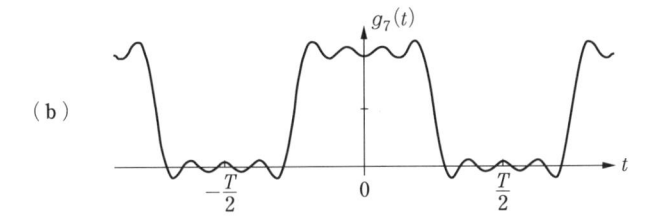

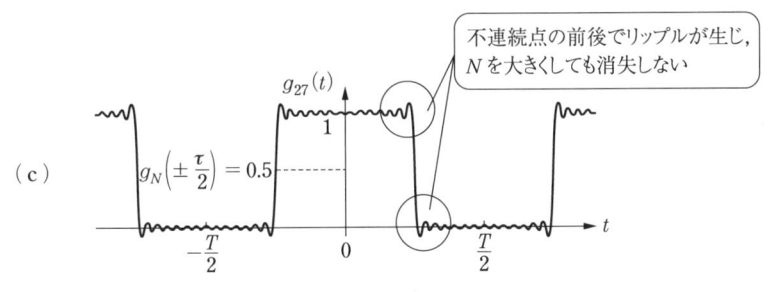

図 3.3　矩形パルス列とフーリエ級数近似

右辺の式で示される波形を描くため，第 N 次高調波までで打ち切った信号（**フーリエ級数の部分和**）を $g_N(t)$ で表す．すなわち

$$g_N(t) = \sum_{n=-N}^{N} c_n e^{j2\pi nt/T} = \frac{\tau}{T} + \frac{2\tau}{T}\sum_{n=1}^{N} \frac{\sin(\pi n\tau/T)}{\pi n\tau/T} \cos\frac{2\pi nt}{T} \quad (3.27)$$

で与えられる式において，$\tau=1$，$T=2$ を例にとって $g_N(t)$ を描くと，図（b），（c）に示すように N の増加に従い矩形パルス列に近づくことがわかる．すなわち，不連続点以外の点では，そのフーリエ級数の部分和 $g_N(t)$ は $N\to\infty$ の極限において $g(t)$ に収束する．例えば，図（c）の $t=0$ では

$$\lim_{N\to\infty} g_N(0) = \lim_{N\to\infty}\left(\frac{\tau}{T} + \frac{2\tau}{T}\sum_{n=1}^{N}\frac{\sin(\pi n\tau/T)}{\pi n\tau/T}\right)$$

$$= \frac{1}{2} + \frac{2}{\pi}\left(1 - \frac{1}{3} + \frac{1}{5} - \cdots\right) = 1$$

が得られる。なお

$$\sum_{n=0}^{\infty}\frac{(-1)^n}{2n+1} = 1 - \frac{1}{3} + \frac{1}{5} - \cdots = \frac{\pi}{4} \tag{3.28}$$

は**ライプニッツ(Leibniz)の公式**として知られている。

信号振幅が不連続な点では式 (3.24) に従い，図(c)の例では $g_N(\pm\tau/2) = 1/2$ である。しかし不連続点の前後でリップルが生じ，これは N を大きくしても消失することはない。この奇妙な振舞いは，**ギブス**(Gibbs)により数学的に解明されたため，**ギブスの現象**と呼ばれている。

ここで，ディリクレの条件を満足する信号について，フーリエ級数の部分和を調べてみよう。

$$g_N(t) = \sum_{n=-N}^{N} c_n e^{j2\pi nt/T} = \sum_{n=-N}^{N}\frac{1}{T}\int_{-T/2}^{T/2} g(\tau)e^{-j2\pi n\tau/T}d\tau\, e^{j2\pi nt/T}$$

$$= \frac{1}{T}\int_{-T/2}^{T/2} g(\tau)\left\{\sum_{n=-N}^{N} e^{j2\pi n(t-\tau)/T}\right\}d\tau \tag{3.29}$$

ここで

─── マイケルソンの調和解析・合成器とギブスの現象 ───

マイケルソンとモーリーの実験で有名なマイケルソンは，1898 年，信号のフーリエ係数を計算する調和解析装置を開発した。その装置は，求めたフーリエ係数からもとの波形を合成することもできた。したがって，解析結果の評価も可能であった。多くの信号について満足できる評価結果が得られたが，矩形パルス列を解析したとき奇妙な現象が現れた。合成波は振幅の不連続な点の近傍で振動し，フーリエ係数の数を増やしてもリップルの幅は減少するものの，約 9% のオーバーシュート量は変化しなかった (図 3.3)。当初，マイケルソンは合成器の機械的欠陥によるものと考えたようであるが，この奇妙な振舞いはギブスによって調べられ，フーリエ級数の収束性に関する本質的な現象であることが明らかになった。

3.3 周期信号のフーリエ級数による近似

$$D_N(t) = \frac{1}{T} \sum_{n=-N}^{N} e^{j2\pi nt/T}$$

$$= \frac{e^{-j2\pi Nt/T}}{T} \sum_{n=0}^{2N} e^{j2\pi nt/T} = \frac{e^{-j2\pi Nt/T}}{T} \cdot \frac{1 - e^{-j2\pi(2N+1)t/T}}{1 - e^{-j2\pi t/T}}$$

$$= \frac{1}{T} \cdot \frac{\sin(2N+1)\pi t/T}{\sin \pi t/T} \tag{3.30}$$

とおく。$D_N(t)$ は**ディリクレ核**と呼ばれる関数である（**図 3.4**）。この関数は周期が T の偶関数で，振幅は正弦状に振動し，N の増加に伴い振動の間隔 ($T/(2N+1)$) は小さくなる。時刻 $t = kT$（k：整数）において最大振幅 $(2N+1)/T$，$t = kT + T/2$ において最小振幅 $1/T$ をとる。また，式 (3.30) の第1式より N の値によらず次式が成立する。

$$\int_{-T/2}^{T/2} D_N(t)\, dt = 1 \tag{3.31}$$

ディリクレの核関数を用いれば，$g_N(t)$ は次式に示すように $g(\tau)$ と $D_N(\tau)$ の畳み込み積分になっている。

$$g_N(t) = \int_{-T/2}^{T/2} g(\tau) D_N(t-\tau)\, d\tau = g(\tau) \otimes D_N(\tau) \tag{3.32}$$

この結果，ディリクレ核の振動成分が不連続点の近傍でリップルを生じさせることになる。N を大きくすることにより誤差の生じる領域を小さくできるが，

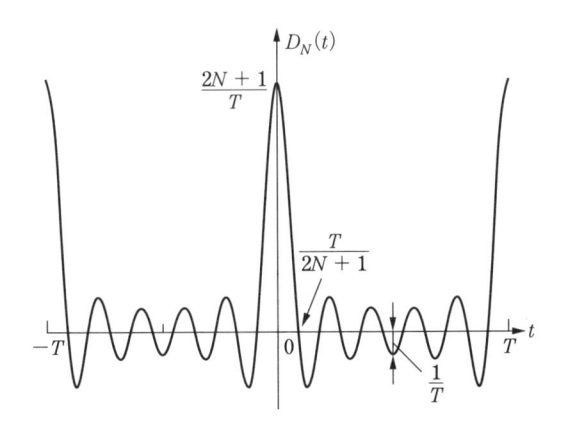

図 3.4 ディリクレの核関数 ($N = 5$)

誤差そのものをゼロにすることはできない。ただし，ギブスの現象を抑圧するため，フィルタ設計などの応用面では各種の窓関数によりフーリエ係数を修正する技術が開発されている。

周期信号をフーリエ級数で表現した際の近似誤差について考察しておく。周期信号 $g(t)$ を N 次高調波までの和で近似した場合，$g(t)$ と $g_N(t)$ の差が誤差となる。1周期にわたる誤差の平均値を求めようとすると，正負の誤差が打ち消しあって正しい評価が得られない。したがって，通常は次式に示す**誤差の2乗平均値**(mean squared error: **MSE**)により評価する。じつは，信号 $g(t)$ を有限の項数で近似する場合，フーリエ級数表現は最小の MSE を与えることが知られている（例題3.5）。

信号 $g(t)$ を2乗積分可能な関数として，式 (3.12)，(3.15 b) およびパーシバルの定理式 (3.18) を用いると，誤差の MSE は次式で表される。

$$\begin{aligned}
\overline{\varepsilon_N^2} &= \frac{1}{T}\int_{-T/2}^{T/2}|g(t)-g_N(t)|^2\,dt = \frac{1}{T}\int_{-T/2}^{T/2}\Big|g(t)-\sum_{n=-N}^{N}c_n e^{j2\pi nt/T}\Big|^2 dt \\
&= \frac{1}{T}\int_{-T/2}^{T/2}\Big\{g(t)-\sum_{n=-N}^{N}c_n e^{j2\pi nt/T}\Big\}\Big\{g(t)-\sum_{m=-N}^{N}c_m^* e^{-j2\pi mt/T}\Big\}\,dt \\
&= \frac{1}{T}\int_{-T/2}^{T/2}g^2(t)\,dt - \frac{1}{T}\sum_{n=-N}^{N}c_n\int_{-T/2}^{T/2}g(t)e^{j2\pi nt/T}\,dt \\
&\quad - \frac{1}{T}\sum_{m=-N}^{N}c_m^*\int_{-T/2}^{T/2}g(t)e^{-j2\pi mt/T}\,dt \\
&\quad + \frac{1}{T}\sum_{n=-N}^{N}\sum_{m=-N}^{N}c_n c_m^*\int_{-T/2}^{T/2}e^{j2\pi(n-m)t/T}\,dt \\
&= \frac{1}{T}\int_{-T/2}^{T/2}g^2(t)\,dt - \sum_{n=-N}^{N}|c_n|^2 \\
&= \sum_{|n|>N}^{\infty}|c_n|^2
\end{aligned} \tag{3.33}$$

誤差の2乗平均値を定量的に評価するためには，フーリエ係数 c_n の漸近的な振舞いを知る必要があるが，絶対積分可能な信号（式 (3.23)）のフーリエ係数に対し，つぎの**リーマン・ルベーグ**(Riemann-Lebesgue)**の定理**が知られている。

$$\lim_{n\to\infty} c_n = 0 \tag{3.34}$$

したがって，誤差の MSE は n とともに単調に減少し，無限大の極限で 0 になる．すなわち，フーリエ級数展開の等号は誤差の 2 乗平均値がゼロになるという意味で使われている[†]．

○○○ **例題 3.5** ○○○

ディリクレの条件を満足する周期関数 $g(t)$（周期 T）を有限項のフーリエ級数で近似した場合，その近似は最小の平均 2 乗誤差(MSE)を与えることを示せ．

解 有限項の指数級数を，d_n を複素数として

$$g_N(t) = \sum_{n=-N}^{N} d_n e^{j2\pi nt/T}$$

で表した場合，誤差の MSE は式（3.33）に示したように次式で与えられる．

$$\overline{\varepsilon_N^2} = \frac{1}{T}\int_{-T/2}^{T/2} |g(t)-g_N(t)|^2 \, dt$$

$$= \frac{1}{T}\int_{-T/2}^{T/2} g^2(t) \, dt - \frac{1}{T}\sum_{n=-N}^{N} d_n \int_{-T/2}^{T/2} g(t) e^{j2\pi nt/T} \, dt$$

$$- \frac{1}{T}\sum_{n=-N}^{N} d_n^* \int_{-T/2}^{T/2} g(t) e^{-j2\pi nt/T} dt + \sum_{n=-N}^{N} d_n d_n^*$$

上式は d_n の 2 次形式であるため，MSE の最小値を与える複素係数は

$$\frac{\partial \overline{\varepsilon_N^2}}{\partial d_n^*} = -\frac{1}{T}\int_{-T/2}^{T/2} g(t) e^{-j2\pi nt/T} \, dt + d_n = 0$$

を満足する d_n として与えられる．したがって，次式に示すように d_n をフーリエ係数とした場合，$g_N(t)$ は最小の MSE を与えることになる．

$$d_n = \frac{1}{T}\int_{-T/2}^{T/2} g(t) e^{-j2\pi nt/T} \, dt = c_n$$

[†] フーリエ級数は，**テイラー**(Taylor)**級数**と同様，関数を無限級数によって近似する．しかし，テイラー級数展開とは大きく異なる．テイラー級数展開の可能な信号は，解析的な関数（いわゆる無限に微分可能）でなければならない．一方，本節で述べたように，フーリエ級数は振幅が不連続な点を含む信号（解析的でない信号）も表すことができる．この意味で，フーリエ級数は広いクラスの信号を表現することができ，有用であることが理解される．ただ，非解析的な信号でも正弦波や余弦波など解析的な信号を無限に寄せ集めることにより表すことができる，というフーリエ級数は非常に不思議な存在である．特にギブスの現象などは，無限と有限の狭間に横たわるゴルディアスの結び目のようで，現代のわれわれにとっても 19 世紀の人々と同様すっきりとした見通しを得るのはなかなか難しい．

例 3.1

図 3.3(a) に示した矩形パルス列（振幅 1，パルス幅 $\tau=1$，周期 $T=2$）を $2N+1$ 項のフーリエ級数で近似した場合の誤差を考える．得られる最小の平均 2 乗誤差（MSE）が項数によりどのように変化するかをみるため，項数 $3\,(N=1)$，$5\,(N=3)$ の場合を調べてみよう（偶数倍の高調波成分は 0 であるから $N=3$ で項数は 5 となる）．

式 (3.25) より，$\tau/T=1/2$ を考慮して，フーリエ係数は次式で与えられる．

$$c_n = \frac{\sin(n\pi/2)}{n\pi}$$

したがって，MSE は次式で表される．

$$\overline{\varepsilon_N{}^2} = \sum_{|n|>N}^{\infty} |c_n|^2 = 2\sum_{n>N}^{\infty} \frac{\sin^2(n\pi/2)}{n^2\pi^2}$$

$$= \frac{1}{\pi^2}\sum_{n>N}^{\infty} \frac{1-\cos n\pi}{n^2}$$

公式，$\sum_{n=1}^{\infty} 1/n^2 = \pi^2/6$，$\sum_{n=1}^{\infty}(\cos n\pi)/n^2 = -\pi^2/12$ を利用して

$$\overline{\varepsilon_1{}^2} = \frac{1}{\pi^2}\left(\frac{\pi^2}{6}-1+\frac{\pi^2}{12}-1\right) \approx 0.047$$

$$\overline{\varepsilon_3{}^2} = \frac{1}{\pi^2}\left(\frac{\pi^2}{6}-1-\frac{1}{4}-\frac{1}{9}+\frac{\pi^2}{12}-1+\frac{1}{4}-\frac{1}{9}\right) \approx 0.025$$

を得る．

3.4 周期信号に対する線形・時不変システムの応答

インパルス応答 $h(t)$ をもつ線形・時不変システムの応答 $y(t)$ は，2.5 節で述べたように入力 $x(t)$ と $h(t)$ の畳み込みで与えられた．

$$y(t) = \int_{-\infty}^{\infty} h(\tau)x(t-\tau)\,d\tau$$

3.4 周期信号に対する線形・時不変システムの応答

入力信号を複素指数関数 $e^{j2\pi ft}$ で表すとすれば,出力は次式で与えられる。

$$y(t) = \int_{-\infty}^{\infty} h(\tau) e^{j2\pi f(t-\tau)} d\tau$$

$$= e^{j2\pi ft} \int_{-\infty}^{\infty} h(\tau) e^{-j2\pi f\tau} d\tau \qquad (3.35)$$

ここで

$$H(f) \equiv \int_{-\infty}^{\infty} h(\tau) e^{-j2\pi f\tau} d\tau \qquad (3.36)$$

を定義すれば,式(3.35)は次式で表される。

$$y(t) = H(f) e^{j2\pi ft} \qquad (3.37)$$

$H(f)$ はシステムの伝達関数と呼ばれ,式(3.36)からわかるように,周波数を変数とする複素量(時間に関する定数)である。また,4章で述べるが $H(f)$ は $h(\tau)$ のフーリエ変換となっている。

式(3.37)はシステムの応答を知るうえで重要な意味をもっている。すなわち,周波数が f の複素指数関数に対する応答はやはり複素指数関数で,その周波数や周期が変化することはない。振幅のみが $H(f)$ 倍される。正確にいえば,$H(f)$ は複素数であるから入力信号の振幅は $|H(f)|$ 倍され,位相角は $\arg[H(f)]$ だけシフトする。

一般的に,周期信号 $g(t)$ は式(3.11)で示すフーリエ級数に展開できるから,入力 $g(t)$ に対する線形・時不変システムの応答は重ね合せの原理を用いて次式で求まる。

$$y(t) = \sum_{n=-\infty}^{\infty} H(nf_0) c_n e^{j2\pi nf_0 t} \qquad (3.38)$$

これより,出力は入力信号と同じスペクトル成分をもち,その振幅(係数)は

$$d_n = H(nf_0) c_n \qquad (3.39)$$

に変換される。

。○ ○ ○　**例題 3.6**　○ ○ ○ 。

図 3.3(a)に示した矩形パルス列を**図 3.5** の低域通過フィルタへ入力した場合,出力信号を第 N 次までの高調波成分で表せ。

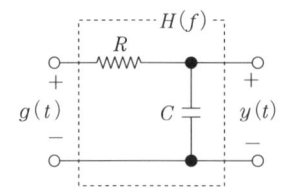

図 3.5 RC 低域通過フィルタ

解 まず，基本的な関数 $g_0(t) = e^{j2\pi ft}$ の応答を考える。出力電圧を $y(t)$ とすれば，回路に流れる電流は

$$i(t) = C\frac{dy(t)}{dt}$$

である。したがって，**キルヒホッフ**(Kirchhoff)の電圧則から

$$RC\frac{dy(t)}{dt} + y(t) = g_0(t) = e^{j2\pi ft}$$

が成立する。一方，式 (3.37) より $y(t) = H(f)e^{j2\pi ft}$ を上式に代入して次式を得る。

$$j2\pi f \cdot RC \cdot H(f)e^{j2\pi ft} + H(f)e^{j2\pi ft} = e^{j2\pi ft}$$

したがって，RC 低域通過フィルタの伝達関数は次式で与えられる。

$$H(f) = \frac{1}{1+j2\pi f \cdot RC} = \frac{1}{\sqrt{1+(2\pi f \cdot RC)^2}}\, e^{j\theta}$$

ここで，位相角 θ は

$$\theta = \arg[H(f)] = -\tan^{-1}(2\pi f \cdot RC)$$

で与えられる。振幅・位相スペクトルは図 3.6 で表される。同図（a）に示すように振幅スペクトルが $1/\sqrt{2}$ になる周波数を**低域遮断（カットオフ）周波数**と呼び，このとき，図（b）に示すように $\pi/4$ ラジアンの位相遅れが生じる。

つぎに，入力信号を矩形パルス列 $g(t)$ とした場合の応答を考えよう。式 (3.26)

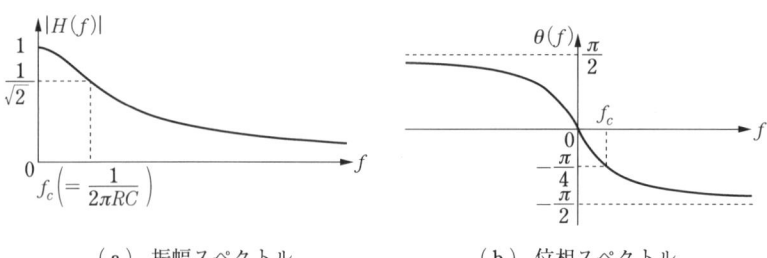

（a）振幅スペクトル　　　　（b）位相スペクトル

図 3.6　RC 低域通過フィルタの伝達関数

3.4 周期信号に対する線形・時不変システムの応答

から

$$g(t) = \sum_{n=-\infty}^{\infty} c_n e^{j2\pi nt/T} = \frac{\tau}{T} + \frac{2\tau}{T}\sum_{n=1}^{\infty}\frac{\sin(\pi n\tau/T)}{\pi n\tau/T}\cos\frac{2\pi nt}{T}$$

であり,$g_0(t)$ の線形和で与えられる.したがって,出力 $y(t)$ は式 (3.38) より $f_0 = 1/T$ として求まる.

$$\begin{aligned}
y(t) &= \sum_{n=-\infty}^{\infty} H\left(\frac{n}{T}\right) c_n e^{j2\pi nt/T} \\
&= \sum_{n=-\infty}^{\infty} \frac{1}{\sqrt{1+(2\pi nRC/T)^2}} \frac{\tau}{T} \frac{\sin(\pi n\tau/T)}{\pi n\tau/T} e^{j(2\pi nt/T+\theta_n)} \\
&= \frac{\tau}{T} + \frac{2\tau}{T}\sum_{n=1}^{\infty} \frac{1}{\sqrt{1+(2\pi nRC/T)^2}} \frac{\sin(\pi n\tau/T)}{\pi n\tau/T} \mathrm{Re}\,[e^{j(2\pi nt/T+\theta_n)}] \\
&= \frac{\tau}{T} + \frac{2\tau}{T}\sum_{n=1}^{\infty} \frac{1}{\sqrt{1+(2\pi nRC/T)^2}} \frac{\sin(\pi n\tau/T)}{\pi n\tau/T} \cos\left(\frac{2\pi nt}{T}+\theta_n\right)
\end{aligned}$$

ここで,位相角 θ_n は

$$\theta_n = \arg\left[H\left(\frac{n}{T}\right)\right] = -\tan^{-1}\left(\frac{2\pi nRC}{T}\right)$$

で与えられる.具体的なパラメータを与えて応答 $y(t)$ を描くと**図 3.7** が得られる.図(a),(b)はそれぞれ $N=7$,27 次までの高調波成分で近似したものである.

(a) $N=7$

(b) $N=27$

$$\frac{\tau}{T}=\frac{1}{2},\ RC=\frac{1}{2\pi}\frac{T}{7}$$

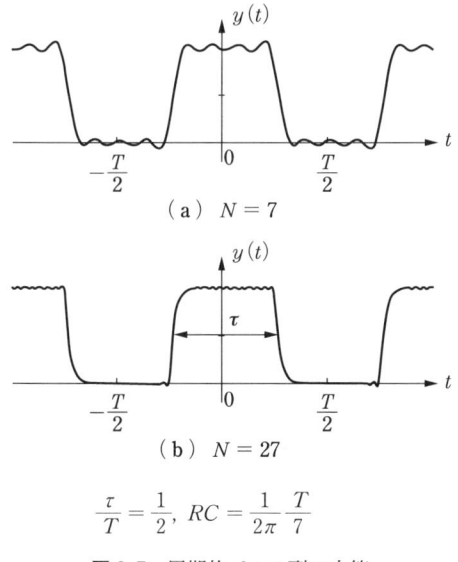

図 3.7 周期的パルス列の応答

この例は，カットオフ周波数を7次高調波に選んでいるため，図(a)では入力波形に近い出力が得られているのに対し，図(b)では高次の高調波成分が抑圧されるため図3.3(c)に比べて滑らかになっている。

演 習 問 題

1. 正弦波 $g(t) = \sin 2\pi f_0 t$ の振幅スペクトルおよび位相スペクトルを求めよ。
2. 正弦波 $g(t) = \sin 2\pi f_0 t$ の半波整流波（図3.8）の振幅スペクトルおよび位相スペクトルを求めよ。

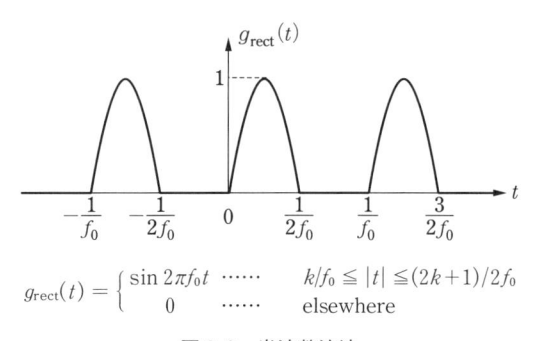

$$g_{\text{rect}}(t) = \begin{cases} \sin 2\pi f_0 t & \cdots\cdots \quad k/f_0 \leq |t| \leq (2k+1)/2f_0 \\ 0 & \cdots\cdots \quad \text{elsewhere} \end{cases}$$

図3.8 半波整流波

3. 図3.9(a)，(b)に示す信号をフーリエ級数に展開せよ。また，振幅および位相スペクトルを描け。

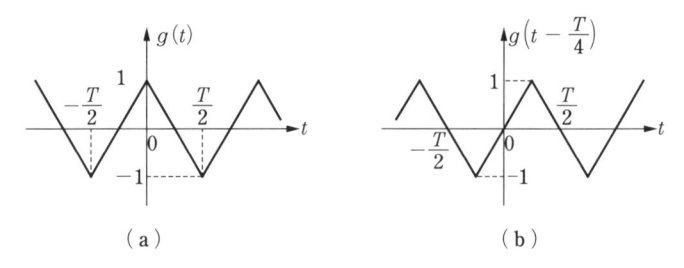

図3.9

演 習 問 題 　　57

4. 図 3.10 に示す信号をフーリエ級数に展開せよ．この結果を用いて，式 (3.19) $\sum_{n=1}^{\infty} 1/n^2 = \pi^2/6$，および $\sum_{n=1}^{\infty} (-1)^{n+1}/n^2 = \pi^2/12$ が成立することを証明せよ．

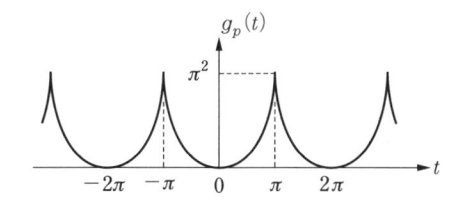

$$g_p(t) = \sum_{k=-\infty}^{\infty} g(t-2k\pi)$$

$$g(t) = \begin{cases} t^2 & \cdots & |t| \leq \pi \\ 0 & \cdots & |t| > \pi \end{cases}$$

図 3.10

5. 図 3.3(a) に示した矩形パルス列（$\tau/T = 1/2$）の複素フーリエ係数とパーシバルの定理を用いて次式が成立することを証明せよ．

$$\sum_{n=1}^{\infty} \frac{1}{(2n-1)^2} = \frac{\pi^2}{8}$$

6. 図 3.11(a)，(b) に示す単位インパルス列をフーリエ級数に展開せよ．

7. 図 3.11(b) に示す単位インパルス列 $g_2(t)$ は，図 3.3(a) の矩形パルス列（$\tau/T = 1/2$）の微分と考えられる．矩形パルス列のフーリエ級数展開式 (3.26) を項別微分した関数は $g_2(t)$ のフーリエ級数展開に等しいことを示せ．

また，一般的に区分的に連続な関数 $g(t)$ のフーリエ級数展開が

$$g(t) = \sum_{n=-\infty}^{\infty} c_n e^{j2\pi n f_0 t}$$

で与えられるとき，$g'(t)$ のフーリエ級数展開は上式を項別微分した

$$g'(t) = j2\pi f_0 \sum_{n=-\infty}^{\infty} n c_n e^{j2\pi n f_0 t}$$

で与えられることを証明せよ．

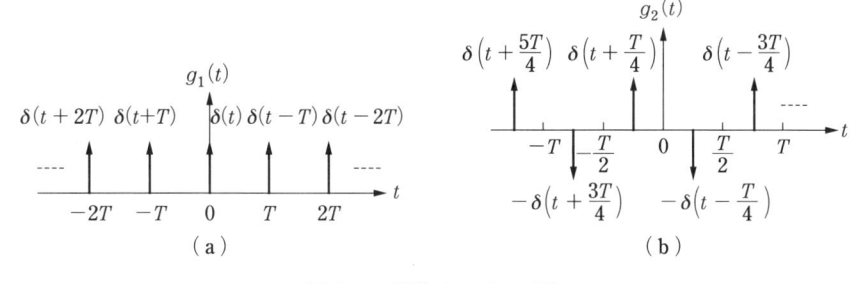

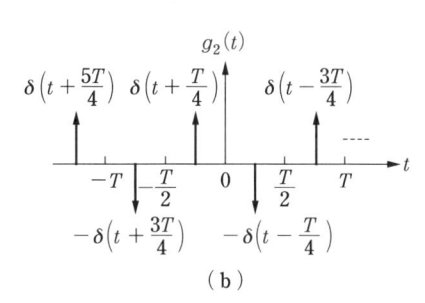

図 3.11　単位インパルス列

8. 周期 2π の信号 $g_1(t) = 2t\,(|t| \leq \pi)$ のフーリエ級数展開を求め，それを項別積分した関数は

$$g_2(t) = \int_0^t g_1(x)\,dx = t^2$$

のフーリエ級数展開に等しいことを示せ．

また，一般的に区分的に連続な関数 $g_1(t)$ のフーリエ級数展開が $g_1(t) = \sum_{n=-\infty}^{\infty} c_n e^{j2\pi nf_0 t}$ で与えられるとき，$g_2(t) = \int_0^t g_1(x)\,dx - c_0 t$ のフーリエ級数展開は $g_2(t) = \sum_{\substack{n=-\infty \\ n \neq 0}}^{\infty} \dfrac{c_n}{j2\pi nf_0} e^{j2\pi nf_0 t}$ で与えられることを証明せよ．

9. 演習問題 8 で積分によって与えられた関数 $g_2(t)$ のフーリエ係数は，被積分関数 $g_1(t)$ のフーリエ係数を $j2\pi nf_0$ で除算して得られる．したがって，N 次の項で近似した信号 $g_2(t)$ の平均 2 乗誤差(MSE)は $g_1(t)$ の MSE よりも小さくなると予想される．具体的に $N = 3, 5$ の場合の MSE を求めて比較せよ．

（ヒント：$\sum_{n=1}^{\infty} 1/n^4 = \pi^4/90$）

積分操作により信号の変化は滑らかになるが，これは高調波成分を抑圧したことに相当し，フーリエ級数の収束が速まる．この操作を**平滑化**と呼ぶ．

10. 図 3.12 に示す線形・時不変システムに対する，周期信号 $g(t) = 2\cos t + 4\sin 2t$ の応答 $y(t)$ を求めよ．

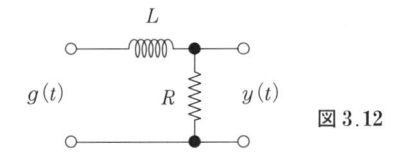

図 3.12

4 フーリエ変換

3章において，時間関数としての周期信号を周波数領域で表現する方法（フーリエ級数表現）を述べた．また，この手法を用いることにより，周期信号の解析やそれを入力とする線形・時不変システムの理解が容易になることを学んだ．フーリエ級数による信号解析は非常に有効な見通しを与えてくれるが，扱うことのできる信号は周期信号に限られている．実際，取り扱う信号のほとんどは有限の時間内で定義された非周期信号である．

フーリエ変換はフーリエ級数に課せられた制約を取り払うもので，非周期信号の周波数領域での表現を与える．すなわち，非周期信号はフーリエ級数のように離散的なスペクトルではなく，連続的なスペクトルによって表される．また，フーリエ級数と同様フーリエ変換の存在条件（十分条件）によって制約を受けるが，デルタ関数などの特殊関数を導入することにより使用可能な領域を拡張して，例えば周期信号なども扱うことができる．したがって，フーリエ変換はフーリエ級数を含んだ信号解析ツールといえる．

4.1 非周期信号の表現

非周期信号の例として，図 4.1（a）に示す孤立矩形波 $g(t)$ は，図（b）の矩形パルス列 $g_p(t)$ の周期 T_0 を無限大にした極限として与えられる．ここで，$f_0 = 1/T_0$ とおいて $g_p(t)$ を複素フーリエ級数で表す．

$$g_p(t) = \sum_{n=-\infty}^{\infty} c_n e^{j2\pi n f_0 t} \tag{4.1}$$

$$g(t) = \text{rect}\left(\frac{t}{T}\right) \qquad g_p(t) = \sum_{k=-\infty}^{\infty} g(t-kT_0)$$

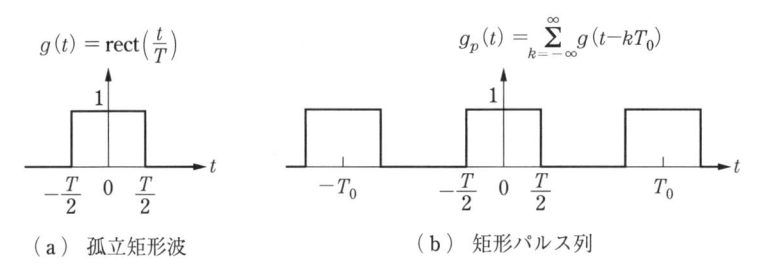

（a）孤立矩形波　　　　　　（b）矩形パルス列

図 4.1　孤立矩形波と周期 T_0 の矩形パルス列

$$c_n = \frac{1}{T_0}\int_{-T_0/2}^{T_0/2} g_p(t)e^{-j2\pi n f_0 t}\, dt \tag{4.2}$$

周期 $T_0 \to \infty$ のとき，基本周波数 $f_0 = 1/T_0 \to df$（無限小周波数），第 n 次高調波 $nf_0 \to f$（連続変数）となり，この結果周期信号 $g_p(t) \to g(t)$（非周期信号）になる．このとき，複素フーリエ係数(式 (4.2)) は

$$c_n = df \int_{-\infty}^{\infty} g(t)e^{-j2\pi f t}\, dt \tag{4.2}'$$

と表される．これを式 (4.1) に代入して，無限小周波数成分の加算が積分になることを考慮して次式を得る．

$$g(t) = \int_{-\infty}^{\infty}\left[\int_{-\infty}^{\infty} g(t)e^{-j2\pi f t}\, dt\right] e^{j2\pi f t}\, df \tag{4.1}'$$

上式の [　] 内の積分は周波数 f のみの関数であり，これを $G(f)$ とおいて

$$G(f) = \int_{-\infty}^{\infty} g(t)e^{-j2\pi f t}\, dt \tag{4.3}$$

とすれば次式が得られる．

$$g(t) = \int_{-\infty}^{\infty} G(f)e^{j2\pi f t}\, df \tag{4.4}$$

式 (4.3) と (4.4) はフーリエ変換対を構成し，式 (4.3) を $g(t)$ のフーリエ変換，式 (4.4) を逆フーリエ変換と呼び[†]，$G(f)$ と $g(t)$ は 1 対 1 に対応する．

[†] フーリエ変換の周波数変数として，f [Hz] ではなく，角周波数 ω [rad/s] にすることもある．この場合，フーリエ変換対は次式で表される．

$$G(\omega) = \int_{-\infty}^{\infty} g(t)e^{-j\omega t}\, dt \;\leftrightarrow\; g(t) = \frac{1}{2\pi}\int_{-\infty}^{\infty} G(\omega)e^{j\omega t}\, d\omega$$

すなわち，逆フーリエ変換において係数 $1/2\pi$ が必要になる．これは $df = d\omega/2\pi$ による．本章ではフーリエ変換対の対称性を考慮して，周波数変数を f で統一する．

4.1 非周期信号の表現

フーリエ変換 $G(f)$ は周期信号の場合の c_n と同じ意味をもつ。すなわち、$g(t)$ の周波数スペクトルである。ただし、c_n は離散的な周波数スペクトル（線スペクトル）であるが、$G(f)$ は f のすべての値で定義される連続スペクトルになる。

。○○○ **例題 4.1** ○○○。

図 4.1（b）に示す矩形パルス列の複素フーリエ係数 c_n を求め、基本周期 T_0 が増加するにつれて線スペクトルがどのように変化するか調べよ。

解 パルス幅 T、振幅 1、基本周期 T_0 の矩形パルス列の複素フーリエ係数は次式で与えられる。

$$c_n = \frac{1}{T_0}\int_{-T/2}^{T/2} e^{-j2\pi nt/T_0}\,dt = \frac{T}{T_0}\frac{\sin(\pi nT/T_0)}{\pi nT/T_0}$$

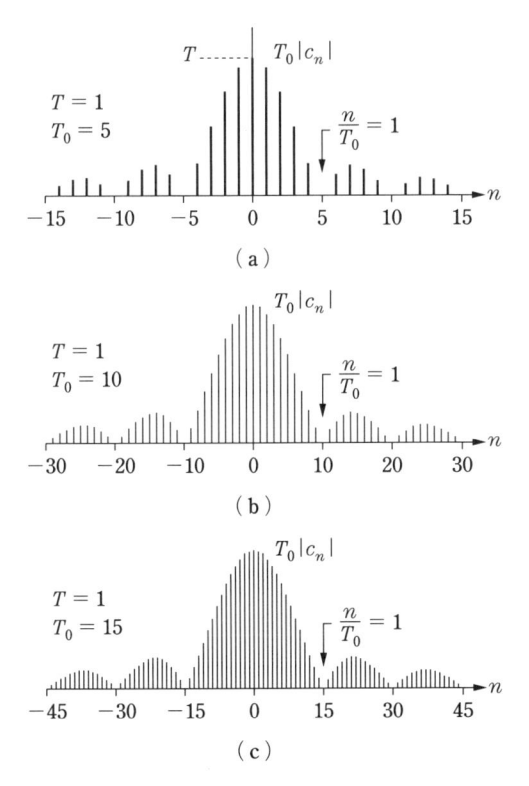

図 4.2 基本周期に対する振幅スペクトルの変化

ここで，$T = 1$（一定）として，$T_0 = 5, 10, 15$ としたときの正規化振幅スペクトル $T_0|c_n|$ を図 4.2 に示す。線スペクトルは基本周波数 $1/T_0$ の n 次高調波成分である。この結果から，T_0 が増加するにつれて線スペクトルの間隔が密になり，$T_0 \to \infty$ の極限で周期波形は孤立波に，線スペクトルは連続スペクトルになると考えられる。

一般的に，周波数スペクトル $G(f)$ は複素量である。したがって，$G(f)$ はつぎのように表すことができる。

$$G(f) = |G(f)|e^{j\theta(f)} = \mathrm{Re}\,[G(f)] + j\,\mathrm{Im}[G(f)] \tag{4.5}$$

ただし，$\mathrm{Re}\,[\,\cdot\,]$，$\mathrm{Im}\,[\,\cdot\,]$ は，それぞれ・の実部および虚部を表す。また，$|G(f)|$ は**振幅スペクトル**，$\theta(f)$ は**位相スペクトル**と呼ばれ，これらに対する複素数の実部と虚部の関係は以下のようである。

$$|G(f)|^2 = \mathrm{Re}^2[G(f)] + \mathrm{Im}^2[G(f)] \tag{4.6}$$

$$\theta(f) = \arg[G(f)] = \tan^{-1}\frac{\mathrm{Im}[G(f)]}{\mathrm{Re}\,[G(f)]} \tag{4.7}$$

特に，式 (4.6) は**エネルギースペクトル**と呼ばれる。

最後に，**フーリエ変換の存在条件**を簡単に述べておく。フーリエ変換が存在するかどうかは，式 (4.3) で示される無限積分が収束するかどうかである。積分が収束することは

$$|G(f)| = \left|\int_{-\infty}^{\infty} g(t)e^{-j2\pi ft}\,dt\right| < \infty$$

を意味している。さらに詳細に検討すれば

$$\left|\int_{-\infty}^{\infty} g(t)e^{-j2\pi ft}\,dt\right| \leq \int_{-\infty}^{\infty}\left|g(t)e^{-j2\pi ft}\right|dt \leq \int_{-\infty}^{\infty}|g(t)|\cdot|e^{-j2\pi ft}|\,dt$$

が成立し，また，$|e^{-j2\pi ft}| = 1$ であるから，$g(t)$ が絶対積分可能であればフーリエ変換は存在する。すなわち

$$\int_{-\infty}^{\infty}|g(t)|\,dt < \infty \tag{4.8}$$

である。このほか，3.3 節で述べたディリクレの条件を非周期関数用に修正した条件を満足する必要がある。ただし，これらディリクレの条件は十分条件で

あり，必要条件ではない．すなわち，式 (4.8) やほかの条件を満足しない信号でも極限的な意味でフーリエ変換をもつ場合がある．例えば，定数や単位ステップ関数，周期関数，インパルス列などであり，これらの例については 4.2 節に示す．

4.2 基本的な信号のフーリエ変換

（1） 矩 形 波　$g(t) = \text{rect}(t/T)$

図 4.3(a) に示す矩形波のフーリエ変換は次式で与えられ，スペクトルを同図(b) に示す．なお，$\mathcal{F}$ は [ ] 内の関数をフーリエ変換する演算子である．

$$G(f) = \mathcal{F}\left[\text{rect}\left(\frac{t}{T}\right)\right] = \int_{-T/2}^{T/2} e^{-j2\pi ft}\,dt = 2\int_0^{T/2} \cos 2\pi ft\,dt$$

$$= T\frac{\sin \pi fT}{\pi fT} \equiv T\cdot\text{sinc}(fT) \tag{4.9}$$

注）　最後の式は **sinc 関数** の定義．

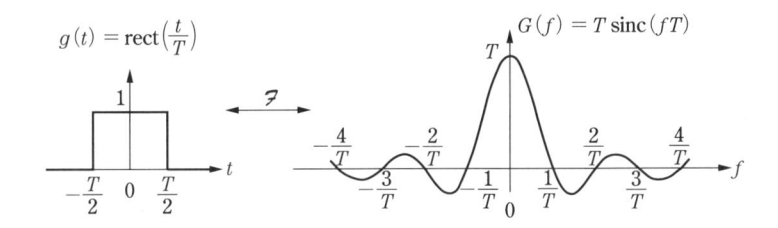

（a）孤立矩形波　　　　　　（b）矩形波のスペクトル

図 4.3　矩形波とその周波数スペクトル

（2）　**デルタ関数**　$\delta(t)$

図 4.4(a) に示すデルタ関数のフーリエ変換は次式で与えられ，スペクトルを図(b) に示す．

$$\varDelta(f) = \mathcal{F}[\delta(t)] = \int_{-\infty}^{\infty} \delta(t) e^{-j2\pi ft}\,dt = 1 \tag{4.10}$$

なお，最後の等式はデルタ関数の定義式 (1.30) から導かれる．また，デルタ

4. フーリエ変換

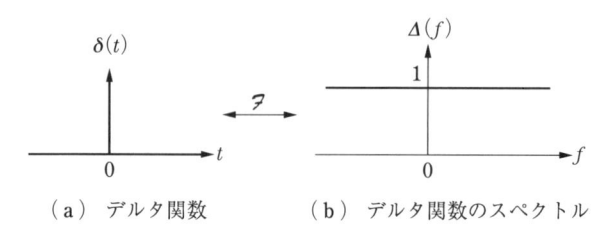

(a) デルタ関数　　(b) デルタ関数のスペクトル

図 4.4　デルタ関数とその周波数スペクトル

関数は式 (1.25) で示したように，振幅 $1/T$ の矩形パルス幅 T を無限小にした極限として与えられるため，式 (4.9) を用いてつぎのように求めることもできる。

$$\Delta(f) = \lim_{T \to 0} \mathcal{F}\left[\frac{1}{T}\text{rect}(\frac{t}{T})\right] = \lim_{T \to 0}\frac{\sin \pi fT}{\pi fT} = 1 \tag{4.10}'$$

式 (4.10) の逆フーリエ変換より

$$\delta(t) = \mathcal{F}^{-1}[\Delta(f)] = \int_{-\infty}^{\infty} \Delta(f)e^{j2\pi ft}\, df$$

$$= \int_{-\infty}^{\infty} e^{j2\pi ft}\, df$$

という便利な関係式が得られる。ここで，$\mathcal{F}^{-1}$ は逆フーリエ変換を意味する演算子である。デルタ関数は偶関数 $\delta(t) = \delta(-t)$ であることを考慮すると，上式は次式のように拡張される。

$$\delta(t) = \int_{-\infty}^{\infty} e^{\pm j2\pi ft}\, df \tag{4.11}$$

（3）定　　数　$g(t) = c$

絶対積分が発散するため通常の意味でフーリエ変換は存在しないが，極限的な意味でのフーリエ変換は存在する。式 (4.11) において t と f を交換すると次式が得られる。

$$\delta(f) = \int_{-\infty}^{\infty} e^{\pm j2\pi ft}\, dt \tag{4.12}$$

したがって，定数 c のフーリエ変換は，次式に示すように大きさが c のデルタ関数になる。

$$G(f) = \mathcal{F}[g(t) = c] = c\int_{-\infty}^{\infty} e^{-j2\pi ft}\, dt = c \cdot \delta(f) \tag{4.13}$$

また，定数 c は振幅が c の矩形パルス幅 T を無限大にした極限として与えられるため，式 (4.9) を用いてつぎのように求めることもできる。

$$G(f) = \lim_{T\to\infty} \mathcal{F}\left[c\cdot\mathrm{rect}\left(\frac{t}{T}\right)\right] = \lim_{T\to\infty} cT\frac{\sin \pi fT}{\pi fT} = c\cdot\delta(f) \quad (4.13)'$$

定数 $c=1$ の場合，時間波形と周波数スペクトルは，それぞれ図 4.4 の（b）と（a）になり，時間と周波数が入れ換わる。4.3 節で述べることになるが，この関係を双対性という。

（4） 片側指数関数　　$g(t) = e^{-at}\mathrm{u}(t) \ (a > 0)$

図 4.5（a）に示す片側指数関数のフーリエ変換は次式で与えられる。

$$G(f) = \mathcal{F}\left[e^{-at}\mathrm{u}(t)\right] = \int_{-\infty}^{\infty} e^{-at}\mathrm{u}(t)e^{-j2\pi ft}\,dt = \int_{0}^{\infty} e^{-(a+j2\pi f)t}\,dt$$

$$= \frac{1}{a+j\,2\pi f} \tag{4.14}$$

振幅，位相スペクトルはそれぞれ図（b）に示すように

$$|G(f)| = \frac{1}{\sqrt{a^2+(2\pi f)^2}} \tag{4.15a}$$

（a） 片側指数関数　　（b） 片側指数関数の振幅および位相スペクトル

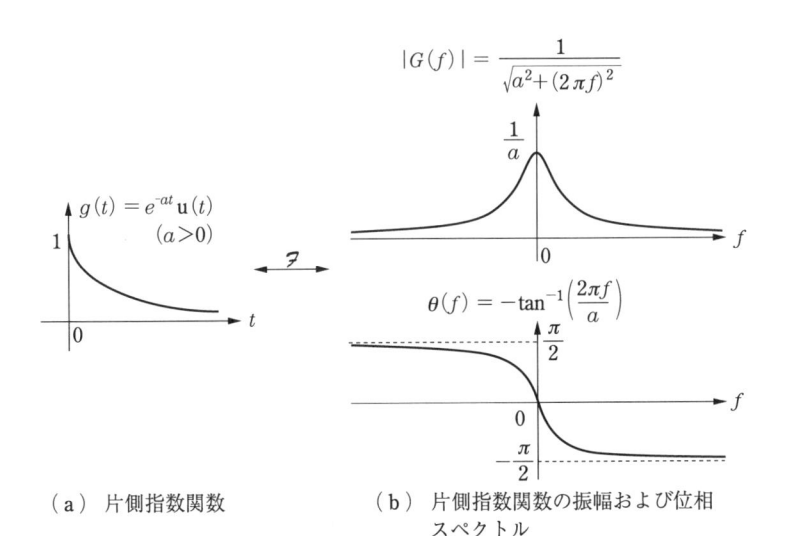

図 4.5　片側指数関数とその周波数スペクトル

$$\theta(f) = -\tan^{-1}\left(\frac{2\pi f}{a}\right) \tag{4.15b}$$

で表される。

(5) 符号関数 $g(t) = \mathrm{sgn}(t)$

符号関数は図 4.6(a)の実線で示される関数で，その絶対積分は発散する。したがって，符号関数のフーリエ変換は，次式に示す奇対称両側指数関数のフーリエ変換を求めた後，パラメータ a をゼロとする極限として求める。

$$g_0(t) = \begin{cases} e^{-at}\,\mathrm{u}(t) & \cdots\cdots & t \geqq 0 \\ -e^{at}\,\mathrm{u}(-t) & \cdots\cdots & t < 0 \end{cases} \quad (a > 0) \tag{4.16}$$

を用いて，$\mathrm{sgn}(t) = \lim_{a \to 0}[g_0(t)]$ より

$$G(f) = \lim_{a \to 0} \mathscr{F}[g_0(t)] = \lim_{a \to 0}\left\{\frac{1}{a+j\,2\pi f} - \frac{1}{a-j\,2\pi f}\right\}$$

$$= \frac{1}{j\pi f} \tag{4.17}$$

したがって，振幅，位相スペクトルは図(b)の実線で示すように，次式で与えられる。

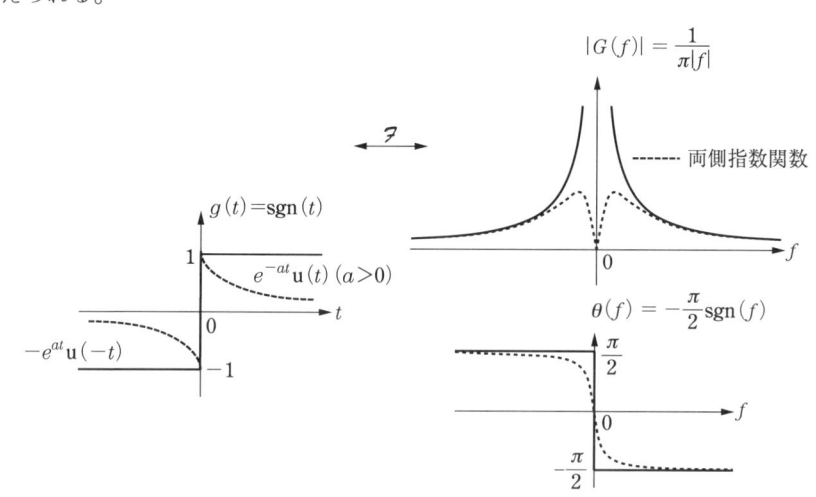

(a) 符号関数　　　　(b) 符号関数の振幅および位相スペクトル

図 4.6　符号関数とその周波数スペクトル(実線)
(破線は奇対称両側指数関数)

$$|G(f)| = \frac{1}{\pi |f|} \qquad (4.18\,\text{a})$$

$$\theta(f) = -\frac{\pi}{2} \cdot \text{sgn}(f) \qquad (4.18\,\text{b})$$

（6） 単位ステップ関数　u(t)

単位ステップ関数は図 4.7 に示すように，符号関数に 1 を加えて 1/2 倍することにより得られる。すなわち

$$\text{u}(t) = \frac{1}{2} + \frac{\text{sgn}(t)}{2} \qquad (4.19)$$

したがって，フーリエ変換は式 (4.13), (4.17) を用いて次式で与えられる。

$$U(f) = \mathcal{F}\left[\frac{1}{2} + \frac{\text{sgn}(t)}{2}\right] = \frac{1}{2}\delta(f) + \frac{1}{j\,2\pi f} \qquad (4.20)$$

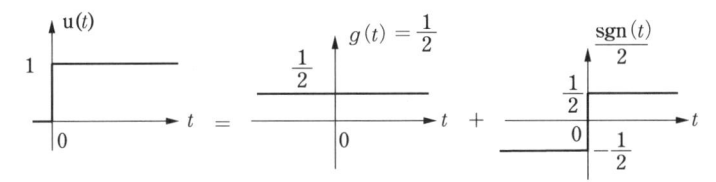

図 4.7　単位ステップ関数の分解

（7） 余弦波　$\cos 2\pi f_0 t$，正弦波　$\sin 2\pi f_0 t$

周期関数は通常の意味でフーリエ変換は存在しないが，デルタ関数による極限的な意味での表現が可能となる。オイラーの公式および式 (4.12) を用いて

$$\mathcal{F}[\cos 2\pi f_0 t] = \mathcal{F}\left[\frac{e^{j2\pi f_0 t} + e^{-j2\pi f_0 t}}{2}\right] = \frac{1}{2}\{\delta(f-f_0) + \delta(f+f_0)\} \qquad (4.21)$$

$$\mathcal{F}[\sin 2\pi f_0 t] = \mathcal{F}\left[\frac{e^{j2\pi f_0 t} - e^{-j2\pi f_0 t}}{2j}\right] = \frac{1}{2j}\{\delta(f-f_0) - \delta(f+f_0)\} \qquad (4.22)$$

それぞれの周波数スペクトルを図 4.8 に示す。

（8） インパルス列　$g(t) = \sum\limits_{k=-\infty}^{\infty} \delta(t-kT)$

図 4.9（ a ）に示すように，インパルス列は無限の不連続点を含む関数であり，通常の意味でフーリエ変換は存在しない。しかし，$g(t)$ は基本周期 T の

68   4. フーリエ変換

（実線：余弦波，破線：正弦波）

図 4.8　余弦波と正弦波の周波数スペクトル

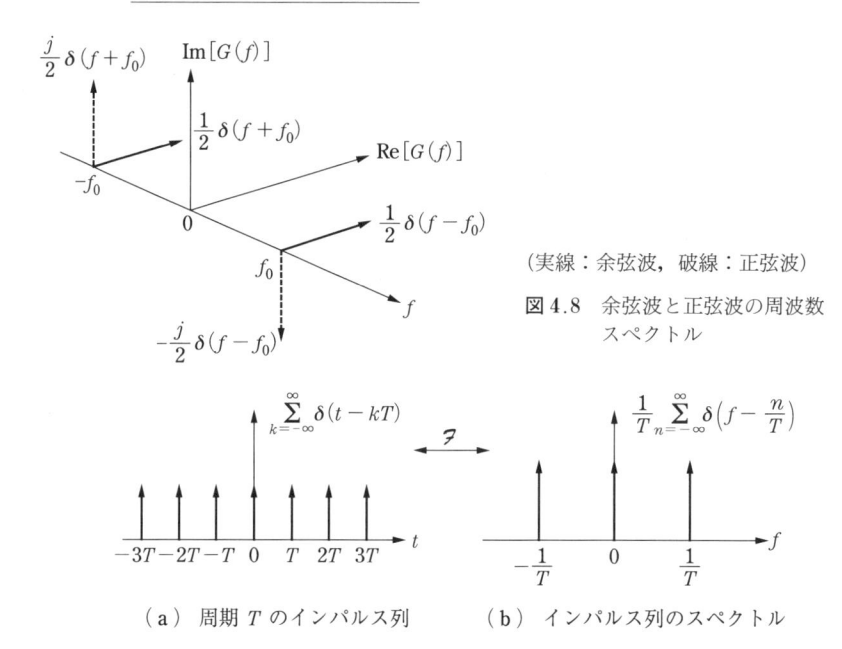

（a）周期 T のインパルス列　　（b）インパルス列のスペクトル

図 4.9　インパルス列とその周波数スペクトル

周期関数であるからフーリエ級数に展開できる（3 章　演習問題 6）。複素フーリエ係数 c_n は

$$c_n = \frac{1}{T}\int_{-T/2}^{T/2} \delta(t)e^{-j2\pi nt/T}\,dt = \frac{1}{T}$$

より

$$g(t) = \sum_{n=-\infty}^{\infty} c_n e^{j2\pi nt/T} = \frac{1}{T}\sum_{n=-\infty}^{\infty} e^{j2\pi nt/T}$$

これより，$g(t)$ のフーリエ変換は次式で与えられる。

$$G(f) = \int_{-\infty}^{\infty} \frac{1}{T}\sum_{n=-\infty}^{\infty} e^{j2\pi nt/T} \cdot e^{-j2\pi ft}\,dt = \frac{1}{T}\sum_{n=-\infty}^{\infty}\int_{-\infty}^{\infty} e^{-j2\pi(f-n/T)t}\,dt$$

$$= \frac{1}{T}\sum_{n=-\infty}^{\infty} \delta\!\left(f-\frac{n}{T}\right) \tag{4.23}$$

すなわち，周期 T のインパルス列の周波数スペクトルは，図（b）に示すように周期 $1/T$ のインパルス列になる。

　代表的な信号のフーリエ変換対を**表 4.1**にまとめておく。

表 4.1 代表的な信号のフーリエ変換対

	$g(t)$	$G(f)$	備考
1.	$\delta(t)$	1	式(4.10)
2.1	$\sum_{k=-\infty}^{\infty}\delta(t-kT)$	$\frac{1}{T}\sum_{n=-\infty}^{\infty}\delta\left(f-\frac{n}{T}\right)$	式(4.23)
2.2	$\sum_{k=-\infty}^{\infty}g(t-kT)$	$\frac{1}{T}\sum_{n=-\infty}^{\infty}G\left(\frac{n}{T}\right)\delta\left(f-\frac{n}{T}\right)$	式(4.48)
3.	c (定数)	$c\cdot\delta(f)$	式(4.13)
4.	$\mathrm{rect}\left(\frac{t}{T}\right)$	$T\cdot\mathrm{sinc}(fT)$	式(4.9)
5.	$e^{-at}\mathrm{u}(t)\quad(a>0)$	$\frac{1}{a+j2\pi f}$	式(4.14)
6.	$\mathrm{sgn}(t)$	$\frac{1}{j\pi f}$	式(4.17)
7.	$\mathrm{u}(t)$	$\frac{1}{2}\delta(f)+\frac{1}{j2\pi f}$	式(4.20)
8.	$\cos 2\pi f_0 t$	$\frac{1}{2}\{\delta(f-f_0)+\delta(f+f_0)\}$	式(4.21)
9.	$\sin 2\pi f_0 t$	$\frac{1}{2j}\{\delta(f-f_0)-\delta(f+f_0)\}$	式(4.22)
10.	$\exp[-at^2]\quad(a>0)$	$\sqrt{\frac{\pi}{a}}\exp\left[-\frac{(\pi f)^2}{a}\right]$	ガウス関数

4.3 フーリエ変換の性質

フーリエ変換には記憶にとどめておくべき有用な性質があり，これを利用すると，いろいろな場面で工学的な理解が容易になる．フーリエ変換対を $\leftrightarrow$ の記号で表すことにして，以下に，よく使われるフーリエ変換対の性質をまとめて示す．

4.3.1 線形性

$g_1(t)\leftrightarrow G_1(f)$，$g_2(t)\leftrightarrow G_2(f)$ ならば

$$\alpha_1 g_1(t)+\alpha_2 g_2(t)\leftrightarrow \alpha_1 G_1(f)+\alpha_2 G_2(f) \tag{4.24}$$

ここで，α_1, α_2 は任意定数である．これはフーリエ変換の定義式 (4.3) の積分操作が線形演算であることの直接的な帰結である．4.2 節で，単位ステップ関数のフーリエ変換を求めた際に，式 (4.20) でこの性質を利用している．

4.3.2 対　称　性

$g(t)$ が実時間関数で $g(t) \leftrightarrow G(f)$ ならば

$$G(-f) = G^*(f) \tag{4.25 a}$$

ここで，* は複素共役を表す．すなわち，周波数スペクトルは $f = 0$ に関し**共役対称**(Hermitian symmetry) である．

また，$g(t)$ が純虚数の場合

$$G(-f) = -G^*(f) \tag{4.25 b}$$

すなわち，周波数スペクトルは $f = 0$ に関し**反共役対称**(skew Hermitian symmetry) である．

証明：式 (4.3) より $g(t)$ が実関数の場合

$$G^*(f) = \left[\int_{-\infty}^{\infty} g(t)e^{-j2\pi ft}\,dt\right]^* = \int_{-\infty}^{\infty} g(t)e^{j2\pi ft}\,dt = G(-f)$$

$G(f)$ を直角座標（デカルト座標）形式で表すと，$G(f) = \mathrm{Re}\,[G(f)] + j\,\mathrm{Im}\,[G(f)]$ であり，共役対称の性質から

$$\mathrm{Re}\,[G(-f)] = \mathrm{Re}\,[G(f)], \quad \mathrm{Im}\,[G(-f)] = -\mathrm{Im}\,[G(f)]$$

の関係が成立する．すなわち，実部は偶関数，虚部は奇関数になる．

また，$G(f)$ を極座標形式で表すと，$G(f) = |G(f)|e^{j\theta(f)}$ であり，上と同様に

$$|G(-f)| = |G(f)|, \quad \theta(-f) = -\theta(f)$$

の関係が成立する．すなわち，振幅スペクトルは偶関数，位相スペクトルは奇関数になる．この例は，図 4.5, 4.6 に示されている．

同様に，$g(t)$ が純虚数の場合 $g(t) = j\gamma(t)$ ($\gamma(t)$：実関数) として

$$G(f) = \int_{-\infty}^{\infty} j\gamma(t)e^{-j2\pi ft}\,dt \quad \text{より}$$

$$G^*(f) = -\int_{-\infty}^{\infty} j\gamma(t)e^{j2\pi ft}\,dt = -G(-f)$$

したがって，式 (4.25 b) が成立する．また，$G(f)$ を直角座標形式で表すとつぎの関係が得られる．

$$\mathrm{Re}[G(-f)] = -\mathrm{Re}[G(f)], \quad \mathrm{Im}[G(-f)] = \mathrm{Im}[G(f)]$$

すなわち，実部は奇関数，虚部は偶関数になる．

4.3 フーリエ変換の性質

○○○ **例題 4.2** ○○○

$g(t)$ が実関数で，(a) 偶関数の場合，(b) 奇関数の場合，フーリエ変換が存在すると仮定してそれぞれの周波数スペクトルについて特徴を述べよ。

解 $g(t)$ のフーリエ変換は次式で表される。
$$G(f) = \int_{-\infty}^{\infty} g(t) e^{-j2\pi ft} \, dt = \int_{-\infty}^{\infty} g(t)(\cos 2\pi ft - j\sin 2\pi ft) \, dt$$

(a) $g(t) = g_e(t)$ ($g_e(t)$：実・偶関数) と表せば，$g_e(t)\cos 2\pi ft$ は時間の偶関数，$g_e(t)\sin 2\pi ft$ は奇関数であるから，周波数スペクトルは
$$G(f) = 2\int_0^{\infty} g_e(t) \cos 2\pi ft \, dt$$
で与えられ，実数の偶関数となる。

(b) $g(t) = g_o(t)$ ($g_o(t)$：実・奇関数) と表せば，$g_o(t)\cos 2\pi ft$ は時間の奇関数，$g_o(t)\sin 2\pi ft$ は偶関数であるから，周波数スペクトルは
$$G(f) = -j\,2\int_0^{\infty} g_o(t) \sin 2\pi ft \, dt$$
で与えられ，純虚数の奇関数となる。

この例は図 4.8 に示されている。

○○○ **例題 4.3** ○○○

$g(t)$ が純虚数で，(a) 偶関数の場合，(b) 奇関数の場合，フーリエ変換が存在すると仮定してそれぞれの周波数スペクトルについて特徴を述べよ。

解 (a) $g(t) = jg_e(t)$ ($g_e(t)$：実・偶関数) と表せば，周波数スペクトルは
$$G(f) = \int_{-\infty}^{\infty} jg_e(t) e^{-j2\pi ft} \, dt = j\int_{-\infty}^{\infty} g_e(t) \cos 2\pi ft \, dt$$
で与えられる。

したがって，$G(f)$ は純虚数の偶関数となる。

(b) $g(t) = jg_o(t)$ ($g_o(t)$：実・奇関数) と表せば，周波数スペクトルは
$$G(f) = \int_{-\infty}^{\infty} jg_o(t) e^{-j2\pi ft} dt = \int_{-\infty}^{\infty} g_o(t) \sin 2\pi ft \, dt$$
で与えられる。

したがって，$G(f)$ は実数の奇関数となる。

例題 4.2，4.3 で得られた結果をまとめると**表 4.2** が得られる。

表 4.2 周波数スペクトルの特徴

$g(t)$		$G(f)$
実数	偶関数	実数，偶関数
	奇関数	純虚数，奇関数
純虚数	偶関数	純虚数，偶関数
	奇関数	実数，奇関数

4.3.3 双 対 性

$g(t) \leftrightarrow G(f)$ ならば

$$G(\pm t) \leftrightarrow g(\mp f) \quad \text{(複号同順)} \tag{4.26}$$

証明：フーリエ変換の定義式 (4.3) より

$$G(\pm f) = \int_{-\infty}^{\infty} g(t) e^{\mp j 2\pi f t} \, dt \quad \text{(複号同順)}$$

ここで，t と f を置換すると式 (4.26) が導出できる。

この性質は，フーリエ変換とその逆変換の形式に対称性が存在するためで，時間変数と周波数変数を入れ換えることにより，フーリエ変換を容易に求めうる場合がある。

○○○ **例題 4.4** ○○○

$g(t) = \dfrac{1}{T} \operatorname{sinc}\left(\dfrac{t}{T}\right)$ のフーリエ変換を求めよ。

解 $g(t)$ は表 4.1 中の 式 (4.9) の $G(f)$ で $f \to t$，$T \to 1/T$ に置換したものであるから，双対性により

$$G(f) = \operatorname{rect}(-fT) = \operatorname{rect}(fT)$$

もとのフーリエ変換対と双対の関係にあるフーリエ変換の関係を，**図 4.10** に示す。

4.3.4 面 積

$g(t) \leftrightarrow G(f)$ ならば

$$\int_{-\infty}^{\infty} g(t) \, dt = G(0) \tag{4.27}$$

すなわち，時間波形の面積はスペクトルの直流成分に等しい。また

4.3 フーリエ変換の性質　　73

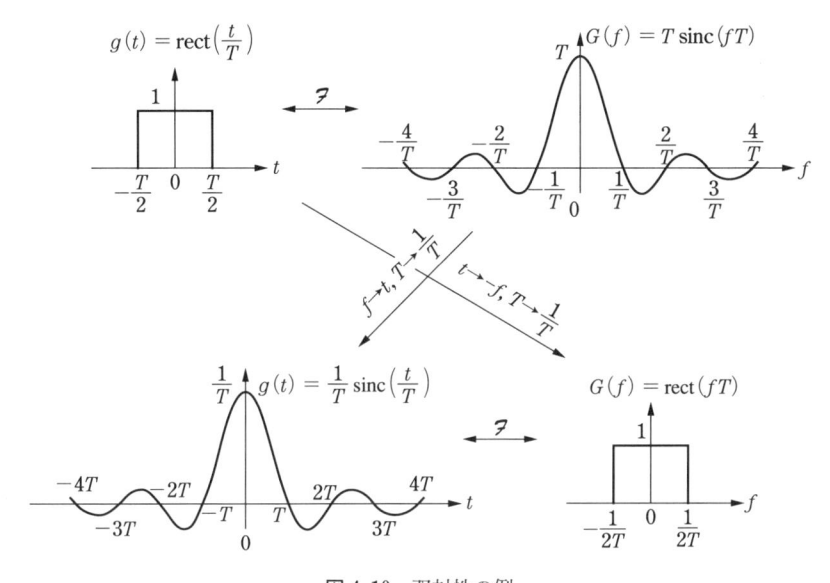

図 4.10 双対性の例

$$\int_{-\infty}^{\infty} G(f)\, df = g(0) \tag{4.28}$$

が成立する．すなわち，スペクトルの面積は時刻ゼロの信号振幅に等しい．

証明：フーリエ変換，逆変換式より明らかである．

○○○ **例題 4.5** ○○○

つぎの積分の値を求めよ．

$$\int_{-\infty}^{\infty} \frac{\sin \pi x}{\pi x}\, dx$$

解 フーリエ変換対 $\mathrm{rect}(t/T) \leftrightarrow T\,\mathrm{sinc}(fT)$ を利用して，$T=1$ とすれば

$$\int_{-\infty}^{\infty} \frac{\sin \pi x}{\pi x}\, dx = \lim_{t \to 0}\left[\int_{-\infty}^{\infty} \mathrm{sinc}(x) e^{j2\pi x t} dx\right] = \lim_{t \to 0}[\mathrm{rect}(t)] = 1$$

が得られる．

4.3.5　時間シフト

$g(t) \leftrightarrow G(f)$ ならば，任意の時間 τ に対し

$$g(t-\tau) \leftrightarrow G(f)e^{-j2\pi f \tau} \tag{4.29}$$

証明：

$$\mathcal{F}[g(t-\tau)] = \int_{-\infty}^{\infty} g(t-\tau)e^{-j2\pi ft}\,dt$$

ここで，$t-\tau = x$ とおいて

$$= \int_{-\infty}^{\infty} g(x)e^{-j2\pi f(x+\tau)}\,dx = \int_{-\infty}^{\infty} g(x)e^{-j2\pi fx}\,dx \cdot e^{-j2\pi f\tau}$$

$$= G(f)e^{-j2\pi f\tau}$$

上式を極座標形式で表せば，$|G(f)|e^{j\{\theta(f)-2\pi f\tau\}}$ である。したがって，時間シフト（τ の時間遅れ）により振幅スペクトルは変化せず，位相シフト（位相スペクトルに $2\pi f\tau$ ラジアンの位相遅れ）が生じる。

○○○○ **例題 4.6** ○○○○

矩形パルス $g(t) = \text{rect}(t/T)$ を時間 $T/2$，および T 遅延させたときに得られる周波数スペクトルを求めよ。

解 それぞれの遅延に対し，周波数スペクトルを極座標形式で表せば

$$\mathcal{F}\left[g\left(t-\frac{T}{2}\right)\right] = G_1(f) = T\left|\frac{\sin \pi fT}{\pi fT}\right|e^{-j\pi fT},$$

$$\mathcal{F}[g(t-T)] = G_2(f) = T\left|\frac{\sin \pi fT}{\pi fT}\right|e^{-j2\pi fT}$$

$$\theta(f) = \begin{cases} 0 \cdots \dfrac{2n}{T} \leq |f| \leq \dfrac{2n+1}{T} \\ \pi \cdots \dfrac{2n+1}{T} \leq |f| \leq 2\dfrac{n+1}{T} \end{cases}$$

$(n = 0, 1, 2, \cdots)$

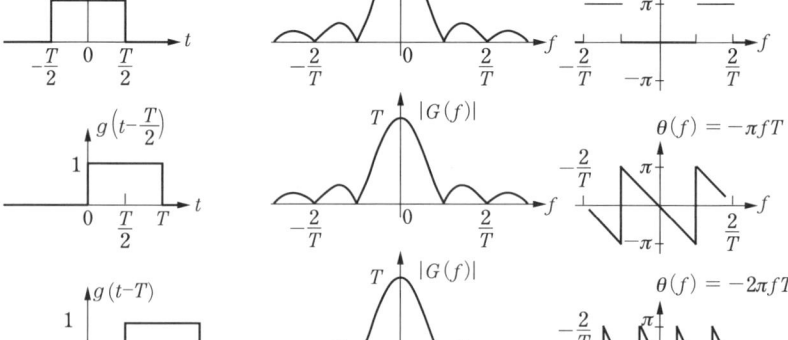

図 4.11　時間シフトによる周波数スペクトルの変化

が得られる．図 4.11 に示すように振幅スペクトルは変化せず，遅延時間に比例した位相遅れが生じる．

4.3.6 周波数シフト

$g(t) \leftrightarrow G(f)$ ならば，任意の周波数 f_0 に対し

$$g(t)e^{j2\pi f_0 t} \leftrightarrow G(f-f_0) \tag{4.30}$$

証明：

$$\mathcal{F}[g(t)e^{j2\pi f_0 t}] = \int_{-\infty}^{\infty} g(t)e^{-j2\pi(f-f_0)t}\,dt = G(f-f_0)$$

時間シフトと双対の関係にある．通信の分野で，信号 $g(t)$ に $e^{j2\pi f_0 t}$ を乗算することを**変調**(modulation)と呼ぶが，この操作により信号 $g(t)$ のスペクトル $G(f)$ は f_0 だけ高い周波数にシフトする．

○ ○ ○ ○　**例題 4.7**　○ ○ ○ ○

$g(t) = \cos 2\pi f_1 t$ に $\cos 2\pi f_2 t$ を乗算した結果得られる信号の周波数スペクトルを求めよ．

解　式 (4.21) に示したように，余弦波 $g(t)$ のフーリエ変換は次式で与えられる．

$$G(f) = \frac{1}{2}\{\delta(f-f_1)+\delta(f+f_1)\}$$

また，オイラーの公式より，$\cos 2\pi f_2 t = \dfrac{1}{2}(e^{j2\pi f_2 t}+e^{-j2\pi f_2 t})$ であるから

$$\begin{aligned}
\mathcal{F}[g(t)\cos 2\pi f_2 t] &= \frac{1}{2}\mathcal{F}[g(t)e^{j2\pi f_2 t}]+\frac{1}{2}\mathcal{F}[g(t)e^{-j2\pi f_2 t}]\\
&= \frac{1}{2}G(f-f_2)+\frac{1}{2}G(f+f_2)\\
&= \frac{1}{4}\{\delta(f-f_1-f_2)+\delta(f+f_1-f_2)\}\\
&\quad + \frac{1}{4}\{\delta(f-f_1+f_2)+\delta(f+f_1+f_2)\}
\end{aligned}$$

が得られる．もちろん $\cos 2\pi f_1 t \cdot \cos 2\pi f_2 t = \dfrac{1}{2}\{\cos 2\pi(f_1+f_2)t+\cos 2\pi(f_1-f_2)t\}$ をフーリエ変換しても同じ結果が得られるが，上に示す導出のほうが物理的意味をつかみやすい．変調により信号 $g(t)$ のスペクトルがどのように変化するかを図 4.12 に示す．

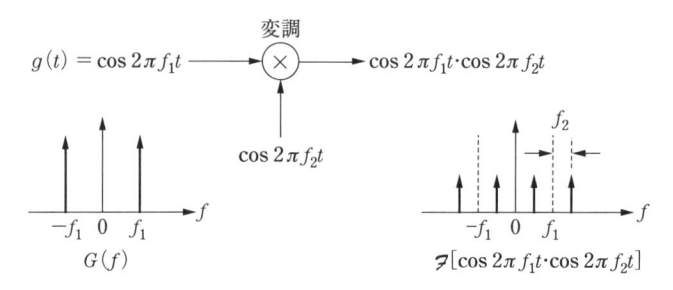

図 4.12　変調による周波数スペクトルの変化

4.3.7　スケーリング

$g(t) \leftrightarrow G(f)$ ならば，任意の実数 a に対し

$$g(at) \leftrightarrow \frac{1}{|a|} G\left(\frac{f}{a}\right) \tag{4.31}$$

すなわち，時間波形を圧縮すると ($|a|>1$) スペクトルは伸張 (広帯域化) し，時間波形を伸張すると ($|a|<1$) スペクトルは圧縮 (狭帯域化) する[†]。

証明：$a > 0$ の場合

$$\mathcal{F}[g(at)] = \int_{-\infty}^{\infty} g(at)\, e^{-j2\pi ft} dt = \frac{1}{a} \int_{-\infty}^{\infty} g(x)\, e^{-j2\pi fx/a}\, dx$$

$$= \frac{1}{a} G\left(\frac{f}{a}\right)$$

また，$a < 0$ の場合，同様にして

$$\mathcal{F}[g(at)] = -\frac{1}{a} G\left(\frac{f}{a}\right)$$

したがって，式 (4.31) が成立する。

　信号のスペクトル幅 (帯域幅) は，通信システムや信号処理システムの分野で重要な概念である。帯域幅は信号の継続時間と密接な関係があり，継続時間と帯域幅の積は一定値以下にはなりえないという**不確定性の原理**が成立する。

[†] 通信システムでは，伝送路を経済的に利用するため信号を多重化するが，信号をディジタル化して時間軸上で幅の狭いパルスに圧縮する方法を**時分割多重** (time division multiplexing：**TDM**) と呼ぶ。**TDM信号**のスペクトルは，多重化する前の信号スペクトルに比べ圧縮比の逆数倍だけ広がる。

4.3 フーリエ変換の性質

4.3.8 畳み込み

$g_1(t) \leftrightarrow G_1(f)$, $g_2(t) \leftrightarrow G_2(f)$ ならば

$$g_1(t) \otimes g_2(t) \leftrightarrow G_1(f)G_2(f) \tag{4.32}$$

時間領域の畳み込み積分は周波数領域の積で与えられる。4.4節で述べるように，この性質は線形・時不変システムを解析するうえで重要な役割を果たす。

証明：

$$\mathcal{F}[g_1(t) \otimes g_2(t)] = \int_{-\infty}^{\infty}\left[\int_{-\infty}^{\infty} g_1(\tau)g_2(t-\tau)d\tau\right]e^{-j2\pi ft}\,dt$$

$$= \int_{-\infty}^{\infty} g_1(\tau)\left[\int_{-\infty}^{\infty} g_2(t-\tau)e^{-j2\pi ft}dt\right]d\tau$$

ここで，最後の式の [ ] 内に着目すると，これは $g_2(t)$ を τ だけ時間シフトしたときのフーリエ変換になっている。したがって，時間シフトの性質を利用して次式のように変形される。

$$\mathcal{F}[g_1(t) \otimes g_2(t)] = \int_{-\infty}^{\infty} g_1(\tau)e^{-j2\pi f\tau}G_2(f)d\tau = G_1(f)G_2(f)$$

4.3.9 乗積

$g_1(t) \leftrightarrow G_1(f)$, $g_2(t) \leftrightarrow G_2(f)$ ならば

$$g_1(t)g_2(t) \leftrightarrow G_1(f) \otimes G_2(f) \tag{4.33}$$

時間領域の積は周波数領域の畳み込み積分で与えられる。

証明： 畳み込みと乗積は双対の関係にあるため，$G_1(f)$ と $G_2(f)$ の畳み込み積分を逆フーリエ変換することで，4.3.8項と同様に証明できる。

$$\mathcal{F}^{-1}[G_1(f) \otimes G_2(f)] = \int_{-\infty}^{\infty}\left[\int_{-\infty}^{\infty} G_1(\phi)G_2(f-\phi)\,d\phi\right]e^{j2\pi ft}\,df$$

$$= \int_{-\infty}^{\infty} G_1(\phi)\left[\int_{-\infty}^{\infty} G_2(f-\phi)e^{j2\pi ft}df\right]d\phi$$

$$= \int_{-\infty}^{\infty} G_1(\phi)e^{j2\pi\phi t}g_2(t)\,d\phi = g_1(t)g_2(t)$$

上式の変形に，今度は周波数シフトの性質を利用している。

○○○○ **例題 4.8** ○○○○

信号 $g(t) = \dfrac{1}{T^2}\mathrm{sinc}^2\left(\dfrac{t}{T}\right)$ の周波数スペクトル $G(f)$ を求めよ。

解 $\dfrac{1}{T}\mathrm{sinc}\left(\dfrac{t}{T}\right) \leftrightarrow \mathrm{rect}(fT)$ より

$$G(f) = \mathrm{rect}(fT) \otimes \mathrm{rect}(fT) = \begin{cases} 1-|fT| & \cdots\cdots & |f| \leq \dfrac{1}{T} \\ 0 & \cdots\cdots & |f| > \dfrac{1}{T} \end{cases}$$

時間波形とそのスペクトルを図 4.13 に示す。

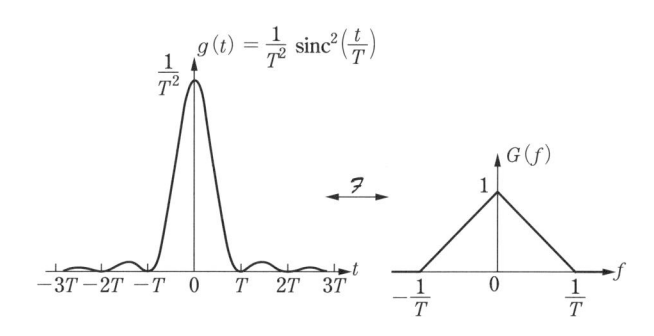

図 4.13 時間波形 $g(t)$ とその周波数スペクトル

4.3.10 微分

$g(t) \leftrightarrow G(f)$ ならば

$$\frac{dg(t)}{dt} \leftrightarrow j\,2\pi f\,G(f) \tag{4.34}$$

証明：逆フーリエ変換の定義式 $g(t) = \displaystyle\int_{-\infty}^{\infty} G(f)e^{j2\pi ft}df$ より，両辺を時間微分して式 (4.34) を得る。

一般的に

$$\frac{d^n g(t)}{dt^n} \leftrightarrow (j\,2\pi f)^n G(f) \tag{4.35}$$

ただし，時間微分された信号のフーリエ変換が存在する場合に限り成立するこ

とを注意しておく。微分操作により周波数スペクトルは $j2\pi f$ が乗算されるため，低周波数成分は抑圧され，直流成分はゼロとなる。逆に高周波成分は強調されることになる。

一方，$G(f)$ を周波数微分可能とすれば，フーリエ変換の定義式 (4.3) において両辺を周波数微分することによりつぎの関係が成立する。

$$(-j2\pi t)^n g(t) \leftrightarrow \frac{d^n G(f)}{df^n} \tag{4.36}$$

4.3.11 積　　分

$g(t) \leftrightarrow G(f)$ ならば

$$\int_{-\infty}^{t} g(\tau) d\tau \leftrightarrow \left[\frac{1}{2}\delta(f) + \frac{1}{j2\pi f}\right] G(f) = \frac{1}{j2\pi f} G(f) + \frac{1}{2} G(0)\delta(f) \tag{4.37}$$

証明： $g(t)$ の積分表示は，次式に示すように $g(t)$ と単位ステップ関数 $\mathrm{u}(t)$ との畳み込み積分で表される。

$$g(t) \otimes \mathrm{u}(t) = \int_{-\infty}^{\infty} g(\tau) \mathrm{u}(t-\tau) d\tau = \int_{-\infty}^{t} g(\tau) d\tau \tag{4.38}$$

なお，最後の式は次式より導かれる。

$$\mathrm{u}(t-\tau) = \begin{cases} 1 & \cdots\cdots & t \geq \tau \\ 0 & \cdots\cdots & t < \tau \end{cases}$$

畳み込みの性質を用いて式 (4.38) の両辺をフーリエ変換すれば式 (4.37) が得られる。

時間領域の微分は，4.3.10 項で示したように周波数領域で $j2\pi f$ を乗算することである。積分は微分の逆の操作であるから，時間領域の積分は周波数領域において $1/j2\pi f$ を乗算するものと勘違いしてはならない。時間関数 $g(t)$ に直流成分が存在する場合

$$\int_{-\infty}^{\infty} g(t) \, dt = G(0) \neq 0$$

であるから，積分のフーリエ変換は式 (4.37) のようにデルタ関数を伴う。ま

た，式 (4.37) から明らかなように，周波数スペクトル $G(f)$ は $1/j\,2\pi f$ が乗算されるため，高周波数成分ほど振幅が小さくなる。したがって，時間領域の積分は高周波成分を減衰させる働きをしていることがわかる。このため，積分操作は**平滑化（スムージング）** 操作とも呼ばれる。

いままで述べたフーリエ変換の諸性質をまとめて**表 4.3** に示しておく。

表 4.3 フーリエ変換の性質

性 質	$g(t)$	$G(f)$	備 考
1. 線形性	$\alpha_1 g_1(t)+\alpha_2 g_2(t)$	$\alpha_1 G_1(f)+\alpha_2 G_2(f)$	式 (4.24)
2. 対称性	実数	$G(-f)=G^*(f)$	式 (4.25 a)
	純虚数	$G(-f)=-G^*(f)$	式 (4.25 b)
3. 複素共役	$g^*(t)$	$G^*(-f)$	4.5.3 項の脚注
4. 双対性	$G(\pm t)$	$g(\mp f)$	式 (4.26)
5. 面 積	$\int_{-\infty}^{\infty} g(t)dt = G(0)$		式 (4.27)
		$\int_{-\infty}^{\infty} G(f)df = g(0)$	式 (4.28)
6. 時間シフト	$g(t-\tau)$	$G(f)e^{-j2\pi f\tau}$	式 (4.29)
7. 周波数シフト	$g(t)e^{j2\pi f_0 t}$	$G(f-f_0)$	式 (4.30)
8. スケーリング	$g(\alpha t)$	$\dfrac{1}{|\alpha|}G\left(\dfrac{f}{\alpha}\right)$	式 (4.31)
9. 畳み込み	$g_1(t)\otimes g_2(t)$	$G_1(f)G_2(f)$	式 (4.32)
10. 乗 積	$g_1(t)g_2(t)$	$G_1(f)\otimes G_2(f)$	式 (4.33)
11. 微 分	$d^n g(t)/dt^n$	$(j\,2\pi f)^n G(f)$	式 (4.35)
	$(-j\,2\pi t)^n g(t)$	$d^n G(f)/df^n$	式 (4.36)
12. 積 分	$\int_{-\infty}^{t} g(\tau)d\tau$	$\dfrac{1}{j\,2\pi f}G(f)+\dfrac{1}{2}G(0)\delta(f)$	式 (4.37)

4.4 線形・時不変システムの解析

2 章 2.5 節において，線形・時不変システムのインパルス応答 $h(t)$ が与えられた場合，入力 $x(t)$ に対する応答 $y(t)$ は次式に示すように $x(t)$ と $h(t)$ の畳み込み積分で与えられることを示した。

$$y(t) = x(t) \otimes h(t) \tag{4.39}$$

いま，入力信号を周波数 f_0 の複素指数関数 $e^{j2\pi f_0 t}$ として応答を求めると，上式より

$$y(t) = \int_{-\infty}^{\infty} h(\tau)\exp\{j\,2\pi f_0(t-\tau)\}\,d\tau$$

$$= e^{j2\pi f_0 t}\int_{-\infty}^{\infty} h(\tau)e^{-j2\pi f_0\tau}d\tau$$

が得られる。積分の項は，$h(t)$ のフーリエ変換を $H(f)$ としたときの $f = f_0$ の値である。したがって

$$y(t) = e^{j2\pi f_0 t}H(f_0) \tag{4.40}$$

となる。この結果，入力信号の周波数は変化せず，振幅が $H(f_0)$ 倍されることになる。この例では周波数を f_0 としたが，一般的な周波数 f でも式 (4.40) は当然成立する。したがって，システムの固有関数を $e^{j2\pi ft}$ としたとき，$H(f)$ は固有値となっている[†]。

上記のことを周波数領域から眺めてみよう。4.3 節で述べたフーリエ変換の性質（式 (4.32)）を用いて，式 (4.39) の両辺をフーリエ変換すれば次式が得られる。

$$Y(f) = X(f)H(f) \tag{4.41}$$

すなわち，出力信号のスペクトルは，入力信号スペクトルにインパルス応答のフーリエ変換

$$H(f) \equiv \frac{Y(f)}{X(f)} \tag{4.42}$$

を乗算したものとして与えられる。したがって，インパルス応答 $h(t)$ のフーリエ変換 $H(f)$ をシステムの**周波数応答**または**伝達関数**と呼ぶ。式 (4.41) を用いれば，面倒な畳み込み積分を避けて，線形・時不変システムの応答を容易に求めることができる（図 **4.14**）。

入力信号のスペクトルは，式 (4.41) に示すようにシステムの伝達関数によって整形される。式 (4.41) を極座標形式で表すと

[†] システムへの入力信号を $e(t)$ とし，出力信号が $y(t)=\lambda e(t)$, (λ は複素定数)で与えられるとき，$e(t)$ をこのシステムの**固有関数**(eigen function)，λ を**固有値**(eigen value)という。線形代数で，あるベクトル $\boldsymbol{x}$ が行列 $\boldsymbol{A}$ により線形変換を受けたとき，$\boldsymbol{Ax}=\lambda\boldsymbol{x}$ と相似ベクトルになる $\boldsymbol{x}$ を固有ベクトル，λ を固有値と呼んだことと同じである。要するに，変換により比例定数（固有値）倍される以外に形の変化しない関数を固有関数と呼ぶ。

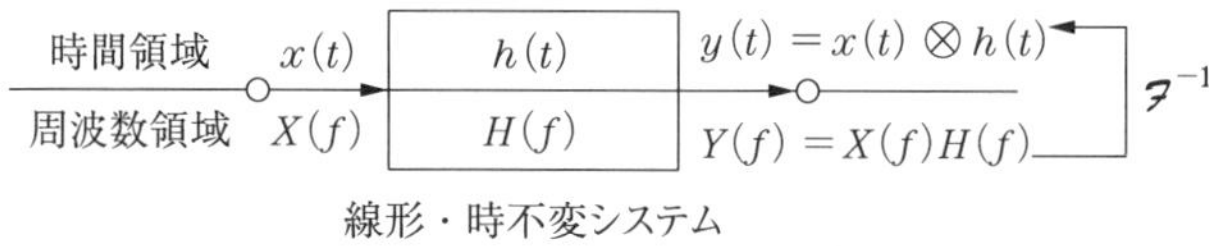

82   4. フーリエ変換

```
時間領域   x(t) ─┤ h(t) ├─ y(t) = x(t) ⊗ h(t)
周波数領域  X(f) ─┤ H(f) ├─ Y(f) = X(f)H(f)       ℱ⁻¹
           線形・時不変システム
```

図 4.14　線形・時不変システムの応答

$$|Y(f)|\exp[j\theta_Y(f)] = |X(f)||H(f)|\exp[j\theta_X(f)+j\theta_H(f)] \quad (4.43)$$

となる。したがって，次式に示すように入力信号の振幅スペクトルは $|H(f)|$ 倍され，位相スペクトルは $\theta_H(f)$ だけシフトすることになる。

$$|Y(f)| = |X(f)||H(f)| \quad (4.44\text{a})$$

$$\theta_Y(f) = \theta_X(f) + \theta_H(f) \quad (4.44\text{b})$$

この結果，一般的に出力信号の波形は入力と異なったものになる。

○○○　例題 4.9　○○○

線形・時不変システムの伝達関数を $H(f) = \dfrac{1}{1+j\,2\pi f}$ とする。このシステムに信号 $x(t) = \cos t + \cos 4t$ が入力したときの応答を求めよ。

【解】　信号 $x(t)$ のフーリエ変換は

$$X(f) = \frac{1}{2}\left\{\delta\!\left(f-\frac{1}{2\pi}\right)+\delta\!\left(f+\frac{1}{2\pi}\right)+\delta\!\left(f-\frac{2}{\pi}\right)+\delta\!\left(f+\frac{2}{\pi}\right)\right\}$$

である。したがって，出力の周波数スペクトルは次式で与えられる。

$$\begin{aligned}
Y(f) &= X(f)H(f) \\
&= \frac{1}{2}\cdot\frac{1}{1+j}\delta\!\left(f-\frac{1}{2\pi}\right)+\frac{1}{2}\cdot\frac{1}{1-j}\delta\!\left(f+\frac{1}{2\pi}\right) \\
&\quad +\frac{1}{2}\cdot\frac{1}{1+4j}\delta\!\left(f-\frac{2}{\pi}\right)+\frac{1}{2}\cdot\frac{1}{1-4j}\delta\!\left(f+\frac{2}{\pi}\right) \\
&= \frac{1}{2\sqrt{2}}\left\{\delta\!\left(f-\frac{1}{2\pi}\right)e^{-j\theta_1(f)}+\delta\!\left(f+\frac{1}{2\pi}\right)e^{j\theta_1(f)}\right\} \\
&\quad +\frac{1}{2\sqrt{17}}\left\{\delta\!\left(f-\frac{2}{\pi}\right)e^{-j\theta_2(f)}+\delta\!\left(f+\frac{2}{\pi}\right)e^{j\theta_2(f)}\right\}
\end{aligned}$$

ただし，$\theta_1(f)=\pi/4$，$\theta_2(f)=\tan^{-1}4$ である。上式を逆フーリエ変換することにより，時間応答波形は次式のように求まる。

$$\begin{aligned}
y(t) &= \mathscr{F}^{-1}[Y(f)] \\
&= \frac{1}{2\sqrt{2}}\left\{e^{j(t-\pi/4)}+e^{-j(t-\pi/4)}\right\}+\frac{1}{2\sqrt{17}}\left\{e^{j(4t-\tan^{-1}4)}+e^{-j(4t-\tan^{-1}4)}\right\}
\end{aligned}$$

$$= \frac{1}{\sqrt{2}} \cos\left(t - \frac{\pi}{4}\right) + \frac{1}{\sqrt{17}} \cos(4t - \tan^{-1} 4)$$

明らかに二つの余弦波の周波数は変化しないが，振幅と位相は変化し，その結果入出力の波形は**図 4.15** に示すように大きく変化する(別解：本章末の演習問題 7 参照)。

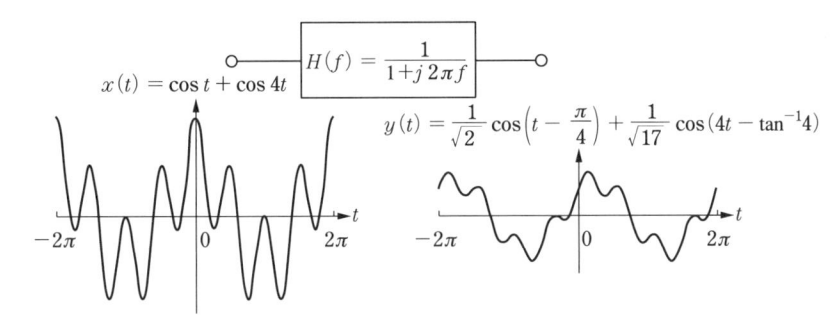

図 4.15 信号 $x(t)$ に対する応答

以上，線形・時不変システムの応答を求める際のオーソドックスな手順を示したが，この例の場合，入力信号が単純な二つの余弦波であるから，伝達関数を極座標形式で表すことにより容易に応答を求めることができる（演習問題 7）。

例題 4.9 で見たように線形・時不変システムの応答は伝達関数により入力信号とは異なったものになる。周波数領域で眺めると周波数成分ごとに減衰量，および位相シフト量が異なるために生じるもので，このようなシステムは入力信号の周波数スペクトルを整形する「**フィルタ**(filter)」である。この例は，低周波数成分の減衰量は高周波数成分のそれより小さいため，**低域通過フィルタ** (low-pass filter) と呼ばれる。

○ ○ ○ **例題 4.10** ○ ○ ○

つぎの伝達関数をもつ低域通過フィルタのインパルス応答を求めよ。

$$H(f) = \begin{cases} e^{-j2\pi f\tau} & \cdots\cdots \quad |f| \leq \frac{1}{2T} \\ 0 & \cdots\cdots \quad |f| > \frac{1}{2T} \end{cases}$$

解 このフィルタは**理想低域通過フィルタ**と呼ばれ，その振幅特性，位相特性を図 4.16（ a ）に示す。通過帯域における振幅歪みはなく，また周波数に比例した位相シフト（位相歪みなし）特性をもっている。すなわち，入力信号のスペクトルが $|f| \leqq 1/2T$ に収まっているとすれば，このフィルタ出力は入力信号とまったく同じ波形で，ただ時間が τ だけ遅れることになる（時間シフトの性質）。

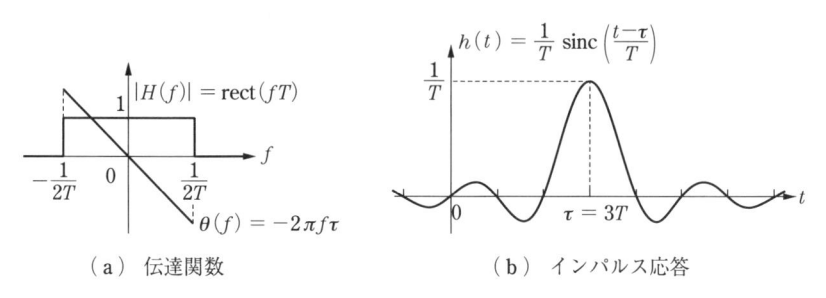

（a） 伝達関数　　　　　　　　　（b） インパルス応答

図 4.16　理想低域通過フィルタの伝達関数とインパルス応答

インパルス応答は，逆フーリエ変換により次式で与えられる。

$$h(t) = \mathcal{F}^{-1}[H(f)] = \mathcal{F}^{-1}[\text{rect}(fT)e^{-j2\pi f\tau}] = \frac{1}{T}\text{sinc}\left(\frac{t-\tau}{T}\right)$$

インパルス応答は図（ b ）に示すように，sinc 関数を τ だけ遅延させたものであり，τ をいくら大きくしても応答は負の時間から始まることになる。すなわち，因果律を満足せず，物理的に実現することはできない。遅延時間を大きく設定して，近似的にしか実現することはできない。ただし，理想フィルタはパルスの**無歪み伝送**（サンプリング時刻における歪みがゼロ）を実現するための理論的基礎になっているという点で重要である。

4.5　フーリエ変換の応用

4.5.1　周期信号のフーリエ変換

周期信号はフーリエ級数により表現するのが一般的であるが，デルタ関数を用いることでそのフーリエ変換表示が可能となる。最も基本的な例は，4.2 節（ 8 ）で示したインパルス列であるが，ここでは一般的な周期信号 $g_p(t)$ につい

4.5 フーリエ変換の応用

て考察する。

まず，周期信号 $g_P(t)$ を非周期関数で表すことを考える。最も簡単な方法は，周期信号の1周期分を母関数としてつぎのように表現する。

$$g_P(t) = \sum_{k=-\infty}^{\infty} g(t-kT) \tag{4.45 a}$$

ここで

$$g(t) = \begin{cases} g_P(t) & \cdots\cdots \quad |t| \leq \dfrac{T}{2} \\ 0 & \cdots\cdots \quad |t| > \dfrac{T}{2} \end{cases} \tag{4.45 b}$$

したがって，母関数 $g(t)$ を用いて $g_P(t)$ の複素フーリエ係数は次式で与えられる。

$$c_n = \frac{1}{T}\int_{-T/2}^{T/2} g_P(t) e^{-j2\pi nt/T}\, dt = \frac{1}{T}\int_{-\infty}^{\infty} g(t) e^{-j2\pi nt/T}\, dt$$

$$= \frac{1}{T} G\!\left(\frac{n}{T}\right) \tag{4.46}$$

ここで，$G(n/T)$ は $g(t)$ の周波数スペクトル $G(f)$ の $f = n/T$ における成分である。この結果，次式に示すように母関数 $g(t)$ のフーリエ変換を用いて $g_P(t)$ のフーリエ級数表現が得られる。

$$g_P(t) = \sum_{k=-\infty}^{\infty} g(t-kT) = \frac{1}{T}\sum_{n=-\infty}^{\infty} G\!\left(\frac{n}{T}\right) e^{j2\pi nt/T} \tag{4.47}$$

デルタ関数の性質を利用して，上式をフーリエ変換すれば次式が得られる。

$$\mathcal{F}[g_P(t)] = \frac{1}{T}\int_{-\infty}^{\infty} \sum_{n=-\infty}^{\infty} G\!\left(\frac{n}{T}\right) e^{j2\pi nt/T} e^{-j2\pi ft}\, dt$$

$$= \frac{1}{T}\sum_{n=-\infty}^{\infty} G\!\left(\frac{n}{T}\right) \int_{-\infty}^{\infty} e^{-j2\pi(f-n/T)t}\, dt$$

$$= \frac{1}{T}\sum_{n=-\infty}^{\infty} G\!\left(\frac{n}{T}\right) \delta\!\left(f-\frac{n}{T}\right) \tag{4.48}$$

これより，周期関数のフーリエ変換は基本周波数の整数倍に存在するデルタ関数列からなり，デルタ関数は母関数の対応する周波数スペクトル値で重み付けされる。

式 (4.47) において，$t=0$ とすれば次式が得られる。

$$\sum_{k=-\infty}^{\infty} g(kT) = \frac{1}{T}\sum_{n=-\infty}^{\infty} G\left(\frac{n}{T}\right) \tag{4.49}$$

上式の $g(t)$ は $G(f)$ をフーリエ変換対とする任意の関数であるから,つぎの重要な結論が得られる。時間信号 $g(t)$ を $t = kT$ (k：整数)で標本化した和は,周波数スペクトルを $f = n/T$ (n：整数)で標本化した和に比例する。式(4.49)またはもとの式(4.47)を**ポアソンの和公式**(Poisson's sum formula)と呼ぶ。

。○ ○ ○　例題 4.11　○ ○ ○ 。

図 4.17 (a)に示す基本周期 T の矩形パルス列のフーリエ変換を求めよ。

（a）基本周期 T の矩形パルス列　　　（b）周波数スペクトル $\left(\tau = \dfrac{T}{2}\right)$

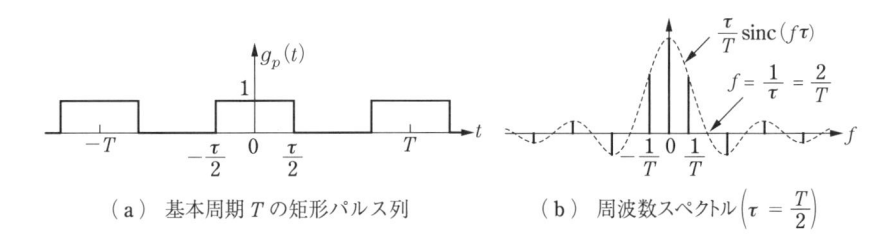

図 4.17　矩形パルス列と周波数スペクトル

[解]　矩形パルス列 $g_p(t)$ は,母関数 $g(t) = \text{rect}(t/\tau)$ を用いて次式で与えられる。

$$g_p(t) = \sum_{k=-\infty}^{\infty} g(t-kT)$$

母関数のフーリエ変換は $G(f) = \tau\,\text{sinc}(f\tau)$ であるから,ポアソンの和公式より,求めるフーリエ変換は次式で与えられる。

$$\mathcal{F}[g_p(t)] = \frac{1}{T}\sum_{n=-\infty}^{\infty} G\left(\frac{n}{T}\right)\delta\left(f-\frac{n}{T}\right) = \frac{\tau}{T}\sum_{n=-\infty}^{\infty} \text{sinc}\left(\frac{n\tau}{T}\right)\delta\left(f-\frac{n}{T}\right)$$

図(b)に示すように,周波数スペクトルは母関数 $g(t)$ のスペクトルを包絡線とするインパルス列になる(間隔は $1/T$)。

4.5.2　現実の信号スペクトル解析

フーリエ変換により,信号に含まれる周波数スペクトルを知ることができる。例えば,次式で表される信号について考えよう。

4.5 フーリエ変換の応用

$$g(t) = \cos 2\pi f_1 t + \cos 2\pi f_2 t \tag{4.50}$$

この信号は周波数が f_1 と f_2 の余弦波の和であり，図 4.18（a）によって示される。信号 $g(t)$ をフーリエ変換することにより，周波数スペクトルは次式で求まる。

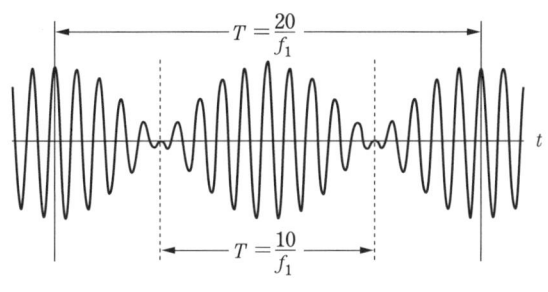

(a) $g(t) = \cos 2\pi f_1 t + \cos 2\pi f_2 t$

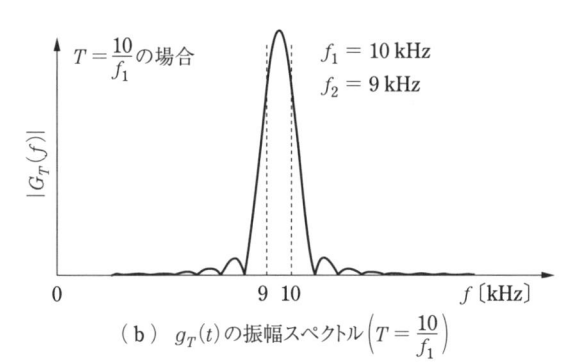

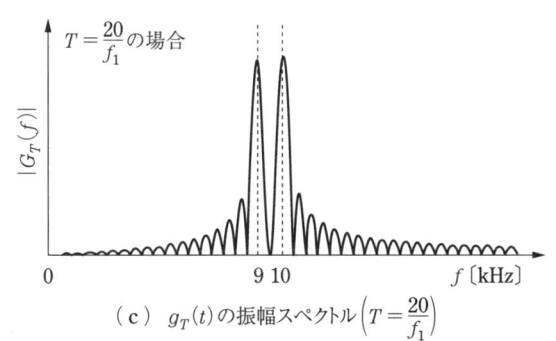

(b) $g_T(t)$ の振幅スペクトル $\left(T = \dfrac{10}{f_1}\right)$

(c) $g_T(t)$ の振幅スペクトル $\left(T = \dfrac{20}{f_1}\right)$

図 4.18　有限時間でのスペクトル解析

$$G(f) = \frac{1}{2}\{\delta(f-f_1)+\delta(f+f_1)+\delta(f-f_2)+\delta(f+f_2)\} \qquad (4.51)$$

ただし,このスペクトルを得るためには $-\infty \sim \infty$ の積分,すなわち観測時間を無限にとらなければならない。これは実際に不可能であり,現実的には T 秒間の観測により波形のスペクトルを推定することになる。T 秒間の観測により得られる波形は,$g(t)$ に幅 T の矩形パルスを乗算したものであり次式で表される。

$$g_T(t) = g(t)\cdot\mathrm{rect}\left(\frac{t}{T}\right) \qquad (4.52)$$

このとき,周波数スペクトルは次式で与えられる。

$$\begin{aligned}G_T(f) &= G(f) \otimes T\,\mathrm{sinc}(fT) \\ &= \frac{T}{2}\{\mathrm{sinc}(f-f_1)T+\mathrm{sinc}(f+f_1)T+\mathrm{sinc}(f-f_2)T \\ &\quad +\mathrm{sinc}(f+f_2)T\}\end{aligned} \qquad (4.53)$$

振幅スペクトル $|G_T(f)|$ の正の周波数成分のみを図(b),(c)に示す。この例では,矩形窓のスペクトル(sinc 関数)が畳み込まれるため,図に示すように観測時間 T を十分大きくしないと接近した二つの周波数成分を分離することはできない。スペクトル解析の精度を向上させるためには,基本的に観測時間を長くする必要があるが,観測窓の形が特性に大きな影響を与えるため,ディジタル信号処理の分野でいろいろな窓関数が提案されている。この話題は,7 章の離散フーリエ変換で扱う。

4.5.3 パーシバルの定理とエネルギースペクトル

信号を伝送する際にそのエネルギーを知っておくことは,通信システムを設計するうえで重要である。3 章で,周期信号の平均電力がフーリエ係数と密接に関係していることを示した。周期信号に対するパーシバルの定理を式 (3.18) に示したが,この関係は非周期信号(エネルギー信号)に対しても成立する。

いま,$g_1(t)$,$g_2(t)$ のフーリエ変換をそれぞれ $G_1(f)$,$G_2(f)$ とすれば

$$\int_{-\infty}^{\infty} g_1(t) g_2^*(t) dt = \int_{-\infty}^{\infty} g_1(t) \left[\int_{-\infty}^{\infty} G_2(f) e^{j2\pi ft} df \right]^* dt$$

$$= \int_{-\infty}^{\infty} \left[\int_{-\infty}^{\infty} g_1(t) e^{-j2\pi ft} dt \right] G_2^*(f) df$$

$$= \int_{-\infty}^{\infty} G_1(f) G_2^*(f) df \tag{4.54}$$

が成立する†。特に $g_1(t) = g_2(t) = g(t)$ の場合，つぎの関係が得られる。

$$\int_{-\infty}^{\infty} |g(t)|^2 dt = \int_{-\infty}^{\infty} |G(f)|^2 df \tag{4.55}$$

式 (4.54) または (4.55) を**パーシバルの定理**と呼ぶ。上式の左辺は信号の全エネルギーであり，これは振幅スペクトルの2乗を積分して得られることを示している。このため，$|G(f)|^2$ を**エネルギー密度スペクトル**，あるいは単にエネルギースペクトルと呼ぶ。

○ ○ ○　**例題 4.12**　○ ○ ○

つぎの積分の値を求めよ。

$$\int_{-\infty}^{\infty} \left(\frac{\sin \pi t}{\pi t} \right)^2 dt$$

解　$\sin \pi t / \pi t \leftrightarrow \mathrm{rect}(f)$ であるから，パーシバルの定理より

$$\int_{-\infty}^{\infty} \left(\frac{\sin \pi t}{\pi t} \right)^2 dt = \int_{-\infty}^{\infty} \mathrm{rect}^2(f) df = 1$$

4.5.4　相関関数とウィーナー・ヒンチンの定理

通信システムなどで，二つの信号の類似性を表す尺度として相関という概念があることを1章で述べた。二つの実時間信号をエネルギー信号として，それぞれ，$x(t)$，$y(t)$ として表せば，それらの相互相関関数は式 (1.35) で示したように次式で与えられる。

---

† 第1番目の式より
$$g^*(t) = \int_{-\infty}^{\infty} G^*(f) e^{-j2\pi ft} df = \int_{-\infty}^{\infty} G^*(-f) e^{j2\pi ft} df$$
すなわち，フーリエ変換対 $g^*(t) \leftrightarrow G^*(-f)$ が得られる。

$$R_{xy}(\tau) = \int_{-\infty}^{\infty} x(t)y(t+\tau)\,dt$$

上式をフーリエ変換すれば次式が得られる。

$$\mathcal{F}[R_{xy}(\tau)] = \int_{-\infty}^{\infty}\left[\int_{-\infty}^{\infty} x(t)y(t+\tau)dt\right]e^{-j2\pi f\tau}\,d\tau$$

ここで，$t+\tau = u$ とおけば

$$\mathcal{F}[R_{xy}(\tau)] = \int_{-\infty}^{\infty} x(t)e^{j2\pi ft}dt \cdot \int_{-\infty}^{\infty} y(u)e^{-j2\pi fu}\,du = X(-f)Y(f)$$
$$= X^*(f)Y(f) \tag{4.56}$$

が得られる。相互相関関数のフーリエ変換を**相互エネルギースペクトル**と呼ぶ。

相互相関関数 $R_{xy}(\tau)$ と $R_{yx}(\tau)$ はともに実関数であり，かつ $\tau=0$ に関して鏡像関係が成立するから(式 (1.36) 参照)，次式に示すように相互エネルギースペクトルはたがいに複素共役の関係になる。

$$\mathcal{F}[R_{xy}(\tau)] = X^*(f)Y(f) = [Y^*(f)X(f)]^*$$
$$= \mathcal{F}^*[R_{yx}(\tau)] \tag{4.57}$$

なお，$x(t)=y(t)$ とすれば，式 (4.56) は次式のように表される。

$$\mathcal{F}[R_{xx}(\tau)] = X^*(f)X(f) = |X(f)|^2 \tag{4.58}$$

すなわち，自己相関関数のフーリエ変換はエネルギースペクトルとなる。自己相関関数 $R_{xx}(\tau)$ が時間に関して実数の偶関数であるから，エネルギースペクトルも周波数に関して実数かつ偶関数であることは明らかである。式 (4.56)，(4.58) は**ウィーナー・ヒンチン**(Wiener-Khintchine)**の定理**として知られている。

○○○　**例題 4.13**　○○○

線形・時不変システムのインパルス応答を $h(t)$，入力信号を $x(t)$ としたとき，入出力の相互相関関数および相互エネルギースペクトルを求めよ。ただし，出力信号 $y(t)$ を用いずに表すものとする。

解　式 (4.56) より，入出力の相互相関関数とそのフーリエ変換は次式で与えられる。

4.5 フーリエ変換の応用

$$R_{xy}(\tau) = \int_{-\infty}^{\infty} x(t)y(t+\tau)dt \leftrightarrow X^*(f)Y(f)$$

一方，$h(t)$ のフーリエ変換（伝達関数）を $H(f)$ とすれば $Y(f) = X(f)H(f)$ であるから，相互エネルギースペクトルは次式に示すように入力信号のエネルギースペクトルと伝達関数の積で表される．

$$\mathcal{F}[R_{xy}(\tau)] = X^*(f)X(f)H(f)$$
$$= |X(f)|^2 H(f) \tag{4.59}$$

また，式 (4.58) より入力信号のエネルギースペクトル $|X(f)|^2$ は自己相関関数 $R_{xx}(\tau)$ のフーリエ変換であるから，式 (4.59) の両辺を逆フーリエ変換することにより次式を得る．

$$R_{xy}(\tau) = \int_{-\infty}^{\infty} R_{xx}(t)h(\tau-t)\,dt \tag{4.60}$$

すなわち，入出力の相互相関関数は入力信号の自己相関関数とインパルス応答の畳み込み積分により与えられる（周波数領域の積は時間領域の畳み込み）．

4.5.5 因果的信号のスペクトル

いままで信号を規定する時間は特に指定せず，負の時間も許容してきた．実際，時間信号のフーリエ変換は $-\infty$ から $+\infty$ までの積分を伴っている．しかし，信号が情報の物理的実体とすれば，情報を伝送しようとするときから信号波形が生じることになる．

したがって，信号波形は有限の過去に発生したことになり，その時刻を原点とすれば信号は因果的とみなすことができる．

任意の信号は偶関数成分と奇関数成分に分解できることを 1.3 節で学んだ．因果的な信号は，図 4.19 に示すように $g(t) = 0\,(t<0)$ であるから，これを

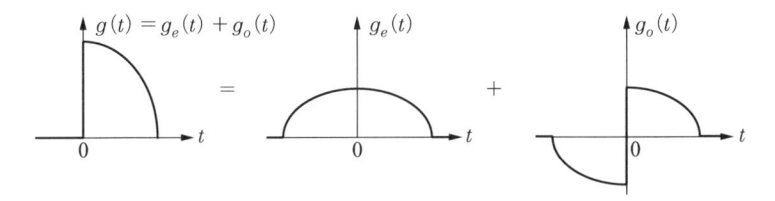

図 4.19 因果的信号と偶対称，奇対称成分

偶関数 $g_e(t)$ と奇関数 $g_o(t)$ に分解すると

$$g(t) = g_e(t) + g_o(t) \tag{4.61}$$

において

$$g_e(t) = g_o(t)\mathrm{sgn}(t) \tag{4.62 a}$$

$$g_o(t) = g_e(t)\mathrm{sgn}(t) \tag{4.62 b}$$

が成立する。

式 (4.61) で表される信号 $g(t)$ のフーリエ変換は, $g_e(t)$ と $g_o(t)$ それぞれのフーリエ変換の和である（線形性）。また, 4.3.2項の例題4.2で示したように, 実時間信号に関して偶関数のフーリエ変換は実数, 奇関数のフーリエ変換は純虚数であるから, つぎの関係が成立する。

$$G(f) = \mathcal{F}[g_e(t)] + \mathcal{F}[g_o(t)] = R(f) + j I(f) \tag{4.63}$$

すなわち, $g_e(t)$, $g_o(t)$ の周波数スペクトルはそれぞれ $R(f)$, $j I(f)$ である。一方, 式 (4.62 a), (4.62 b) をフーリエ変換すると次式が得られる。

$$\mathcal{F}[g_o(t)\mathrm{sgn}(t)] = j I(f) \otimes \frac{1}{j\pi f} = I(f) \otimes \frac{1}{\pi f} = \frac{1}{\pi}\int_{-\infty}^{\infty}\frac{I(x)}{f-x}\,dx \tag{4.64 a}$$

$$\mathcal{F}[g_e(t)\mathrm{sgn}(t)] = R(f) \otimes \frac{1}{j\pi f} = \frac{1}{j\pi}\int_{-\infty}^{\infty}\frac{R(x)}{f-x}\,dx \tag{4.64 b}$$

したがって, つぎの関係が成立する。

$$R(f) = \frac{1}{\pi}\int_{-\infty}^{\infty}\frac{I(x)}{f-x}\,dx \tag{4.65}$$

$$I(f) = -\frac{1}{\pi}\int_{-\infty}^{\infty}\frac{R(x)}{f-x}\,dx \tag{4.66}$$

ここで, 次式に示す $Z(f)$ と $1/\pi f$ の畳み込み積分

$$\widehat{Z}(f) \equiv \mathcal{H}[Z(f)] = \frac{1}{\pi}\int_{-\infty}^{\infty}\frac{Z(x)}{f-x}\,dx \tag{4.67}$$

は $Z(f)$ の**ヒルベルト変換**(Hilbert transform)と呼ばれる。なお, $\mathcal{H}$ をヒルベルト変換の演算子とする。

式 (4.65), (4.66) より, 因果的信号の実部と虚部のスペクトルは独立では

なく，ヒルベルト変換対[†]の関係で結ばれている。因果的信号は，スペクトルの実部または虚部が求まれば，その虚部または実部は一意に決まることを意味している。この結果，因果的信号の周波数スペクトルは次式で表すことができる。

$$G(f) = R(f) + j\,I(f) = R(f) - j\,\widehat{R}(f) \tag{4.68}$$

○○○ **例題 4.14** ○○○

因果的システムの伝達関数として，その実部が次式で与えられているとき，完全な伝達関数を求めよ。

$$R(f) = \frac{\delta(f)}{2}$$

解 伝達関数の虚部は，実部をヒルベルト変換することにより次式で与えられる。

$$I(f) = -\frac{1}{\pi}\int_{-\infty}^{\infty}\frac{\delta(x)/2}{f-x}\,dx = -\frac{1}{2\pi f}$$

したがって，伝達関数は次式で与えられる。

$$H(f) = R(f) + j\,I(f) = \frac{1}{2}\delta(f) + \frac{1}{j\,2\pi f}$$

上式の逆フーリエ変換は単位ステップ関数であるから(式 (4.20) 参照)，$H(f)$ は確かに因果的システムである。

○○○ **例題 4.15** ○○○

式 (4.68) に示すような実スペクトルとそのヒルベルト変換により，因果的信号を作ることができた。双対性の性質を考慮して，実時間信号とそのヒルベルト変換により，どのような信号スペクトルが作られるかを考察せよ。

解 実時間信号を $g(t)$ とし，そのヒルベルト変換を $\hat{g}(t)$ で表す。

$$\hat{g}(t) \equiv \mathscr{H}[g(t)] = g(t) \otimes \frac{1}{\pi t} \tag{4.69}$$

双対性の性質より

[†] ヒルベルト変換は，フーリエ変換や 5 章のラプラス変換のように時間領域と周波数領域の間の変換ではなく，時間または周波数領域内 (同一変数間) におけるある関数から別の関数への変換である。

$$\mathcal{F}\left[\frac{1}{\pi t}\right] = j\,\mathrm{sgn}(-f) = -j\,\mathrm{sgn}(f)$$

ここで，$\hat{g}(t)$ のフーリエ変換を $\widehat{G}(f)$ で表すものとすれば，式 (4.69) より

$$\widehat{G}(f) = -jG(f)\mathrm{sgn}(f)$$

である。式 (4.68) と同様に，時間信号として

$$z(t) = g(t) + j\hat{g}(t) \tag{4.70}$$

を作れば，$z(t)$ の周波数スペクトルは次式で与えられる。

$$\begin{aligned}Z(f) &= G(f) + j\widehat{G}(f) = G(f) + G(f)\mathrm{sgn}(f) \\ &= \begin{cases} 2G(f) & \cdots\cdots \quad f \geq 0 \\ 0 & \cdots\cdots \quad f < 0 \end{cases}\end{aligned} \tag{4.71}$$

式 (4.70) では，複素時間信号の実部と虚部がヒルベルト変換で結ばれている。これは，周波数スペクトルの実部と虚部がヒルベルト変換で結ばれている場合(式 (4.68))と双対の関係であり，その結果，周波数スペクトルは因果的になる（正の周波数成分のみが存在する）。

実時間信号の周波数スペクトルは，エルミート対称 $G(-f) = G^*(f)$ であることを述べた(式 (4.25))。これは負の周波数スペクトルは正のスペクトルによって一意に決まるため，負の成分は冗長であることを意味している。したがって，信号を伝送する際にスペクトルの半分を伝送すればよいことになる。この半分のスペクトル $Z(f)$ を伝送するシステムは，**SSB** (single side-band)**通信システム**と呼ばれる。

表 4.4 に因果的信号と SSB 信号の双対性について示す。

表 4.4　因果的信号と SSB 信号の双対性

因果的信号	双対性	SSB 信号
$G(f) = R(f) - j\widehat{R}(f)$ $g(t) = 0,\ t<0$	⇐ ⇒	$z(t) = g(t) + j\,\hat{g}(t)$ $Z(f) = 0,\ f<0$
周波数スペクトルの実部 ↓ ヒルベルト変換対 ↓ 周波数スペクトルの虚部		時間関数の実部 ↓ ヒルベルト変換対 ↓ 時間関数の虚部

演 習 問 題

1. 信号 $g(t)$ およびその変形を図 4.20 に示す。
   （a） $g(t)$ のフーリエ変換を求めよ。
   （b） 時間シフトした信号 $g(t-T/2)$ のフーリエ変換を求めよ。
   （c） 時間圧縮した信号 $g(2t)$ のフーリエ変換を求めよ。
   （d） 信号 $x(t) = g(t+T/2) - g(t-T/2)$ のフーリエ変換を求めよ。
   （e） $x(t)$ を積分した信号 $y(t) = \int_{-\infty}^{t} x(\tau)d\tau$ のフーリエ変換を求めよ。
   （f） 図(e)の三角波は，図(a)に示す矩形波とそれを T 倍した矩形波 $Tg(t)$ の畳み込みにより得られる。これを利用して，三角波のフーリエ変換を求めよ。

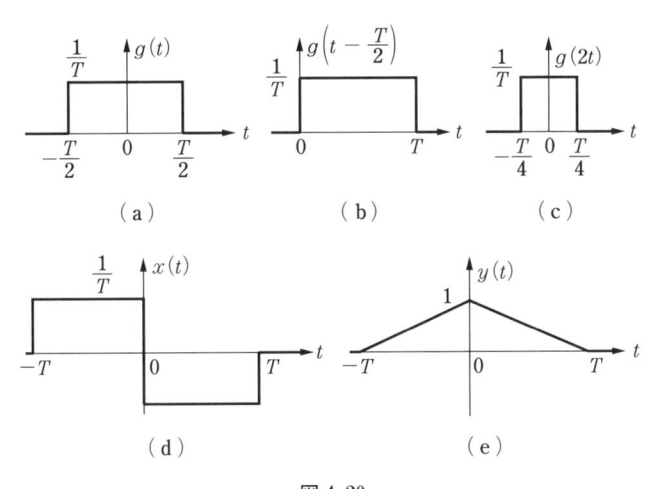

図 4.20

2. （a） 孤立半波余弦波 $g_1(t) = \begin{cases} \cos(\pi t/T) & \cdots\cdots \quad |t| \leq T/2 \\ 0 & \cdots\cdots \quad |t| > T/2 \end{cases}$
   のフーリエ変換を求めよ。

   （b） 孤立半波正弦波の $g_2(t) = \begin{cases} \sin(\pi t/T) & \cdots\cdots \quad 0 \leq t \leq T \\ 0 & \cdots\cdots \quad \text{elsewhere} \end{cases}$
   のフーリエ変換を求めよ。

(c) 正弦波1周期分の $g_3(t) = \begin{cases} \sin(\pi t/T) & \cdots\cdots \quad |t| \le T \\ 0 & \cdots\cdots \quad |t| > T \end{cases}$

のフーリエ変換を求めよ。

3. (a) $g(t) = e^{-a|t|}\ (a>0)$ のフーリエ変換を求めよ。

   (b) $g(t) = \dfrac{1}{a^2+t^2}$ のフーリエ変換を求めよ。

4. (a) 表4.1の**ガウス関数**のフーリエ変換対が成り立つことを示せ。

   (b) 二つのガウス関数

$$g_1(t) = \frac{1}{\sqrt{2\pi}\,\sigma_1}\exp\left(-\frac{t^2}{2\sigma_1^2}\right)$$

$$g_2(t) = \frac{1}{\sqrt{2\pi}\,\sigma_2}\exp\left(-\frac{t^2}{2\sigma_2^2}\right)$$

の畳み込み積分を $g_3(t) = g_1(t) \otimes g_2(t)$ とすれば，$g_3(t)$ もまたガウス関数であり

$$g_3(t) = \frac{1}{\sqrt{2\pi}\,\sigma_3}\exp\left(-\frac{t^2}{2\sigma_3^2}\right)$$

で与えられる（ただし，$\sigma_3^2 = \sigma_1^2 + \sigma_2^2$）ことを示せ。

5. $g(t)$ のフーリエ変換を $G(f)$ としたとき，つぎの信号のフーリエ変換を求めよ。

   (a) $g(-t)$；$g(t)$ が実関数の場合と複素関数の場合を分けて示せ。

   (b) $g_e(t) = \dfrac{g(t)+g(-t)}{2}$ （実の偶関数）

   (c) $g_o(t) = \dfrac{g(t)-g(-t)}{2}$ （実の奇関数）

   (d) $g^*(t)$ （複素共役）

   (e) $g^*(-t)$

   (f) $\mathrm{Re}[g(t)] = \dfrac{g(t)+g^*(t)}{2}$ （実部）

   (g) $\mathrm{Im}[g(t)] = \dfrac{g(t)-g^*(t)}{2j}$ （虚部）

6. ある線形・時不変システムのインパルス応答を $h(t) = e^{-at}\mathrm{u}(t)$，ただし，$a>0$ で $\mathrm{u}(t)$ は単位ステップ関数とする。このシステムに周波数 f_0 の余弦波 $x(t) = \cos 2\pi f_0 t$ を入力したときの応答 $y(t)$ を以下の手順に従って求めよ。

   (a) システムの伝達関数 $H(f)$ を求めよ。

   (b) 入力信号 $x(t)$ の周波数スペクトル $X(f)$ を求めよ。

   (c) システムの出力信号 $y(t)$ の周波数スペクトル $Y(f)$ を求めよ。

   (d) $y(t)$ を求めよ。

7. 線形・時不変システムの伝達関数を $H(f) = \dfrac{1}{1+j\,2\pi f}$ とする。

   (a) $H(f)$ を極座標形式で表せ。

   (b) このシステムに信号 $x(t) = \cos t + \cos 4t$ が入力したとき，(a)の結果を利用して応答 $y(t)$ を求めよ。

8. 図4.21に示す乗算器の出力信号スペクトルを求めよ。ただし，$f_c \gg 1/T$ とする。

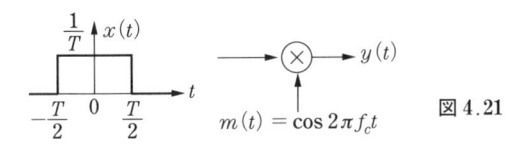

   図4.21

9. 図4.22に示す三角パルス列のフーリエ変換を求めよ。

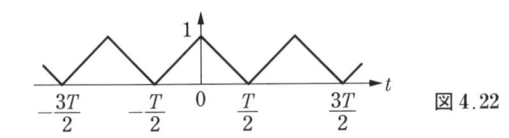

   図4.22

10. 二つの信号 $x(t), y(t)$ が複素時間信号の場合，ウィーナー・ヒンチンの定理はどのように表されるか考察せよ。

11. 線形・時不変システムのインパルス応答を $h(t)$，入力信号を $x(t)$，出力信号を $y(t)$ としたとき，

    (a) $y(t)$ の自己相関関数 $R_{yy}(\tau)$ は，$x(t)$ の自己相関関数 $R_{xx}(\tau)$ と $h(t)$ の自己相関関数 $R_{hh}(\tau)$ の畳み込み積分で与えられることを示せ。

    (b) $y(t)$ のエネルギースペクトルは，$x(t)$ のエネルギースペクトルと伝達関数の2乗 $|H(f)|^2$ の積で与えられることを示せ。

5 ラプラス変換

通信工学で扱う実用的な信号やシステムを解析する場合，フーリエ変換があればかなりの用は足りる．しかし，ディリクレが示したフーリエ変換の存在条件のうち，関数の絶対積分可能な条件は扱うことのできる信号のクラスを制限する．また，より重要な問題点は，フーリエ変換では制御システムの**過渡応答**を解析できないことである．このような使用上の制限を緩和するため，フーリエ変換の拡張としてラプラス変換の手法が確立された．ラプラス変換は，もともと微分方程式を解くためにラプラスが用いた手法のようであるが，その後**ヘビサイド**(Heaviside)**の演算子法**をきっかけとして，電気回路や制御システムの過渡応答を解析する工学的に重要なツールとなった．

ラプラス変換は複素周波数をもつ指数関数により信号を表現するもので，この結果フーリエ変換の拡張がなされることを明らかにする．本章ではまた，ラプラス変換の性質について考察し，これを利用して信号やシステムの解析が容易になることを具体的な応用例によって示す．

5.1　複素周波数によるフーリエ変換の拡張

フーリエ変換では，信号を実周波数 f の複素指数関数の和として表現した．これに対し，ラプラス変換は**複素周波数** $s\,(=\sigma+j\omega)$ をもつ指数関数の和で信号を表現する．ここで，σ と ω は実数で，特に $\omega=2\pi f$ [rad/s] は角周波数である．

信号 $g(t)$ のフーリエ変換を ω の形式で表現すると

5.1 複素周波数によるフーリエ変換の拡張

$$G(\omega) = \int_{-\infty}^{\infty} g(t) e^{-j\omega t} dt$$

である．4章で述べたように，フーリエ変換が存在するためには $g(t)$ が絶対積分可能でなければならない．したがって，$g(t) = e^{at}\mathrm{u}(t)\ (a > 0)$ のような関数はフーリエ変換をもたない．しかし，$g(t)$ を $e^{-\sigma t}$ で重み付けして $g(t)e^{-(\sigma-a)t}\mathrm{u}(t)$ とすれば，$\sigma > a$ の領域で絶対積分は収束し，フーリエ変換が存在することになる．これを一般化して指数重み付けしたフーリエ変換として表すと

$$G(\sigma + j\omega) = \int_{-\infty}^{\infty} g(t) e^{-\sigma t} e^{-j\omega t} dt \tag{5.1}$$

が得られる．この変換で $\sigma + j\omega$ を変数 s とおけば，s を変数とする新たな関数が次式のように得られ，これを $g(t)$ の**両側ラプラス変換**と定義する．

$$G(s) = \int_{-\infty}^{\infty} g(t) e^{-st} dt \tag{5.2}$$

ラプラス変換により扱える信号のクラスが拡大したことの意味は，複素周波数により説明できる．振幅が指数関数的に変化する余弦波 $f(t)$ を考えてみよう．

$$f(t) = e^{\sigma t} \cos \omega t = e^{\sigma t} \frac{1}{2}(e^{j\omega t} + e^{-j\omega t}) = \frac{1}{2}\{e^{(\sigma+j\omega)t} + e^{(\sigma-j\omega)t}\}$$

$$= \frac{1}{2}(e^{st} + e^{s^*t}) \tag{5.3}$$

より，$f(t)$ は複素共役の関係にある二つの指数関数の和で表される．複素周波数は**図 5.1**(a)の複素周波数平面(s 平面)上に示される．横軸は実部（σ 軸），縦軸は虚部（$j\omega$ 軸）で，通常の余弦波（図(b)）は $j\omega$ 軸上の二つの複素共役点により表される．**右半平面**(right half plane : **RHP**)は振幅が指数関数的に増加する余弦波（図(c)）を，**左半平面**(left half plane : **LHP**)は振幅が指数関数的に減少する余弦波（図(d)）を表す．フーリエ変換では $j\omega$ 軸上の点，すなわち一定振幅の余弦波により信号を表現したが，ラプラス変換では s 平面上の任意の点，すなわち指数関数的に変化する余弦波を用いる．この結果として，ラプラス変換はフーリエ変換にない解析領域の広さが得られるのである．

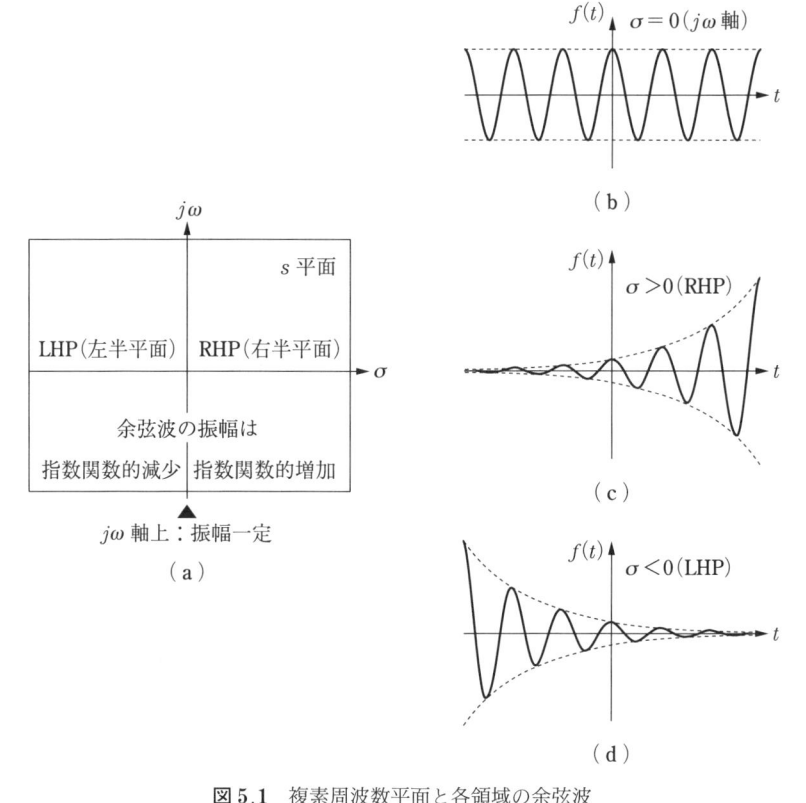

図5.1 複素周波数平面と各領域の余弦波

では，具体的に指数関数のラプラス変換を求めてみよう。信号を $g_1(t) = e^{at}\mathrm{u}(t)$ $(a > 0)$ とすれば，そのラプラス変換は次式で与えられる。

$$G_1(s) = \int_{-\infty}^{\infty} e^{at}\mathrm{u}(t)e^{-st}dt = \int_0^{\infty} e^{-(s-a)t}\,dt$$

$$= \left[-\frac{e^{-(s-a)t}}{s-a}\right]_0^{\infty} = \frac{1}{s-a}, \quad \mathrm{Re}[s] = \sigma > a \tag{5.4}$$

ここで，ラプラス変換が存在するためには

$$\lim_{t\to\infty} e^{-(s-a)t} = \lim_{t\to\infty} e^{-(\sigma-a)t}e^{-j\omega t} = 0 \tag{5.5}$$

でなければならない。すなわち上式が成立するためには，$|e^{-j\omega t}| = 1$ を考慮して，$\sigma > a$ でなければならない。このように，ラプラス変換は σ の値によっ

5.1 複素周波数によるフーリエ変換の拡張

て積分の収束性が決定され，許容される σ の範囲を s 平面上の**収束領域** (region of convergence : **ROC**) と呼ぶ。この例で用いた信号と ROC を図 5.2 (a) に示す。

（a） $g_1(t) = e^{\alpha t}\mathrm{u}(t)$ （$\alpha > 0$）

（b） $g_2(t) = -e^{\alpha t}\mathrm{u}(-t)$ （$\alpha > 0$）

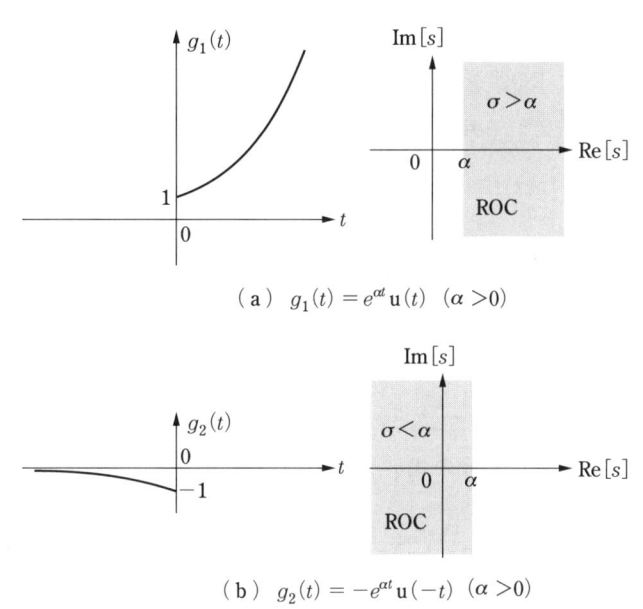

図 5.2　同じラプラス変換をもつ二つの信号とそれぞれの収束領域

つぎに信号 $g_2(t) = -e^{\alpha t}\mathrm{u}(-t)$ のラプラス変換を求めてみる。上の導出と同様にして

$$G_2(s) = \int_{-\infty}^{\infty} -e^{\alpha t}\mathrm{u}(-t)e^{-st}dt = -\int_{-\infty}^{0} e^{-(s-\alpha)t}dt$$

$$= \left[\frac{e^{-(s-\alpha)t}}{s-\alpha}\right]_{-\infty}^{0} = \frac{1}{s-\alpha}, \quad \mathrm{Re}\,[s] = \sigma < \alpha \quad (5.6)$$

が得られる。この結果，式 (5.4) との比較から明らかなように，ROC の違いを除けば（図(b)），$g_1(t)$ と $g_2(t)$ は異なる信号であるにもかかわらず同じラプラス変換をもつ。この状況は複素周波数領域の関数 $G(s)$ からもとの時間関数 $g(t)$ を求める際に，ROC を指定しないと $g(t)$ は一意に定まらないことを

意味している。ラプラス変換対の1対1対応が成立しない原因は，因果的信号と非因果的信号の両方を扱うことにある。現実的な信号は，無限の過去から存在しているわけではないので，因果的信号に分類できる。ラプラス変換で扱う信号を因果的信号に限定すれば，積分範囲は0からとなり，先の不都合は生じない。また，特にROCを明記する必要もない。以上の理由で，今後ラプラス変換は次式で定義される**片側ラプラス変換**を用いる。

$$G(s) = \mathscr{L}[g(t)] \equiv \int_0^\infty g(t)e^{-st}dt \tag{5.7}$$

つぎに，逆ラプラス変換を逆フーリエ変換の拡張として導出しよう。指数重み付けした信号の逆フーリエ変換は，式 (5.1) より次式で与えられる。

$$g(t)e^{-\sigma t} = \frac{1}{2\pi}\int_{-\infty}^{\infty} G(\sigma+j\omega)e^{j\omega t}d\omega$$

ここで，$\sigma+j\omega = s$，$d\omega = ds/j$ の変数変換を行い，新たな変数の積分範囲に注意すると逆ラプラス変換の式が得られる。

$$g(t) = \mathscr{L}^{-1}[G(s)] \equiv \frac{1}{j2\pi}\int_{\sigma-j\infty}^{\sigma+j\infty} G(s)e^{st}ds \tag{5.8}$$

逆ラプラス変換は，図5.3に示すように，s平面ROC内の任意の経路を $\sigma-j\infty$ から $\sigma+j\infty$ まで積分したものである。可能な積分経路は，ROCに依存してLHP内，RHP内，および$j\omega$軸上のいずれかにある。それぞれの経路に対応して，振幅の指数的減少，指数的増加および一定振幅の正弦波で信号を表現することになる。また，$j\omega$軸がROCに含まれるとすれば，信号はフーリエ変換で表すことができる。

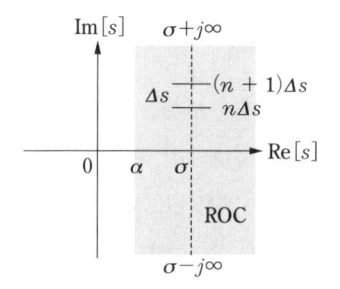

図5.3 信号 $e^{at}\mathrm{u}(t)$ のROCとROC内の任意の積分経路

積分経路を微小区間 Δs に分割して考えると，式 (5.8) は次式に示すように，複素周波数 $n\Delta s$ の指数関数 $e^{n\Delta s \cdot t}$ を無限に集めて加算したものとなる。なお，指数関数の振幅は $G(n\Delta s)\Delta s/j2\pi$ (無限小) である。

$$g(t) = \lim_{\Delta s \to 0} \sum_{n=-\infty}^{\infty} \left[\frac{G(n\Delta s)\Delta s}{j2\pi} \right] e^{n\Delta s \cdot t} \tag{5.9}$$

また，$\Delta s \to 0$ の極限で $n\Delta s \to s$ の連続量となり，$G(s)$ は e^{st} を成分とする $g(t)$ のスペクトル密度を意味することになる。

5.2 基本的な信号のラプラス変換

5.1 節で指数関数のラプラス変換を求めたが，ここではその他の基本的な信号のラプラス変換を求めておく。括弧内は収束領域(ROC)を表す。

(1) **デルタ関数** $\delta(t)$

$$\mathscr{L}[\delta(t)] = \int_0^\infty \delta(t)e^{-st}dt = 1 \quad (すべての s) \tag{5.10}$$

(2) **単位ステップ関数** $\mathrm{u}(t)$

$$\mathscr{L}[\mathrm{u}(t)] = \int_0^\infty e^{-st}dt = \left[-\frac{e^{-st}}{s} \right]_0^\infty$$

$$= \frac{1}{s} \quad (\mathrm{Re}[s] > 0) \tag{5.11}$$

(3) **ランプ関数** $t\,\mathrm{u}(t)$

部分積分，および式 (5.11) の結果を用いて

$$\mathscr{L}[t\,\mathrm{u}(t)] = \int_0^\infty t e^{-st}dt = \left[-t\frac{e^{-st}}{s} \right]_0^\infty + \frac{1}{s}\int_0^\infty e^{-st}dt$$

$$= \frac{1}{s^2} \quad (\mathrm{Re}[s] > 0) \tag{5.12}$$

また，一般的にベキ乗関数では

$$\mathscr{L}[t^n\,\mathrm{u}(t)] = \int_0^\infty t^n e^{-st}dt = \left[-t^n\frac{e^{-st}}{s} \right]_0^\infty + \frac{n}{s}\int_0^\infty t^{n-1}e^{-st}dt$$

$$= \frac{n}{s}\mathcal{L}[t^{n-1}\mathrm{u}(t)] \quad (\mathrm{Re}[s]>0)$$

この方法を n 回繰り返すことにより次式が得られる[†]。

$$\mathcal{L}[t^n \mathrm{u}(t)] = \frac{n!}{s^{n+1}} \quad (\mathrm{Re}[s]>0) \tag{5.12}'$$

(4) 三角関数　$\cos\omega_0 t\,\mathrm{u}(t)$, $\sin\omega_0 t\,\mathrm{u}(t)$

複素指数関数 $e^{j\omega_0 t}\mathrm{u}(t)$ のラプラス変換は

$$\mathcal{L}[e^{j\omega_0 t}\mathrm{u}(t)] = \frac{1}{s-j\omega_0} = \frac{s}{s^2+\omega_0^2} + j\frac{\omega_0}{s^2+\omega_0^2}$$

である。一方，オイラーの公式より，$e^{j\omega_0 t} = \cos\omega_0 t + j\sin\omega_0 t$ であるから

$$\mathcal{L}[\cos\omega_0 t\,\mathrm{u}(t)] = \frac{s}{s^2+\omega_0^2} \quad (\mathrm{Re}[s]>0) \tag{5.13 a}$$

$$\mathcal{L}[\sin\omega_0 t\,\mathrm{u}(t)] = \frac{\omega_0}{s^2+\omega_0^2} \quad (\mathrm{Re}[s]>0) \tag{5.13 b}$$

(5) 振幅が指数関数的に変化する余弦波，正弦波　$e^{-\alpha t}\cos\omega_0 t\,\mathrm{u}(t)$, $e^{-\alpha t}\sin\omega_0 t\,\mathrm{u}(t)$

(4) と同様に，複素指数関数 $e^{-(\alpha-j\omega_0)t} = e^{-\alpha t}\cos\omega_0 t + je^{-\alpha t}\sin\omega_0 t$ のラプラス変換は

$$\mathcal{L}[e^{-(\alpha-j\omega_0)t}\mathrm{u}(t)] = \frac{1}{s+(\alpha-j\omega_0)} = \frac{s+\alpha}{(s+\alpha)^2+\omega_0^2} + j\frac{\omega_0}{(s+\alpha)^2+\omega_0^2}$$

であるから

[†] 一般的な**階乗関数** $n!$（n は実数）は，次式で定義される**ガンマ関数**により表される。

$$\Gamma(n) = \int_0^\infty x^{n-1}e^{-x}dx$$

部分積分と，$\Gamma(1) = \int_0^\infty e^{-x}dx = 1$ により

$$\Gamma(n+1) = n\Gamma(n-1) = n(n-1)\Gamma(n-2) = \cdots = n!$$

実際，ラプラス変換の定義式から，$\mathcal{L}[t^n\mathrm{u}(t)] = \int_0^\infty t^n e^{-st}dt$ において，$st=x$ とおけば

$$\mathcal{L}[t^n\mathrm{u}(t)] = \int_0^\infty \left(\frac{x}{s}\right)^n e^{-x}\frac{dx}{s} = \frac{1}{s^{n+1}}\int_0^\infty x^n e^{-x}dx = \frac{\Gamma(n+1)}{s^{n+1}}$$ となり，式 (5.12)′ が成立する。n は実数であるから，例えば $n=1/2$ の場合

$$\mathcal{L}[\sqrt{t}\,\mathrm{u}(t)] = \frac{1}{s^{3/2}}\Gamma\!\left(\frac{3}{2}\right) = \frac{1}{s\sqrt{s}}\frac{1}{2}\Gamma\!\left(\frac{1}{2}\right) = \frac{\sqrt{\pi}}{2s\sqrt{s}}$$

なども求めることができる。ガンマ関数については付録A.5を参照のこと。

$$\mathcal{L}\left[e^{-\alpha t}\cos\omega_0 t\,\mathrm{u}(t)\right] = \frac{s+\alpha}{(s+\alpha)^2+\omega_0^2} \quad (\mathrm{Re}[s] > -\alpha) \qquad (5.14\,\mathrm{a})$$

$$\mathcal{L}\left[e^{-\alpha t}\sin\omega_0 t\,\mathrm{u}(t)\right] = \frac{\omega_0}{(s+\alpha)^2+\omega_0^2} \quad (\mathrm{Re}[s] > -\alpha) \qquad (5.14\,\mathrm{b})$$

5.3 ラプラス変換の性質

ラプラス変換は,フーリエ変換と同様,定義式から派生する多くの有用な性質をもっている。これらの性質を利用すると,多くの関数のラプラス変換対を求めることができ,また微分方程式の解やシステムの応答を求める際に効果を発揮する。ラプラス変換対を ↔ の記号で表すことにして,以下によく使われるラプラス変換の性質を示す。

5.3.1 線　形　性

$g_1(t) \leftrightarrow G_1(s),\ g_2(t) \leftrightarrow G_2(s)$ ならば

$$\alpha_1 g_1(t) + \alpha_2 g_2(t) \leftrightarrow \alpha_1 G_1(s) + \alpha_2 G_2(s) \qquad (5.15)$$

ここで,α_1,α_2 は任意定数である。これは積分操作が線形演算であることの直接的な帰結である。なお,線形結合で得られる信号の ROC は,各信号それぞれがもつ ROC の共通領域として与えられる。

5.3.2 時間シフト

$g(t) \leftrightarrow G(s)$ ならば,任意の時間 $\tau\,(\geqq 0)$ に対し

$$g(t-\tau)\,\mathrm{u}(t-\tau) \leftrightarrow G(s)e^{-s\tau} \qquad (5.16)$$

証明：

$$\mathcal{L}\left[g(t-\tau)\,\mathrm{u}(t-\tau)\right] = \int_0^\infty g(t-\tau)\,\mathrm{u}(t-\tau)e^{-st}dt$$

ここで,$t-\tau = x$ とおいて

$$= \int_{-\tau}^\infty g(x)\,\mathrm{u}(x)e^{-s(x+\tau)}dx = e^{-s\tau}\int_0^\infty g(x)e^{-sx}dx$$

$$= e^{-s\tau}G(s)$$

時間シフトに際して，信号の因果性を示す u(t) を付けておかないと間違った結果を得ることに注意しておく。例えば，図 5.4 (a) に示す $g(t) = e^{-\alpha t}$ の場合，$g(t-\tau) = e^{-\alpha(t-\tau)} = e^{\alpha\tau}g(t)$ であるから，図 (b) のように $g(t)$ を $e^{\alpha\tau}$ 倍したものになってしまい，本来の時間シフトした信号を表していない。正しい表現は $g(t-\tau)\mathrm{u}(t-\tau) = e^{-\alpha(t-\tau)}\mathrm{u}(t-\tau)$ としなければならない。また，この結果から明らかなように，$\tau < 0$（時間進み）の場合，シフトした信号は非因果的になり片側ラプラス変換では表現できない。

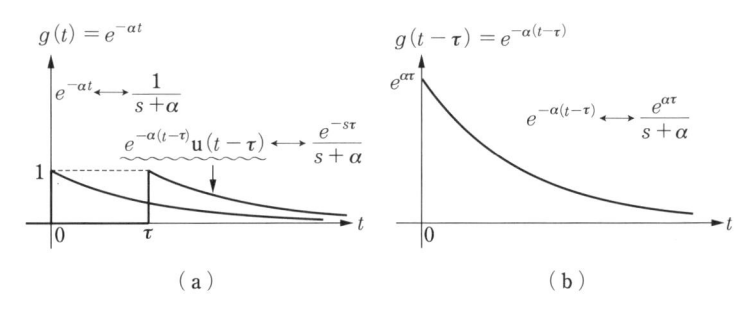

図 5.4 時間シフトの意味とそのラプラス変換

。○○○　**例題 5.1**　○○○。

矩形パルス $g(t) = \mathrm{rect}(t/T - 1/2)$ のラプラス変換を求めよ。

解　この信号は単位ステップ関数の線形和として，$\mathrm{rect}(t/T - 1/2) = \mathrm{u}(t) - \mathrm{u}(t-T)$ と表せる。したがって，線形性と時間シフトの性質を用いて次式を得る。

$$\mathscr{L}[\mathrm{u}(t) - \mathrm{u}(t-T)] = \frac{1}{s} - \frac{e^{-sT}}{s}$$
$$= \frac{1 - e^{-sT}}{s} \quad (\mathrm{Re}[s] > 0)$$

5.3.3　周波数シフト

$g(t) \leftrightarrow G(s)$ ならば，任意の s_0 に対し

$$g(t)e^{s_0 t} \leftrightarrow G(s - s_0) \tag{5.17}$$

証明:
$$\mathcal{L}[g(t)e^{s_0 t}] = \int_0^\infty g(t)e^{s_0 t}e^{-st}dt = \int_0^\infty g(t)e^{-(s-s_0)t}dt = G(s-s_0)$$

このときの ROC は $\mathrm{Re}[s] > \mathrm{Re}[s_0]$ である。また，周波数シフトは時間シフトと双対の関係にあることに注意しておく。

◁ **例 5.1**

5.2 節(5)で述べた，振幅が指数関数的に減衰する余弦波，正弦波のラプラス変換は，信号 $g(t) = \cos\omega_0 t$ や $\sin\omega_0 t$ に指数関数 $e^{-\alpha t}\,(\alpha>0)$ を乗算したものであるから，信号 $g(t)$ のラプラス変換において周波数シフト $s \to s+\alpha$ を行えばよい。

$$\mathcal{L}[e^{-\alpha t}\cos\omega_0 t] = \left.\frac{s}{s^2+\omega_0^2}\right|_{s\to s+\alpha} = \frac{s+\alpha}{(s+\alpha)^2+\omega_0^2}$$

5.3.4 スケーリング

$g(t) \leftrightarrow G(s)$ ならば，任意の $\alpha\,(>0)$ に対し

$$g(\alpha t) \leftrightarrow \frac{1}{\alpha}\,G\!\left(\frac{s}{\alpha}\right) \tag{5.18}$$

証明:

$$\mathcal{L}[g(\alpha t)] = \int_0^\infty g(\alpha t)e^{-st}dt$$

ここで，$\alpha t = x$ とおけば $dt = 1/\alpha\,dx$ より

$$= \frac{1}{\alpha}\int_0^\infty g(x)e^{-sx/\alpha}dx = \frac{1}{\alpha}\,G\!\left(\frac{s}{\alpha}\right)$$

フーリエ変換の場合と同様に，時間軸を圧縮 ($\alpha>1$) すると s 平面は伸張し，時間軸を伸張 ($\alpha<1$) すると s 平面は圧縮される。ただしフーリエ変換と異なり，$g(t)$ に因果性を要求されるため，α は正の値のみをとる。

5.3.5 微分（時間領域）

$g(t) \leftrightarrow G(s)$ ならば

5. ラプラス変換

$$\frac{dg(t)}{dt} \leftrightarrow sG(s) - g(0) \tag{5.19}$$

証明：

$$\mathcal{L}\left[\frac{dg(t)}{dt}\right] = \int_0^\infty \frac{dg(t)}{dt} e^{-st} dt$$

部分積分により

$$= [g(t)e^{-st}]_0^\infty + s\int_0^\infty g(t)e^{-st} dt$$

$$= \lim_{t\to\infty}\{g(t)e^{-st}\} - g(0) + sG(s)$$

ラプラス変換 $G(s)$ が存在するという仮定は，s 平面の ROC 内において $\lim_{t\to\infty}\{g(t)e^{-st}\} = 0$ であることを意味する。したがって，式 (5.19) が成立する。

○○○ 例題 5.2 ○○○

$d^2g(t)/dt^2$ のラプラス変換を求めよ。

解 $g(t) \leftrightarrow G(s)$ とすれば

$$\mathcal{L}\left[\frac{d^2g(t)}{dt^2}\right] = \mathcal{L}\left[\frac{d}{dt}\left\{\frac{dg(t)}{dt}\right\}\right] = s\mathcal{L}\left[\frac{dg(t)}{dt}\right] - g'(0)$$

$$= s^2 G(s) - s\, g(0) - g'(0)$$

この性質を拡張して，次式のように一般化することができる。

$$\frac{d^n g(t)}{dt^n} \leftrightarrow s^n G(s) - s^{n-1} g(0) - \cdots - sg^{(n-2)}(0) - g^{(n-1)}(0) \tag{5.19}'$$

この性質は，時間領域における微分は s 領域において s を乗算することと等価である，という点で重要である。ラプラス変換を用いることにより，定係数線形微分方程式を代数方程式に変換して解くことができる。

5.3.6 微分（s 領域）

$g(t) \leftrightarrow G(s)$ ならば

$$t \cdot g(t) \leftrightarrow -\frac{dG(s)}{ds} \tag{5.20}$$

証明：ラプラス変換の定義式 (5.7) の両辺を s で微分すれば

$$\frac{dG(s)}{ds} = \int_0^\infty (-t)g(t)e^{-st}dt$$

したがって，式 (5.20) が成立する．この性質も拡張して一般化できる．

$$t^n g(t) \leftrightarrow (-1)^n \frac{d^n G(s)}{ds^n} \tag{5.20}'$$

なお，この性質は時間領域における微分と双対の関係にある．

5.3.7 積分（時間領域）

$g(t) \leftrightarrow G(s)$ ならば

$$f(t) = \int_0^t g(\tau)d\tau \leftrightarrow \frac{G(s)}{s} \tag{5.21}$$

証明：定義式から直接求めてもよいが，ここでは，時間微分の性質を利用する．

$$g(t) = \frac{df(t)}{dt} \leftrightarrow sF(s) - f(0) = sF(s) \quad \text{より} \quad F(s) = \frac{G(s)}{s}$$

時間領域における積分は，s 領域において s で除算することと等価である．これは時間領域における微分とともに，ラプラス変換の応用でよく使われる性質である．

◁ **例 5.2**

ランプ関数 $t\,\mathrm{u}(t)$ は単位ステップ関数 $\mathrm{u}(t)$ を積分して得られる．したがって，

$$\mathscr{L}[t \cdot \mathrm{u}(t)] = \mathscr{L}\left[\int_0^t \mathrm{u}(x)dx\right] = \frac{1}{s}\mathscr{L}[\mathrm{u}(t)] = \frac{1}{s^2}$$

5.3.8 積分（s 領域）

$g(t) \leftrightarrow G(s)$ ならば

$$\frac{g(t)}{t} \leftrightarrow \int_s^\infty G(x)dx \tag{5.22}$$

証明：$G(x) = \int_0^\infty g(t)e^{-xt}dt$ の両辺を s から ∞ まで積分すれば

$$\int_s^\infty G(x)dx = \int_s^\infty \left\{\int_0^\infty g(t)e^{-xt}dt\right\}dx = \int_0^\infty g(t)\left\{\int_s^\infty e^{-xt}dx\right\}dt$$

$$= \int_0^\infty g(t)\left[\frac{e^{-xt}}{-t}\right]_s^\infty dt = \int_0^\infty \frac{g(t)}{t}e^{-st}dt = \mathcal{L}\left[\frac{g(t)}{t}\right]$$

この性質は，時間領域の積分と双対の関係にある。

5.3.9 畳み込み

$g_1(t) \leftrightarrow G_1(s)$，$g_2(t) \leftrightarrow G_2(s)$ ならば

$$g_1(t) \otimes g_2(t) \leftrightarrow G_1(s)G_2(s) \tag{5.23}$$

証明：$g_1(t)$，$g_2(t)$ はともに因果的信号であるから，畳み込み積分の範囲に注意して

$$\mathcal{L}[g_1(t) \otimes g_2(t)] = \int_0^\infty \left\{\int_0^\infty g_1(\tau)g_2(t-\tau)d\tau\right\}e^{-st}dt$$

$$= \int_0^\infty g_1(\tau)\left\{\int_0^\infty g_2(t-\tau)e^{-st}dt\right\}d\tau$$

$$= \int_0^\infty g_1(\tau)G_2(s)e^{-s\tau}d\tau = G_1(s)G_2(s)$$

上式の展開には，積分順序の変更と時間シフトの性質を利用している。因果的信号の時間領域での畳み込みは s 領域において積になる。この性質は線形システムの応答を求める際に有効である。

○○○○ 例題 5.3 ○○○○

単位ステップ関数 $u(t)$ とランプ関数 $tu(t)$ の畳み込み積分後のラプラス変換を求めよ。

解

$$\mathcal{L}[u(t) \otimes t \cdot u(t)] = \mathcal{L}[u(t)]\mathcal{L}[t \cdot u(t)] = \frac{1}{s}\frac{1}{s^2} = \frac{1}{s^3}$$

畳み込み積分を図式的に求めると，図 5.5 に示すように $\tau^2/2$ となり，式 (5.12)′ か

5.3 ラプラス変換の性質

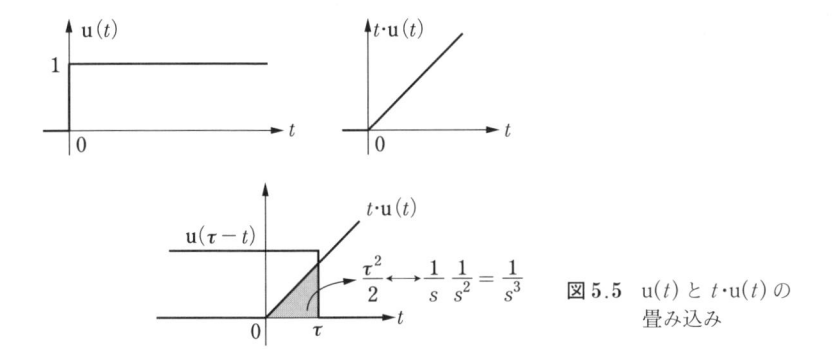

図 5.5 $u(t)$ と $t \cdot u(t)$ の畳み込み

ら求めた結果と一致する。

○◁ 例 5.3

積分の性質は畳み込みの性質を用いて証明することができる。すなわち，因果的信号 $g(t)$ に対し，$\int_0^t g(x)dx = g(t) \otimes u(t)$ より

$$\int_0^t g(x)dx \leftrightarrow \mathcal{L}[g(t) \otimes u(t)] = \frac{G(s)}{s}$$

5.3.10 乗 積（変調）

$g_1(t) \leftrightarrow G_1(s)$, $g_2(t) \leftrightarrow G_2(s)$ ならば

$$g_1(t)g_2(t) \leftrightarrow \frac{1}{j\,2\pi}\,G_1(s) \otimes G_2(s) \tag{5.24}$$

証明：

$$G_1(s) \otimes G_2(s) = \int_{-\infty}^{\infty} G_1(x)G_2(s-x)dx = \int_{-\infty}^{\infty} G_1(x)\left\{\int_0^{\infty} g_2(t)e^{-(s-x)t}dt\right\}dx$$

$$= \int_0^{\infty} g_2(t)e^{-st}\left\{\int_{-\infty}^{\infty} G_1(x)e^{xt}dx\right\}dt$$

$$= j\,2\pi \int_0^{\infty} g_1(t)g_2(t)e^{-st}dt = j\,2\pi\,\mathcal{L}[g_1(t)g_2(t)]$$

因果的信号の時間領域での積は s 領域において畳み込みになる。

5.3.11 初期値の定理

$g(t) \leftrightarrow G(s)$,かつ $dg(t)/dt$ がラプラス変換可能ならば

$$g(0) = \lim_{s \to \infty} sG(s) \tag{5.25}$$

証明:微分の性質を利用して

$$\mathscr{L}\left[\frac{dg(t)}{dt}\right] = \int_0^\infty \frac{dg(t)}{dt} e^{-st} dt = sG(s) - g(0)$$

より

$$\lim_{s \to \infty} sG(s) = g(0) + \lim_{s \to \infty} \int_0^\infty \frac{dg(t)}{dt} e^{-st} dt = g(0)$$

ただし,$\lim_{s \to \infty} sG(s)$ が存在しない場合,この定理は適用できない。

5.3.12 終期値の定理

$g(t) \leftrightarrow G(s)$,かつ $dg(t)/dt$ がラプラス変換可能ならば

$$\lim_{t \to \infty} g(t) = \lim_{s \to 0} sG(s) \tag{5.26}$$

証明:初期値の定理を証明する際に用いた式において,$s \to 0$ とすることにより

$$\lim_{s \to 0} sG(s) = g(0) + \lim_{s \to 0} \int_0^\infty \frac{dg(t)}{dt} e^{-st} dt = g(0) + \int_0^\infty dg(t)$$

$$= g(0) + [g(t)]_0^\infty = g(\infty)$$

ただし,終期値の定理は,$g(\infty)$ の存在を知ったうえで使用されなければならない。すなわち,$\lim_{s \to 0} sG(s)$ が存在しても $g(\infty)$ は存在しない場合がある。例えば

$$g(t) = \cos \omega_0 t \leftrightarrow G(s) = \frac{s}{s^2 + \omega_0^2} \quad \text{であり} \quad \lim_{s \to 0} sG(s) = \lim_{s \to 0} \frac{s^2}{s^2 + \omega_0^2} = 0$$

が得られる。しかし,実際に $g(t)$ の極限は存在しない。

典型的なラプラス変換対,および性質を**表 5.1**,**表 5.2** にまとめておく。

表 5.1 代表的な信号のラプラス変換

$g(t)$	$G(s)$	ROC	備考
1. $\delta(t)$	1	すべての s	式(5.10)
2. $u(t)$	$\dfrac{1}{s}$	$\mathrm{Re}[s]>0$	式(5.11)
3. $t^n u(t)$ （n：正の整数）	$\dfrac{n!}{s^{n+1}}$	$\mathrm{Re}[s]>0$	式(5.12)′
（一般的に n：実数）	$\dfrac{\Gamma(n+1)}{s^{n+1}}$	$\mathrm{Re}[s]>0$	p.104 脚注
4. $e^{at} u(t)$	$\dfrac{1}{s-a}$	$\mathrm{Re}[s]>a$	式(5.4)
5. $t^n e^{at} u(t)$ （n：正の整数）	$\dfrac{n!}{(s-a)^{n+1}}$	$\mathrm{Re}[s]>a$	式(5.20)′, (5.4)
6. $\cos \omega_0 t\, u(t)$	$\dfrac{s}{s^2+\omega_0^2}$	$\mathrm{Re}[s]>0$	式(5.13a)
7. $\sin \omega_0 t\, u(t)$	$\dfrac{\omega_0}{s^2+\omega_0^2}$	$\mathrm{Re}[s]>0$	式(5.13b)
8. $e^{-at}\cos \omega_0 t\, u(t)$	$\dfrac{s+a}{(s+a)^2+\omega_0^2}$	$\mathrm{Re}[s]>-a$	式(5.14a)
9. $e^{-at}\sin \omega_0 t\, u(t)$	$\dfrac{\omega_0}{(s+a)^2+\omega_0^2}$	$\mathrm{Re}[s]>-a$	式(5.14b)
10. $t\cdot\cos \omega_0 t\, u(t)$	$\dfrac{s^2-\omega_0^2}{(s^2+\omega_0^2)^2}$	$\mathrm{Re}[s]>0$	式(5.20), (5.13a)
11. $t\cdot\sin \omega_0 t\, u(t)$	$\dfrac{2\omega_0 s}{(s^2+\omega_0^2)^2}$	$\mathrm{Re}[s]>0$	式(5.20), (5.13b)

表 5.2 ラプラス変換の性質

性質	$g(t)$	$G(s)$	備考
1. 線形性	$\sum_{n=1}^{N} a_n g_n(t)$	$\sum_{n=1}^{N} a_n G_n(s)$	式(5.15)
2. 時間シフト	$g(t-\tau)\,u(t-\tau)$	$G(s)e^{-s\tau}$	式(5.16)
3. 周波数シフト	$g(t)e^{s_0 t}$	$G(s-s_0)$	式(5.17)
4. スケーリング	$g(at)$ （$a>0$）	$\dfrac{1}{a} G\left(\dfrac{s}{a}\right)$	式(5.18)
5. 微分 (時間領域)	$\dfrac{dg(t)}{dt}$	$sG(s)-g(0)$	式(5.19)
6. 微分 (s 領域)	$t\cdot g(t)$	$-\dfrac{dG(s)}{ds}$	式(5.20)
7. 積分 (時間領域)	$\int_0^t g(\tau)d\tau$	$\dfrac{G(s)}{s}$	式(5.21)
8. 積分 (s 領域)	$\dfrac{g(t)}{t}$	$\int_s^\infty G(x)dx$	式(5.22)
9. 畳み込み	$g_1(t)\otimes g_2(t)$	$G_1(s)G_2(s)$	式(5.23)
10. 乗積	$g_1(t)g_2(t)$	$\dfrac{1}{j2\pi}G_1(s)\otimes G_2(s)$	式(5.24)
11. 初期値の定理	$g(0)=\lim_{s\to\infty} sG(s)$		式(5.25)
12. 終期値の定理	$\lim_{t\to\infty} g(t)=\lim_{s\to 0} sG(s)$		式(5.26)

5.4 逆ラプラス変換

逆ラプラス変換は，直接的には式 (5.8) で示した複素積分を実行する必要があるが，その取扱いは難しく本書のレベルを超えてしまう。そこで，与えられたラプラス変換からもとの時間信号を求める際に，基本的なラプラス変換対の表 5.1 を利用することにしよう。多くの場合，ラプラス変換はつぎの有理関数形で与えられる。

$$G(s) = \frac{N(s)}{D(s)} \tag{5.27}$$

ここで，$N(s)$，$D(s)$ は s の多項式で

$$N(s) = b_m s^m + b_{m-1} s^{m-1} + \cdots + b_1 s + b_0 \tag{5.28}$$

$$D(s) = a_n s^n + a_{n-1} s^{n-1} + \cdots + a_1 s + a_0 \tag{5.29}$$

で表される。この形式の有理関数は，**部分分数展開**[†] を用いて，より簡単な有理関数に分解することができる。テーブル化されたラプラス変換対を利用して，分解されたそれぞれの関数に対する時間関数を求め，それらを線形加算することにより $G(s)$ の逆ラプラス変換が得られる。

表 5.1 からも明らかなように，代表的な信号のラプラス変換では，有理関数の分母の次数は分子の次数より大きい ($n > m$)。もしそうでない場合は，$N(s)$ を $D(s)$ で割り算し，次式のように s の多項式と剰余の形式に変形しておく。

$$G(s) = P(s) + \frac{N_0(s)}{D(s)} \tag{5.30}$$

このとき，多項式 $P(s)$ のラプラス変換は，$\mathcal{L}[\delta(t)] = 1$，および $\mathcal{L}[d^n/dt^n] = s^n$ を利用して求めることができる。この結果，式 (5.30) のような関数の逆ラプラス変換はインパルスやその導関数を含むことになる。部分分数に展開する手法は付録 A.3 を参照することとして，ここでは展開された基本的な有理関数の形式をみておく。部分分数へ展開するためには分母多項式 $D(s)$ を因

[†] 部分分数展開の方法は付録 A.3 を参照のこと。

数分解するが，$D(s)$ の根を $G(s)$ の**極**(pole)と呼ぶ。また，分子多項式 $N(s)$ の根を $G(s)$ の**ゼロ**(zero)と呼ぶ。式 (5.28) に示すように，$D(s)$ が n 次の多項式であれば n 個の極をもつ（代数学の基本定理）。また，$D(s)$ の根は実数または複素数で，それぞれが多重根となる場合もある。整理すると

① 極が単純極で実数 a の場合，$D(s)$ は因子 $(s-a)$ を含む。

② 極が k 位の多重極で実数 a の場合（$k>1$ の整数），$D(s)$ は因子 $(s-a)^k$ を含む。

③ 極が単純極で複素数 $p = a+j\beta$ の場合，$D(s)$ は実係数の方程式であるから共役な複素数 $p^* = a-j\beta$ も極となり，因子 $(s-p)(s-p^*)=s^2-2as+(a^2+\beta^2)=s^2+\eta s+\zeta$ を含む。

④ 極が k 位の極で複素数 $p = a+j\beta$ の場合，③と同様に複素数 $p^* = a-j\beta$ も極となり，$D(s)$ は因子 $[(s-p)(s-p^*)]^k = [s^2-2as+(a^2+\beta^2)]^k = (s^2+\eta s+\zeta)^k$ を含む。

。○○○　例題 5.4　○○○。

$G(s) = \dfrac{7s-6}{s^2-s-6}$ の逆ラプラス変換を求めよ。

解
$$G(s) = \frac{7s-6}{(s+2)(s-3)} = \frac{c_1}{s+2} + \frac{c_2}{s-3}$$
式 (A.28) より，$c_1 = 4$, $c_2 = 3$。したがって，表 5.1 より
$$g(t) = \mathcal{L}^{-1}\left[\frac{4}{s+2}+\frac{3}{s-3}\right] = (4e^{-2t}+3e^{3t})\,u(t)$$

。○○○　例題 5.5　○○○。

$G(s) = \dfrac{3s^2-7s+3}{s^3-4s^2+5s-2}$ の逆ラプラス変換を求めよ。

解　$D(s) = s^3-4s^2+5s-2 = (s-2)(s-1)^2$ であるから
$$G(s) = \frac{3s^2-7s+3}{(s-2)(s-1)^2} = \frac{c_1}{s-2}+\frac{c_2}{(s-1)^2}+\frac{c_3}{s-1}$$
式 (A.28) より，$c_1 = c_2 = 1$, $c_3 = 2$。したがって，表 5.1 より

$$g(t) = \mathcal{L}^{-1}\left[\frac{1}{s-2}+\frac{1}{(s-1)^2}+\frac{2}{s-1}\right] = (e^{2t}+2e^t+te^t)\,\mathrm{u}(t)$$

○○○ **例題 5.6** ○○○

$G(s) = \dfrac{s+3}{s^2+2s+5}$ の逆ラプラス変換を求めよ。

解 $D(s) = (s+1)^2+4$ であるから

$$G(s) = \frac{s+1}{(s+1)^2+2^2}+\frac{2}{(s+1)^2+2^2}$$

したがって，表 5.1 より

$$g(t) = \mathcal{L}^{-1}[G(s)] = e^{-t}\cos 2t\cdot\mathrm{u}(t)+e^{-t}\sin 2t\cdot\mathrm{u}(t)$$

○○○ **例題 5.7** ○○○

$G(s) = \dfrac{s^3+2s^2+s-10}{(s^2+4s+7)^2}$ の逆ラプラス変換を求めよ。

解 $G(s)$ を部分分数に展開すると

$$G(s) = \frac{c_1 s+c_2}{s^2+4s+7}+\frac{c_3 s+c_4}{(s^2+4s+7)^2}$$

したがって，$s^3+2s^2+s-10 = (c_1 s+c_2)(s^2+4s+7)+c_3 s+c_4$

s のベキ乗の係数を比較して，$c_1 = 1$，$c_2 = -2$，$c_3 = 2$，$c_4 = 4$ を得る。

また，$s^2+4s+7 = (s+2)^2+(\sqrt{3})^2$ より

$$G(s) = \frac{s-2}{s^2+4s+7}+\frac{2s+4}{(s^2+4s+7)^2} = \frac{(s+2)-4}{(s+2)^2+(\sqrt{3})^2}+\frac{2(s+2)}{\{(s+2)^2+(\sqrt{3})^2\}^2}$$

したがって，表 5.1 より

$$g(t) = \mathcal{L}^{-1}[G(s)] = e^{-2t}\cos\sqrt{3}\,t\cdot\mathrm{u}(t)-\frac{4}{\sqrt{3}}e^{-2t}\sin\sqrt{3}\,t\cdot\mathrm{u}(t)$$

$$+\frac{1}{\sqrt{3}}t\,e^{-2t}\sin\sqrt{3}\,t\cdot\mathrm{u}(t)$$

5.5 システムの伝達関数と安定性

線形・時不変システムの入出力関係は次式のような n 次の線形微分方程式

で表されるものとする。

$$\frac{d^n y(t)}{dt^n} + a_1 \frac{d^{n-1}y(t)}{dt^{n-1}} + \cdots + a_n y(t) = b_0 \frac{d^m x(t)}{dt^m} + b_1 \frac{d^{m-1}x(t)}{dt^{m-1}}$$
$$+ \cdots + b_m x(t) \qquad (5.31)$$

ここで，a_1, …, a_n, b_0, …, b_m は定数であり，$n > m$ である。簡単のため，システムの初期条件はゼロ，入力信号は因果的信号と仮定する。すなわち

$$y(0) = y'(0) = \cdots = y^{(n)}(0) = 0 \quad \text{および}$$
$$x(0) = x'(0) = \cdots = x^{(m)}(0) = 0$$

このとき，式（5.31）の両辺をラプラス変換して次式を得る。

$$(s^n + a_1 s^{n-1} + \cdots + a_n) Y(s) = (b_0 s^m + b_1 s^{m-1} + \cdots + b_m) X(s) \qquad (5.32)$$

ここで，$Y(s)$ と $X(s)$ の比

$$\frac{Y(s)}{X(s)} = \frac{b_0 s^m + b_1 s^{m-1} + \cdots + b_m}{s^n + a_1 s^{n-1} + \cdots + a_n} \equiv H(s) \qquad (5.33)$$

をシステムの伝達関数と呼ぶ。

伝達関数の定義より，システムの応答は入力信号のラプラス変換に伝達関数を乗算し，次式に示すように逆ラプラス変換により求めることができる。

$$y(t) = \mathcal{L}^{-1}[Y(s)] = \mathcal{L}^{-1}[X(s)H(s)] \qquad (5.34)$$

入力信号を単位インパルス $x(t) = \delta(t)$ とすれば，$X(s) = \mathcal{L}[\delta(t)] = 1$ より

$$y(t) = \mathcal{L}^{-1}[Y(s)] = \mathcal{L}^{-1}[H(s)] = h(t) \qquad (5.35)$$

すなわち，インパルス応答と伝達関数はラプラス変換対になっている。

伝達関数はつぎのように解釈することもできる。インパルス応答 $h(t)$ をもつシステムに信号 $x(t) = e^{-st} \, (-\infty < t < \infty)$ が入力した場合，出力 $y(t)$ は $h(t)$ と $x(t)$ の畳み込み積分により次式で与えられる。

$$y(t) = h(t) \otimes x(t) = \int_{-\infty}^{\infty} h(\tau) e^{s(t-\tau)} d\tau = e^{st} \int_{-\infty}^{\infty} h(\tau) e^{-s\tau} d\tau$$

システムが因果的であれば $h(\tau) = 0 \, (\tau < 0)$ であるから

$$y(t) = e^{st} \int_0^{\infty} h(\tau) e^{-s\tau} d\tau = H(s) e^{st} \qquad (5.36)$$

が得られる。すなわち，伝達関数は入力信号を固有関数 e^{st} としたときの固有

値となっている（入力信号の形は変化せず振幅が $H(s)$ 倍される）。

　有限の大きさの入力信号に対し，有限の出力を生じるシステムを安定なシステム，出力が発散するシステムを不安定なシステムと呼ぶ。システムの安定性は，伝達関数の極の位置により知ることができる。具体的に，5.4節で分類した極について調べてみよう。

（1） 単純極で実数 α の場合

　部分分数は $c/(s-\alpha)$ の形式となり，α の値に応じて極の位置は**図5.6(a)**，(c)で表される。図(a)は $\alpha=0$ および $\alpha<0$ の場合で，それぞれのインパルス応答は図(b)に示すようにステップ関数および減衰的指数関数となる。また，極が $j\omega$ 軸から遠いほど速く減衰する。図(c)は $\alpha>0$ の場合で，対応するインパルス応答は図(d)に示すとおり増加的指数関数となる。したがって，$H(s)$ の極が負の場合安定，正の場合不安定，0の場合条件付きで安定なシステムである。

（2） k 位の多重極で実数 α の場合 （$k>1$ の整数）

　部分分数は $\dfrac{c(k-1)!}{(s-\alpha)^k}$ の形式となり，そのインパルス応答は表5.1より

（a） 単純極（$\alpha=0, \alpha_1, \alpha_2$）　　　（b） インパルス応答

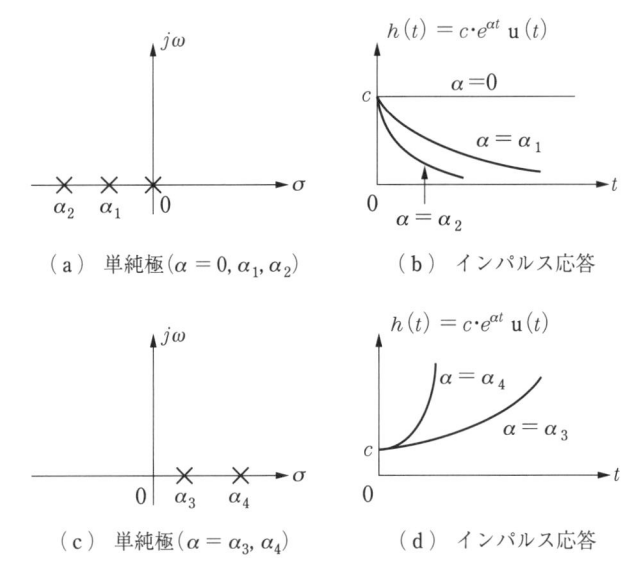

（c） 単純極（$\alpha=\alpha_3, \alpha_4$）　　　（d） インパルス応答

図5.6　実数単純極の位置と対応するインパルス応答

$ct^{k-1}e^{\alpha t}\mathrm{u}(t)$ である。$\alpha<0$ の場合，指数関数 $e^{\alpha t}$ は t^{k-1} よりも速く減衰するため安定なシステムである。しかし，$\alpha\geqq0$ の場合，インパルス応答は時間とともに増加するため不安定なシステムとなる。

（3） 極が単純極で純虚数 $p=j\omega_0$ の場合

複素共役 p^* も極となり，極の位置は図 5.7(a) で表される。このとき，部分分数は $\dfrac{s}{s^2+\omega_0^2}$ または $\dfrac{\omega_0}{s^2+\omega_0^2}$ の形式となり，インパルス応答は図(b)に示すような余弦波 $\cos\omega_0 t\cdot\mathrm{u}(t)$ または正弦波 $\sin\omega_0 t\cdot\mathrm{u}(t)$ となる。振幅は一定であるため，システムの安定性はきわどい状況にある。システムへの入力信号が同じ周波数の正弦波の場合，出力は

$$\mathcal{L}^{-1}\left[\frac{\omega_0 s}{(s^2+\omega_0^2)^2}\right]=\frac{t}{2}\sin\omega_0 t\cdot\mathrm{u}(t)$$

となり発散する。もちろん入力信号の周波数がシステムの固有周波数と異なれば，共振を生じることはなく安定な出力が得られる。したがって，虚軸上に単純極をもつシステムは条件付き安定である。

(a) 単純極 $(p=\pm j\omega_0)$ (b) インパルス応答

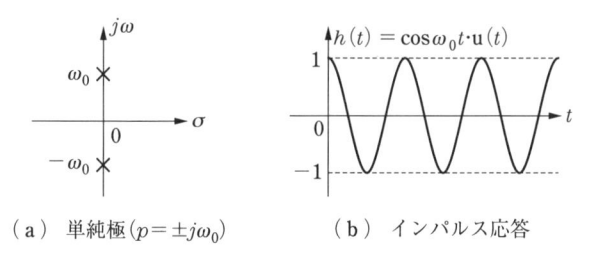

図 5.7 純虚数単純極の位置と対応するインパルス応答

（4） 極が単純極で複素数 $p=\alpha+j\omega_0$ の場合

純虚数の場合と同様に複素共役 p^* も極となり，α の値に応じて極の位置は図 5.8(a)，(c)で表される。部分分数は $\dfrac{s-\alpha}{(s-\alpha)^2+\omega_0^2}$ または $\dfrac{\omega_0}{(s-\alpha)^2+\omega_0^2}$ の形式となる。インパルス応答は，図(b)，(d)に示すように，α の極性に応じて減衰的または増加的指数関数を包絡線とする余弦波（正弦波）となる。し

たがって $α<0$ の場合安定，$α>0$ の場合不安定となる。

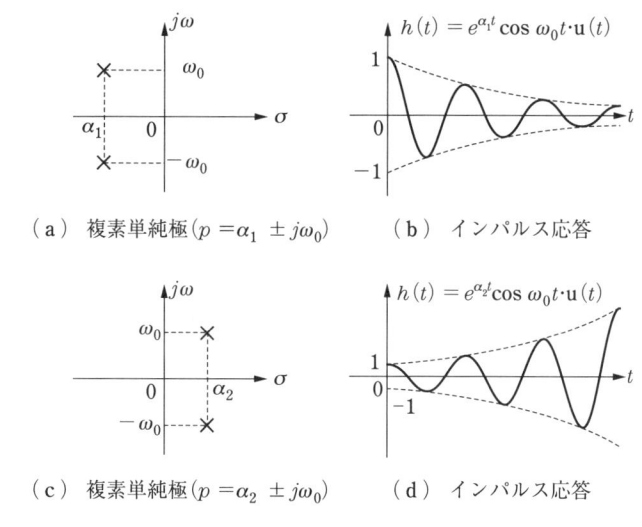

（a）複素単純極 $(p=α_1±jω_0)$　　　（b）インパルス応答

（c）複素単純極 $(p=α_2±jω_0)$　　　（d）インパルス応答

図 5.8　複素数単純極の位置と対応するインパルス応答

（5）極が k 位の極で複素数 $p=α+jβ$ の場合

虚軸上の k 位極 $(α=0)$ の場合，部分分数の分母多項式は $D(s)=(s^2+ω_0^2)^k$ の形式となる。これは $1/(s^2+ω_0^2)$ を s で k 回微分して得られる。s 領域の微分は時間領域で t の乗算に相当するため，インパルス応答は $t^k \cos ω_0 t \cdot u(t)$ または $t^k \sin ω_0 t \cdot u(t)$ となり，不安定なシステムである。一方，$α≠0$ の場合，インパルス応答は $t^k e^{αt} \cos ω_0 t \cdot u(t)$ または $t^k e^{αt} \sin ω_0 t \cdot u(t)$ となる。したがって $α<0$ の場合安定，$α>0$ の場合不安定となる。

以上をまとめると，伝達関数 $H(s)$ の極が s 平面の左半平面（LHP）にある場合は安定，右半平面にある場合は不安定，虚軸 $(jω)$ 上にある単純極，多重極の場合はそれぞれ条件付き安定，不安定なシステムである。

具体的なシステム，例えばフィルタなどの周波数特性（振幅・位相周波数特性）は，与えられた伝達関数 $H(s)$ の s を $s=jω(=j2πf)$ とおいて評価する。実際に $ω$ の関数として $H(jω)$ をプロットしてもよいが，$H(s)$ の極とゼロの位置は周波数特性と密接に関連しており，それらの位置を知ることにより

システムの周波数特性を定性的に評価することができる。周波数特性との関連は付録 A.4 に述べる。

5.6 ラプラス変換の応用

本章のはじめに述べたように，ラプラス変換は線形微分方程式を解いたり，電気回路や制御システムを解析・設計する際の便利なツールとなる†。以下，具体例によりその有効性を示す。

5.6.1 線形微分方程式の解法

式 (5.31) で表される微分方程式に対し，与えられた初期条件の下で両辺をラプラス変換し，$Y(s)$ に関する代数方程式を解く。最後に，逆ラプラス変換により $y(t)$ を求める。

○○○ **例題 5.8** ○○○

つぎの微分方程式の解を求めよ。ただし，初期条件を $y'(0)=1$，$y(0)=2$ とする。

$$\frac{d^2y(t)}{dt^2}+5\frac{dy(t)}{dt}+6y(t)=e^{-t}\mathrm{u}(t)$$

【解】 上式の両辺をラプラス変換して

$$[s^2Y(s)-2s-1]+5[sY(s)-2]+6Y(s)=\frac{1}{s+1}$$

$Y(s)$ について解くと

$$Y(s)=\frac{2s^2+13s+12}{(s+1)(s^2+5s+6)}=\frac{1}{2(s+1)}+\frac{6}{s+2}-\frac{9}{2(s+3)}$$

したがって

$$y(t)=\mathscr{L}^{-1}[Y(s)]=\left(\frac{1}{2}e^{-t}+6e^{-2t}-\frac{9}{2}e^{-3t}\right)\mathrm{u}(t)$$

---

† ラプラス変換は，通信の分野でよく使われるガンマ関数や誤差関数など，特殊関数と深い関連がある（付録 A.5）。

5.6.2 電気回路の動作解析

コイルやコンデンサを含む電気回路において，特に過渡応答を求める場合有効である．具体例を示す前に，回路を構成する抵抗 R，コイル L，コンデンサ C の両端にかかる電圧と流れる電流の関係を s 領域で表現しておく．

図 5.9(a) は抵抗 R [Ω] の場合で，オームの法則から

$$v(t) = Ri(t) \tag{5.37}$$

が成立する．いま，$v(t)$，$i(t)$ のラプラス変換をそれぞれ $V(s)$，$I(s)$ で表すと，上式は s 領域において次式で与えられる．

$$V(s) = RI(s) \tag{5.38}$$

これより，s 領域における抵抗のインピーダンス $Z(s)$ は，時間領域と同様 R で与えられる．

$$v(t) = Ri(t)$$
$$V(s) = RI(s)$$
（a）抵 抗

$$v(t) = L\frac{di(t)}{dt}$$
$$V(s) = LsI(s) - Li(0)$$
（b）コイル（インダクタ）

$$i(t) = C\frac{dv(t)}{dt}$$
$$V(s) = \frac{1}{Cs}I(S) + \frac{v(0)}{s}$$
（c）コンデンサ（キャパシタ）

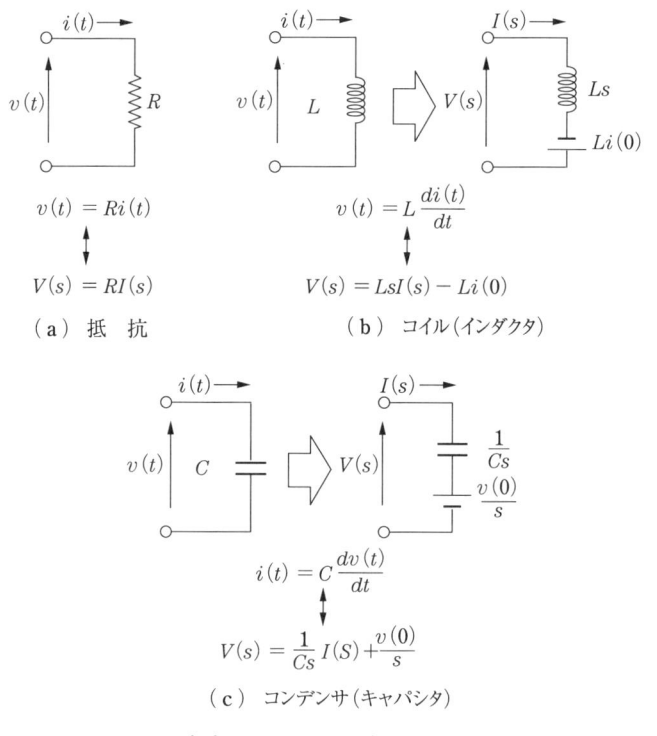

図 5.9 R, L, C 各素子に対する s 領域における電圧と電流の関係

コイルに電流が流れると磁束が発生する。電流の変化に応じて磁束が変化し，電磁誘導により誘導起電圧が生じる。インダクタンス L〔H〕はその比例定数であり，図(b)に示すように，コイル両端の電圧は次式で表される。

$$v(t) = L\frac{di(t)}{dt} \tag{5.39}$$

上式の両辺をラプラス変換して次式を得る。

$$V(s) = LsI(s) - Li(0) \tag{5.40}$$

コイルはエネルギーを蓄える素子であり，初期値($t=0$ における電流値 $i(0)$)をゼロとすれば，そのインピーダンスは $Z(s) = Ls$ で与えられる。

コンデンサは，静電誘導の原理を利用してエネルギー（電荷）を蓄える素子であり，電荷の量は加える電圧に比例する（比例定数は C〔F〕）。電荷の時間的変化が電流であり，図(c)に示すように，コンデンサに流れる電流は次式で表される。

$$i(t) = C\frac{dv(t)}{dt} \tag{5.41}$$

上式の両辺をラプラス変換して次式を得る。

$$I(s) = CsV(s) - Cv(0) \tag{5.42}$$

したがって，コンデンサ両端の電圧は s 領域において次式で与えられる。

$$V(s) = \frac{1}{Cs}I(s) + \frac{v(0)}{s} \tag{5.43}$$

初期電圧 $v(0)$ をゼロとすれば，コンデンサのインピーダンスは $Z(s) = 1/Cs$ で与えられる。

。○ ○ ○　例題 5.9　○ ○ ○。

図 5.10(a)の電気回路において，$t=0$ で $v(t) = E_0$（定数）の電圧が加えられたとき，回路に流れる電流 $i(t)$ を求めよ。ただし，$i(0) = 0$ とする。

解　キルヒホッフの電圧則より，電流 $i(t)$ に関する微分方程式

$$v(t) = Ri(t) + \frac{Ldi(t)}{dt}$$

を解いてもよいが，初期電流がゼロであるため，s 領域における各素子のインピーダ

(a) R-L回路

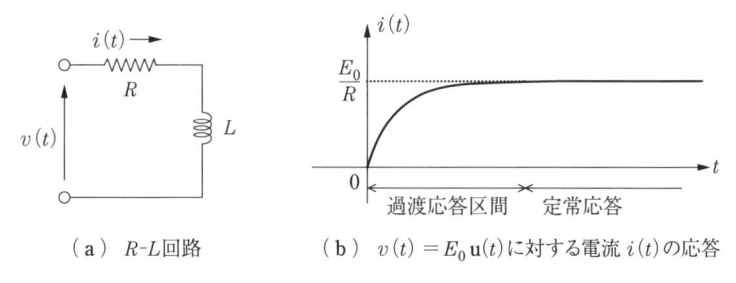

(b) $v(t) = E_0 \mathsf{u}(t)$ に対する電流 $i(t)$ の応答

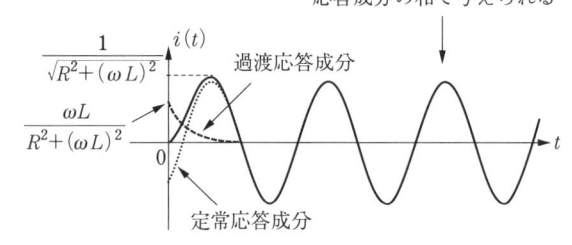

(c) $v(t) = \sin \omega t \, \mathsf{u}(t)$ に対する電流 $i(t)$ の応答

図 5.10　電気回路の過渡応答特性

ンスを用いてただちにつぎの代数方程式が得られる。
$$V(s) = RI(s) + LsI(s)$$
したがって，$I(s) = \dfrac{V(s)}{Ls+R}$。加えられる電圧は $v(t) = E_0 \mathsf{u}(t)$ であるから，そのラプラス変換は $V(s) = E_0/s$ より
$$I(s) = \frac{E_0}{s(Ls+R)} = \frac{E_0/R}{s} - \frac{E_0/R}{s+R/L}$$
逆ラプラス変換より，求める電流は次式で与えられる。
$$i(t) = \mathcal{L}^{-1}[I(s)] = \frac{E_0}{R}(1 - e^{-Rt/L})\mathsf{u}(t)$$
上式の第1項は定常応答成分，第2項は過渡応答成分を表し，電流は図(b)に示すように時間とともに定常値 E_0/R に近づく。

───────────────────────────

。○ ○ ○　**例題 5.10**　○ ○ ○ 。

例題5.9と同じ回路で，加えられる電圧が $v(t) = \sin \omega t \cdot \mathsf{u}(t)$ の場合，電

流 $i(t)$ を求めよ。ただし，$i(0) = 0$ とする。

解 s 領域における回路のインピーダンスは $Z(s) = Ls + R$ であり，入力電圧 $v(t)$ の s 領域における表現は

$$V(s) = \mathscr{L}[\sin \omega t \cdot u(t)] = \frac{\omega}{s^2 + \omega^2} \quad \text{より} \quad I(s) = \frac{V(s)}{Z(s)} = \frac{\omega}{(Ls + R)(s^2 + \omega^2)}$$

部分分数展開は $I(s) = \dfrac{c_1}{Ls+R} + \dfrac{c_2 s + c_3}{s^2 + \omega^2}$ の形式にする。

$$I(s) = \frac{\frac{\omega L}{R^2 + (\omega L)^2}}{s + R/L} - \frac{\frac{\omega L}{R^2 + (\omega L)^2} s}{s^2 + \omega^2} + \frac{\frac{\omega R}{R^2 + (\omega L)^2}}{s^2 + \omega^2}$$

より

$$i(t) = \mathscr{L}^{-1}[I(s)]$$
$$= \left\{ \frac{\omega L}{R^2 + (\omega L)^2} e^{-Rt/L} - \frac{\omega L}{R^2 + (\omega L)^2} \cos \omega t + \frac{R}{R^2 + (\omega L)^2} \sin \omega t \right\} u(t)$$
$$= \left\{ \frac{\omega L}{R^2 + (\omega L)^2} e^{-Rt/L} + A \sin(\omega t + \theta) \right\} u(t)$$

ただし，$A = \dfrac{1}{\sqrt{R^2 + (\omega L)^2}}$, $\theta = \tan^{-1}\left(-\dfrac{\omega L}{R}\right)$ である。

電流 $i(t)$ の第 1 項は過渡応答成分，第 2 項は定常応答成分である。図 5.10 (c) に示すように，$t = 0$ 付近の電流値は過渡応答成分の影響で正弦波とは異なるが，時間とともに正弦波に近づく。

5.6.3 制御システムの解析

制御システムの代表例として**位相同期回路**（phase locked loop: **PLL**）をとりあげ，その動作を解析しよう。PLL はラジオやテレビのチューナ，シンセサイザなどを構成する基本回路であり，多くの家電製品や電気通信機器に組み込まれている。**図 5.11** は PLL の基本ブロック図で，**位相検波器**（phase detector：**PD**），ループフィルタ，**電圧制御発振器**（voltage controlled oscillator：**VCO**）からなる。

PLL への準周期的な信号（変調されていてもよい）は，位相検波器において VCO の位相と比較され，位相差に比例した電圧を発生させる。通常，位相検波器は乗算器で実現されるため，所望の位相差信号だけでなく不要な高調波

126   5. ラプラス変換

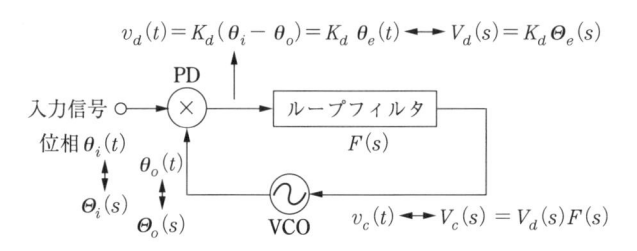

図5.11 位相同期回路（PLL）の基本構成

成分を含む。この不要成分をループフィルタにより取り除き，位相差電圧のみがVCOにフィードバックされる。位相差電圧（制御電圧）は，入力信号とVCO出力の位相差がゼロとなる方向にVCOの周波数を変化させる。最終的に，VCOの周波数は入力信号の平均周波数に完全に一致する。同期が確立した状態ではなんらかの制御電圧，すなわち位相誤差が生じているが，ループのパラメータを適当に設計することにより実用上問題ない値が得られる。

つぎに，PLLの動作を定量的に評価するため各部の動作を定式化しておく。入力信号の位相を $\theta_i(t)$，VCO出力の位相を $\theta_o(t)$ とする。いま，PLLを同期した状態と仮定すれば，PD出力には位相差に比例した位相誤差電圧が得られる。

$$v_d(t) = K_d(\theta_i - \theta_o) \equiv K_d \theta_e(t) \tag{5.44}$$

ここで，K_d は位相検波器の感度（次元はV/rad）である。上式をラプラス変換によって次式で表す。

$$V_d(s) = K_d\{\Theta_i(s) - \Theta_o(s)\} \equiv K_d \Theta_e(s) \tag{5.45}$$

また，ループフィルタの伝達関数を $F(s)$ で表す。つぎに，VCOは制御電圧 $v_c(t)$ により角周波数が変化する。角周波数は位相の時間微分であるから次式が成立する。

$$\Delta\omega = \frac{d\theta_o(t)}{dt} = K_o v_c(t) \tag{5.46}$$

ここで，K_o はVCOの制御感度（次元は rad/s/V）である。上式をラプラス変換して次式を得る（VCOの初期位相はゼロとして問題ない）。

$$\Theta_o(s) = \frac{K_o V_c(s)}{s} \tag{5.47}$$

また，$V_c(s)$ はループフィルタの出力であるから次式で与えられる。

$$V_c(s) = V_d(s) F(s) \tag{5.48}$$

式 (5.45)，(5.47)，(5.48) より，つぎの基本的な関係が求まる。

$$\frac{\Theta_o(s)}{\Theta_i(s)} = \frac{K_o K_d F(s)}{s + K_o K_d F(s)} \equiv H(s) \tag{5.49}$$

$$\frac{\Theta_e(s)}{\Theta_i(s)} = \frac{s}{s + K_o K_d F(s)} = 1 - H(s) \tag{5.50}$$

ここで，$H(s)$ は閉ループの伝達関数である。

ループフィルタを**図 5.12** に示す簡単な RC 低域フィルタとする。このときフィルタの伝達関数は次式で与えられる。

$$F(s) = \frac{1/Cs}{R + 1/Cs} = \frac{1/RC}{s + 1/RC} \equiv \frac{1/\tau}{s + 1/\tau} \tag{5.51}$$

ここで，$\tau = RC$ はフィルタの時定数である。上式を式 (5.49) に代入して次式を得る。

$$H(s) = \frac{K_o K_d / \tau}{s^2 + s/\tau + K_o K_d / \tau} = \frac{\omega_n^2}{s^2 + 2\zeta \omega_n s + \omega_n^2} \tag{5.52}$$

ここで

$$\begin{cases} \omega_n \equiv \sqrt{\dfrac{K_o K_d}{\tau}} \\ \zeta \equiv \dfrac{1}{2}\sqrt{\dfrac{1}{K_o K_d \tau}} \end{cases} \tag{5.53}$$

であり，サーボ制御の世界で，ω_n は**自然角周波数**，ζ は**ダンピングファクタ**と呼ばれている。

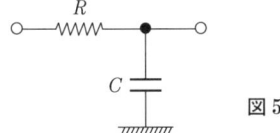

図 5.12 ループフィルタ

式 (5.52) の伝達関数をもつ PLL は，二つの極をもつため 2 次の PLL と呼ばれる。また，二つの極は s 平面で左半平面に存在するため安定なシステムである。この PLL に外乱が生じた場合の応答を調べてみよう。簡単のために，同期状態から入力信号の位相が $\varDelta\theta$ だけステップ的に変化したと仮定する。このとき，位相検波器出力に現れる位相誤差は式 (5.50) より

$$\varTheta_e(s) = \frac{s}{s+K_oK_dF(s)}\varTheta_i(s) \tag{5.54}$$

で与えられる。入力信号の位相は $\theta_i(t) = \varDelta\theta\cdot\mathrm{u}(t)$ であるから，$\varTheta_i(s) = \varDelta\theta/s$ である。このシステムは安定であるため，位相誤差応答は有限の値（定常値）に収束する。定常位相誤差は，終期値の定理（式 (5.26)）を用いて

$$\lim_{t\to\infty}\theta_e(t) = \lim_{s\to 0}s\varTheta_e(s) = \lim_{s\to\infty}\frac{s\cdot\varDelta\theta}{s+K_oK_dF(s)} = 0 \tag{5.55}$$

が得られる（$F(0) = 1$ に注意）。また，入力信号の周波数が $\varDelta\omega$ だけステップ的に変化した場合，位相の変化は $\theta_i(t) = \varDelta\omega t\cdot\mathrm{u}(t)$ となり，そのラプラス変換は $\varDelta\omega/s^2$ で与えられる。したがって，定常位相誤差は次式で求まる。

$$\lim_{t\to\infty}\theta_e(t) = \lim_{s\to 0}s\varTheta_e(s) = \lim_{s\to\infty}\frac{\varDelta\omega}{s+K_oK_dF(s)} = \frac{\varDelta\omega}{K_oK_d} \tag{5.56}$$

すなわち，定常位相誤差はゼロにならない。ただし，K_oK_d を大きな値に設計することにより実用上問題ない誤差に抑圧することができる。

つぎに VCO の応答を求めてみよう。式 (5.49)，(5.52) より，入力信号の位相が $\varDelta\theta$ だけステップ的に変化した場合

$$\begin{aligned}\varTheta_o(s) &= H(s)\varTheta_i(s) = \frac{\omega_n{}^2}{s^2+2\zeta\omega_ns+\omega_n{}^2}\frac{\varDelta\theta}{s} \\ &= \varDelta\theta\Bigl\{\frac{1}{s}-\frac{s+\zeta\omega_n}{(s+\zeta\omega_n)^2+\omega_n{}^2(1-\zeta^2)}-\frac{\zeta\omega_n}{(s+\zeta\omega_n)^2+\omega_n{}^2(1-\zeta^2)}\Bigr\}\end{aligned} \tag{5.57}$$

となる。したがって，VCO 出力の位相応答は次式で与えられる。

$$\frac{\theta_o(t)}{\varDelta\theta} = \begin{cases} [1-e^{-\zeta\omega_n t}(\cos\sqrt{1-\zeta^2}\,\omega_n t + \sin\sqrt{1-\zeta^2}\,\omega_n t)]\cdot \mathrm{u}(t) & (0<\zeta\leq 1) \\ \left[1+\dfrac{\zeta-\sqrt{\zeta^2-1}}{2\sqrt{\zeta^2-1}}e^{-(\zeta+\sqrt{\zeta^2-1})\omega_n t} - \dfrac{\zeta+\sqrt{\zeta^2-1}}{2\sqrt{\zeta^2-1}}e^{-(\zeta-\sqrt{\zeta^2-1})\omega_n t}\right]\cdot \mathrm{u}(t) \\ \hfill (\zeta>1) \end{cases}$$

(5.58)

この結果を図 5.13 に示す。

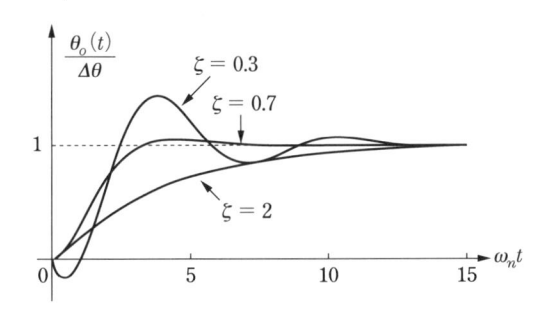

図 5.13 VCO 出力の位相ステップ応答

演 習 問 題

1. 次式で示される関数の片側ラプラス変換を求め，その収束領域を示せ。
   (a) -2　(b) $\delta(t-a)$ (a：任意の実数)　(c) $(A+Be^{-bt})\mathrm{u}(t)$
   (d) $t^2 \mathrm{u}(t)$　(e) $t\cos\omega_0 t \cdot \mathrm{u}(t)$　(f) $t\sin\omega_0 t \cdot \mathrm{u}(t)$
   (g) $\mathrm{rect}[(t-a)/2a]$ $(a>0)$　ヒント：$\mathrm{rect}[(t-a)/2a] = \mathrm{u}(t)-\mathrm{u}(t-2a)$
   (h) $Ae^{-at}\cos(\omega_0 t+\theta)\cdot \mathrm{u}(t)$ (a：任意の実数)　(i) $\mathrm{u}(at)$ (a：正の実数)
   (j) $g(t)=\sin^2\omega t \cdot \mathrm{u}(t)$
   　ヒント：$dg(t)/dt = 2\omega\cdot\sin\omega t\cdot\cos\omega t\cdot \mathrm{u}(t) = \omega\cdot\sin 2\omega t\cdot \mathrm{u}(t)$

2. 次式で示される関数の逆ラプラス変換を求めよ。
   (a) $\dfrac{s+2}{s^2-s-2}$　(b) $\dfrac{s^2+8}{s(s^2+16)}$　(c) $\dfrac{s^2}{s^2+3s+2}$　(d) $\dfrac{1}{s^2+2s+5}$
   (e) $\dfrac{1}{s^2(s+1)}$　(f) $\dfrac{(s+2)e^{-s}}{s^2+2s+1}$　(g) $\dfrac{2(s^2+2s+4)}{(s^2+4)^2}$

3. ラプラス変換を利用してつぎの畳み込み積分を求めよ。
   (a) $\mathrm{rect}[(t-a)/2a]\otimes\mathrm{rect}[(t-a)/2a]$　(b) $e^{-bt}\mathrm{u}(t)\otimes\mathrm{u}(t)$

（c）　$\sin(at)\,\mathrm{u}(t) \otimes \cos(bt)\,\mathrm{u}(t)$　ただし，$a \neq \pm b$

4．つぎの微分方程式で表される因果的システムのインパルス応答 $h(t)$ を求めよ．
（a）　$y'(t)+5y(t) = x(t)+2x'(t)$　ただし，$x'(0) = y'(0) = 0$
（b）　$y''(t)+4y'(t)+3y(t) = 2x(t)-3x'(t)$　ただし，$x'(0) = y''(0) = y'(0) = 0$

5．図 5.14 の回路に以下の信号 $v_i(t)$ が入力したとき，ラプラス変換を利用して出力応答 $v_o(t)$ を求めよ．ただし，コンデンサの初期値をゼロとする．
（a）　$v_i(t) = \mathrm{u}(t)$，（b）　$v_i(t) = \mathrm{rect}(t/T - 1/2)$

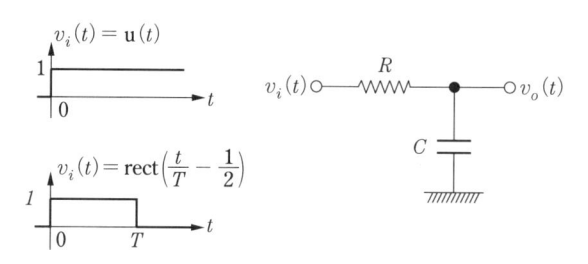

図 5.14

6．図 5.15 の回路で，時刻 $t = 0$ でスイッチを閉じたときに流れる電流を求めよ．ただし，初期値をゼロとする．

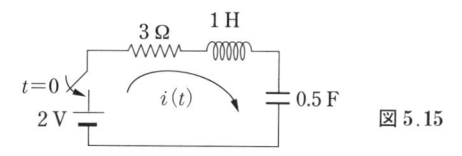

図 5.15

7．つぎの機能をもつシステムの伝達関数を示せ．
（a）　遅延 T を与えるシステム
　　　ヒント：入力 $x(t)$ に対する出力 $y(t) = x(t-T)$
（b）　微分器（因果的システム）　　（c）　積分器（初期値をゼロとする）

8．インパルス応答が次式で与えられるとき，図 5.16 に示すシステムの安定性を調べよ．
（a）　$h(t) = t \cdot e^{-t}\,\mathrm{u}(t)$
（b）　$h(t) = t \cdot \mathrm{u}(t)$

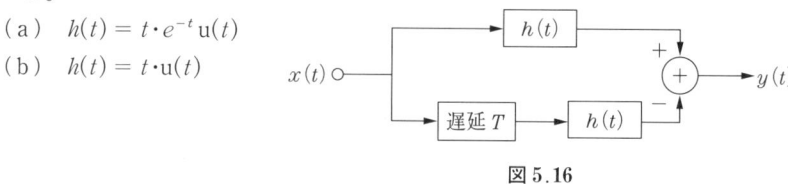

図 5.16

6 アナログ信号のディジタル化

　いままでの章では連続的な信号やシステムを扱ってきた。例えば，音声や映像信号は時間的に連続であり，与えられたすべての時刻において定義できる。また，原理的に信号の取りうる振幅値は無限にある。このような信号をアナログ（連続）信号と呼び，それを処理するシステムをアナログ（連続）システムと呼ぶ。一方，離散的な時刻でのみ定義される信号，およびそれを扱うシステムをそれぞれ離散信号，離散システムと呼ぶ。

　音声や映像信号など，アナログ信号のスペクトル成分は限られた周波数範囲に存在する。帯域制限された信号は，以下の節でみるように，離散的な時刻のサンプル（標本）値のみで表現することができる。時間的に連続な信号を離散時刻のみで定義された信号に変換する操作を**標本化**（**サンプリング**）と呼ぶ。サンプル値はアナログ信号から得たものであるから，取りうる振幅は無限にある。すなわち，アナログ信号を忠実に再現しようとすれば無限大の情報量が必要になる。しかしこれでは取扱いに不便なので，忠実度を多少犠牲にしてサンプル値を有限で離散的な振幅に量子化する。つまり，時間軸を離散化する標本化に対し，振幅軸を離散化する操作が**量子化**である。量子化した振幅を数値として表す場合，例えば0，1の**バイナリ**(binary)**符号**で符号化するが，これをディジタル信号と呼ぶ。また，これを処理するディジタル回路やコンピュータは，ディジタルシステムの代表例である。

　本章は，アナログ信号をディジタルシステムで取り扱うために必要な標本化，量子化，符号化といった信号処理技術について述べる。

6.1 標本化

6.1.1 シャノン・染谷の標本化定理

アナログ信号を適当な時間間隔で標本化（サンプリング）して離散信号に変換したとき，離散信号がもとの信号を忠実に表しているといえるためには標本間隔をどれほどにしたらよいであろうか．図 6.1 は 2 種類の標本間隔で得た離散信号を示している．離散信号を滑らかな曲線で結んで得られた信号 $\hat{g}(t)$ は，直感的にも明らかなように，標本間隔が小さいほどもとの信号 $g(t)$ を忠実に表している．しかし標本間隔を大きくすると，都合の悪いことに図（b）に示すように，$\hat{g}(t)$ は $g(t)$ と同じサンプル値をもつ別の信号を表してしまうことになる．

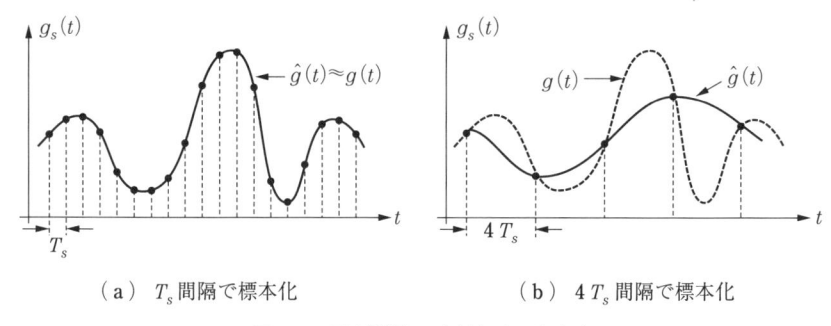

（a） T_s 間隔で標本化　　　　　（b） $4T_s$ 間隔で標本化

図 6.1　標本間隔と再生波形の忠実度

標本間隔が適当でないとき，離散信号はもとの信号と異なる信号を表してしまう場合を別の例でみておく．いま，周波数 f_0 [Hz] の余弦波 $g(t)=\cos 2\pi f_0 t$ を標本間隔 T_s [s]（$=1/f_s$ [Hz]）で離散化する．具体的に，図 6.2 は $f_0=6$ kHz の余弦波（実線）を標本化周波数 $f_s=5$ kHz で標本化した場合を示す．標本化により得られた離散値（黒丸）は実線で示した $f_0=6$ kHz の余弦波であるが，これは同時に $f_0-f_s=1$ kHz の余弦波の離散値にもなっており，離散値を滑らかな曲線で結ぶと破線で示すような 1 kHz の余弦波が再生されてしまう．これは，次式に示すように標本間隔 T_s で標本化した時刻 $t=kT_s$ のサンプル

6.1 標 本 化　　133

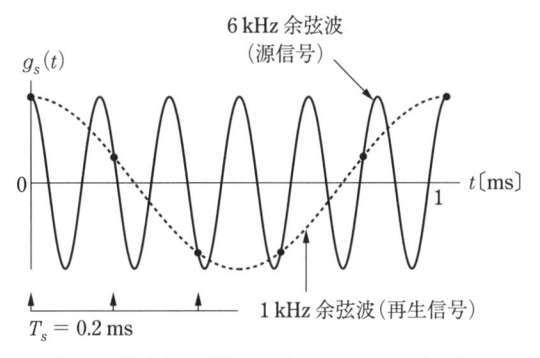

図 6.2　標本化周波数 5 kHz で得たサンプル値と再生信号

値 $g(k)$ は，周波数 f_0 の余弦波だけでなく，周波数 $nf_s\pm f_0$（n：整数）の余弦波をも表しうることによる．

$$g(k)=\cos(2\pi f_0 kT_s)=\cos\{2\pi(nf_s\pm f_0)kT_s\} \tag{6.1}$$

すなわち，サンプル値からでは f_0 と $nf_s\pm f_0$（n：整数）の区別がつかないのである．連続信号を標本化して離散信号に変換すると，f_0 以外のところにはなかったはずの周波数成分が現れる．これを**エリアス**(alias)と呼ぶ．

エリアス効果は，余弦波だけでなく一般的な連続信号を離散化した場合にも生じる．アナログ信号 $g(t)$ を T_s の間隔で標本化して得た離散信号 $g_s(t)$ は，図 6.3 に示すように $g(t)$ をインパルス列と乗算することにより得られる．

$$g_s(t)=g(t)\sum_{k=-\infty}^{\infty}\delta(t-kT_s)=\sum_{k=-\infty}^{\infty}g(k)\delta(t-kT_s) \tag{6.2}$$

すなわち，$g_s(t)$ は $g(t)$ の $t=kT_s$ におけるサンプル値を大きさとしてもつインパルス列である．この意味で，標本化された信号を **PAM**（pulse amplitude modulation）**信号**と呼ぶことがある．また，式 (6.2) は離散的なインパルス列であるが，形式的には時間 t の連続関数で表している．

つぎに，アナログ信号 $g(t)$ のスペクトルが $w/2$ [Hz] 以下に制限されているとすれば，実信号の性質(4.3.2 項)から，周波数軸上では図 6.4(a)に示すように $-w/2$ [Hz] から $+w/2$ [Hz] まで占有するスペクトル $G(f)$ として表す

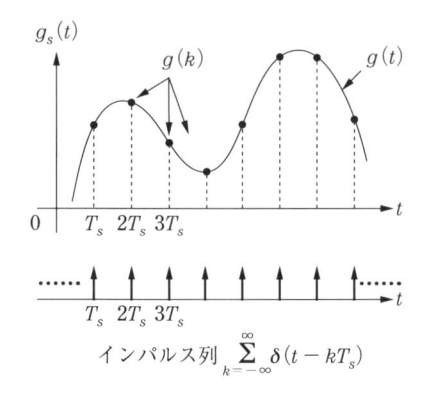

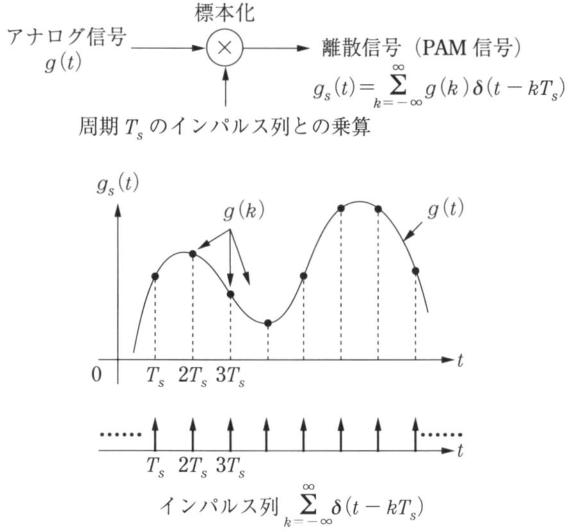

6. アナログ信号のディジタル化

アナログ信号 $g(t)$ → 標本化 ⊗ → 離散信号（PAM信号）
$$g_s(t) = \sum_{k=-\infty}^{\infty} g(k)\delta(t-kT_s)$$

周期 T_s のインパルス列との乗算

$g_s(t)$ のグラフ：$g(k)$, $g(t)$, 時刻 $T_s, 2T_s, 3T_s, \cdots$

インパルス列 $\sum_{k=-\infty}^{\infty} \delta(t-kT_s)$

図 6.3　標本化の時間領域表現

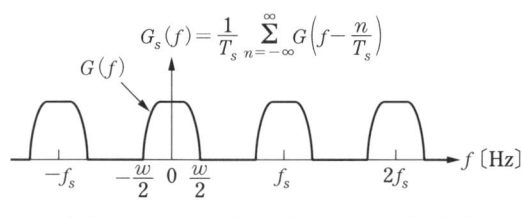

$$G_s(f) = \frac{1}{T_s}\sum_{n=-\infty}^{\infty} G\left(f-\frac{n}{T_s}\right)$$

$G(f)$　周波数軸：$-f_s, -\frac{w}{2}, 0, \frac{w}{2}, f_s, 2f_s$

（a）オーバーサンプリング（$f_s = 1/T_s > w$）の場合

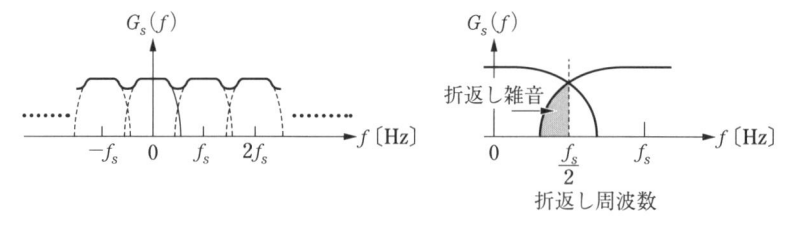

$G_s(f)$　周波数軸：$-f_s, 0, f_s, 2f_s$

（b）アンダーサンプリング（$f_s < w$）の場合

$G_s(f)$　折返し雑音　$\frac{f_s}{2}$　f_s　折返し周波数

（c）オーバーラップ部分の拡大

図 6.4　標本化の周波数領域表現

ことができる。式 (6.2) より，離散信号 $g_s(t)$ のスペクトルは乗積の性質（4.3.9項），およびインパルス列のスペクトル（式 (4.23)）を利用して次式で与えられる。

$$G_s(f) = G(f) \otimes \frac{1}{T_s} \sum_{n=-\infty}^{\infty} \delta\left(f - \frac{n}{T_s}\right)$$

$$= \frac{1}{T_s} \sum_{n=-\infty}^{\infty} G\left(f - \frac{n}{T_s}\right) \tag{6.3}$$

これより，標本化された離散信号のスペクトルは，もとのアナログ信号のスペクトルを $f_s(=1/T_s)$ の周期で並べたものとなる。したがって，図 6.4(a) に示すように標本化周波数が $f_s > w$（**オーバーサンプリング**）の場合，スペクトルのオーバーラップは生じない。しかし，$f_s < w$（**アンダーサンプリング**）の場合，図 (b) に示すようにスペクトルはオーバーラップし，もとの信号 $G(f)$ とエリアスを分離することができない。図 (c) にオーバーラップ部分の拡大を示す。標本化周波数 f_s の 1/2 を**折返し周波数**(folding frequency) と呼び，この周波数で折り返されて帯域内に入り込んでくるスペクトル成分（折返し雑音）が信号品質を大きく劣化させる。分離できる最小の標本化周波数は $f_s = w$ で，この最小周波数を**ナイキスト**（Nyquist）**周波数**（$T_s = 1/w$ を**ナイキスト間隔**）と呼ぶ[†1]。

ナイキスト間隔で標本化された離散信号からもとのアナログ信号を再生するためには，**図 6.5** に示すように，カットオフ周波数 $w/2$ [Hz] の理想低域通過フィルタにより取り出せばよいことがわかる[†2]。このときフィルタ出力は次式で与えられる。

$$G(f) = G_s(f)H(f) = \sum_{n=-\infty}^{\infty} G\left(f - \frac{n}{T_s}\right) \cdot \mathrm{rect}(fT_s) \tag{6.4}$$

時間領域では次式で表される。

[†1] 通常はナイキスト周波数より少し高い周波数で標本化するが，ナイキスト周波数の数倍以上でオーバーサンプリングする場合もある（付録A.6）。

[†2] 現実のフィルタは理想フィルタのような急峻な振幅減衰特性を実現できないため，もとの信号スペクトルとエリアスが接近しているともとの信号を正確に復元することができない。この問題を回避するため，サンプル値の間に 0 を挿入（ゼロパディング）するインターポレーション（復元）技術が知られている（付録A.6）。

136   6. アナログ信号のディジタル化

$$H(f) = T_s \,\text{rect}(fT_s) = T_s \,\text{rect}\!\left(\frac{f}{w}\right)$$

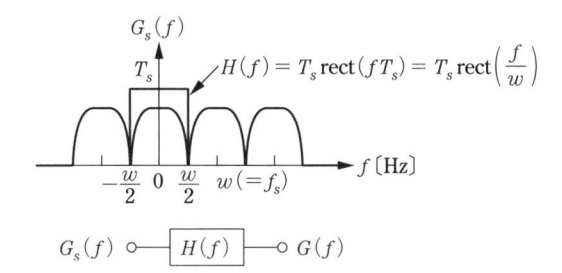

図 6.5 理想フィルタ（インターポレーションフィルタ）による源信号の再生

$$g(t) = g_s(t) \otimes \text{sinc}\!\left(\frac{t}{T_s}\right) = \int_{-\infty}^{\infty} \sum_{k=-\infty}^{\infty} g(k)\delta(x-kT_s) \frac{\sin\{\pi(t-x)/T_s\}}{\pi(t-x)/T_s}\, dx$$

$$= \sum_{k=-\infty}^{\infty} g(k) \frac{\sin\{\pi(t-kT_s)/T_s\}}{\pi(t-kT_s)/T_s} \tag{6.5}$$

上式より，周波数スペクトルが $w/2$ [Hz] 以下に帯域制限されている信号 $g(t)$ は，ナイキスト間隔 $T_s=1/w$ 以下で標本化したサンプル値を用いて完全に表すことができる。すなわち，式 (6.5) はサンプル値から任意の時刻における信号振幅を**内挿** (interpolate) する公式になっている。これをシャノン・染谷の標本化定理と呼び，アナログ信号を符号化する際の最も重要な定理である。その意味するところは，連続信号を離散化する場合，ナイキスト間隔以下で標本化してやれば連続信号のもつ情報はなんら失われないことを保証している。

ここで，sinc 関数の性質を調べるため，関数 $\phi_k(t)$ を次式で定義する。

$$\phi_k(t) \equiv \phi(t-kT_s) \tag{6.6a}$$

$$\phi(t) = \frac{1}{\sqrt{T_s}}\,\text{sinc}\!\left(\frac{t}{T_s}\right) = \frac{1}{\sqrt{T_s}}\frac{\sin(\pi t/T_s)}{\pi t/T_s} \tag{6.6b}$$

シャノン・染谷の標本化定理

周波数スペクトルが $w/2$ [Hz] 以下に帯域制限された信号 $g(t)$ は，ナイキスト間隔 $T_s=1/w$ 以下で標本化したサンプル値 $g(k)$ により完全に表され，もとの信号は次式により復元される。

$$g(t) = \sum_{k=-\infty}^{\infty} g(k) \frac{\sin \pi w(t-kT_s)}{\pi w(t-kT_s)} = \sum_{k=-\infty}^{\infty} g(k)\,\text{sinc}[w(t-kT_s)]$$

6.1 標　本　化

関数 $\phi_k(t)$ は sinc 関数 $\phi(t)$ を T_s の整数倍 (kT_s) だけシフトした関数であり，そのフーリエ変換対は $\Phi_k(f) = \sqrt{T_s}\,\mathrm{rect}(fT_s)e^{-j2\pi fkT_s}$ で与えられる。このとき，パーシバルの定理より次式が成立する。

$$\int_{-\infty}^{\infty} \phi_k(t)\phi_l(t)dt = \int_{-\infty}^{\infty} \Phi_k(f)\Phi_l^*(f)df = T_s \int_{-1/2T_s}^{1/2T_s} e^{j2\pi f(l-k)T_s} df$$

$$= \begin{cases} 1 & \cdots\cdots\quad l=k \\ 0 & \cdots\cdots\quad l \neq k \end{cases} \tag{6.7}$$

上式より，sinc 関数の集合 $\{\phi_k(t)\}$ は**正規直交関数系**（orthogonal set）を構成する（付録 A.2）。

式 (6.5) を注意してみると，$g(t)$ は振幅が $g(k)$ の sinc 関数を T_s の整数倍だけシフトして加算したものとなっている。したがって，帯域制限された信号は sinc 関数を基底関数とする直交関数展開が可能で，その係数は T_s ごとのサンプル値で与えられる。

○ ○ ○ ○ **例題 6.1** ○ ○ ○ ○

周波数 f_0 の余弦波を $f_s (=1/T_s)$ で標本化して得られる PAM 信号には，式 (6.1) に示すように $nf_s \pm f_0$（n は整数）の周波数成分が含まれることを示せ。

解　$g(t) = \cos 2\pi f_0 t$ のフーリエ変換は $G(f) = \dfrac{1}{2}\{\delta(f-f_0)+\delta(f+f_0)\}$ で与えられる。式 (6.3) より，PAM 信号の周波数スペクトルは次式で与えられる。

$$G_s(f) = \frac{1}{T_s}\sum_{n=-\infty}^{\infty} G\left(f-\frac{n}{T_s}\right) = \frac{1}{2T_s}\sum_{n=-\infty}^{\infty}\{\delta(f-f_0-nf_s)+\delta(f+f_0-nf_s)\}$$

したがって，PAM 信号は $nf_s \pm f_0$ の周波数成分（線スペクトル）をもつ。

○◁　例 6.1

現実の信号スペクトルは $w/2$ [Hz] 以下に帯域制限されることはない（もしそうだとすれば，信号の継続時間は無限でなければならない）。したがって，標本化された信号には必ず折返し雑音が含まれることになる。折返し雑音を小さくするためには標本化周波数を高くすればよいが，信号処理速度や演算規模

を大きくしたくないため，**図 6.6** に示すように低域通過フィルタ (LPF) により帯域制限し，その後で標本化を行う．この前処理を行う LPF を**アンチエリアス** (anti-alias) **フィルタ**と呼ぶ．

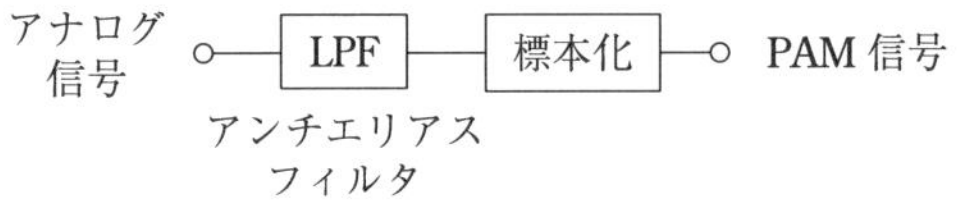

```
アナログ信号 ─○─[ LPF ]──[ 標本化 ]──○ PAM 信号
              アンチエリアス
              フィルタ
```

図 6.6 アンチエリアスフィルタによる前処理

電話音声をディジタル化する際に，アンチエリアスフィルタにより約 3.4 kHz に帯域制限し，$f_s = 8\,\text{kHz}$ ($T_s = 125\,\mu\text{s}$) でサンプリングする．ISDN の電話回線では，1 サンプル当り 8 ビットで符号化するため，1 秒間に 64 000 ビット (64 kbit/s) の情報が運ばれていることになる．

6.1.2 帯域信号の標本化

周波数 f_c の余弦波 $\cos 2\pi f_c t$ を実ベースバンド信号 $g(t)$ で変調して得られる信号は実帯域信号と呼ばれ，そのスペクトルはフーリエ変換の乗積の性質より次式で与えられる．

$$\mathscr{F}[g(t)\cos 2\pi f_c t] = \frac{1}{2}G(f-f_c) + \frac{1}{2}G(f+f_c) \tag{6.8}$$

ただし，$g(t)$ の周波数スペクトルを $G(f)$ とし，$G(f)$ のスペクトル成分は $|f| \leq w/2$ の帯域のみに存在するものとする．このとき，実帯域信号のスペクトルは $f_c - w/2 \leq |f| \leq f_c + w/2$ の領域のみに存在する (**図 6.7**)．負のスペクトルは正のスペクトルのイメージ（鏡像）である．この実帯域信号を標本化する場合（特に**バンドパスサンプリング**，または**サブナイキストサンプリング**と呼ぶ），ベースバンド信号の場合のように最高周波数 $f_c + w/2$ の 2 倍の標本化周波数を必要としない．

上で示した実帯域信号をバンドパスサンプリングして得られるスペクトルは，標本化周波数を f_s とすれば，式 (6.3) と同様に次式で与えられる．

6.1 標本化

図中:
$G(f+f_c)$ のエリアス $G(f-f_c)$ のエリアス

$G(f+f_c)$

$-f_c$, w

$-f_s+f_c$, mf_s-f_c, $f_c-\dfrac{w}{2}$, $(m+1)f_s-f_c$, f_s+f_c, f [Hz]

$mf_s-f_c+\dfrac{w}{2}$

$G_s(f)=\sum_{n=-\infty}^{\infty}G(f-f_c-nf_s)+\sum_{n=-\infty}^{\infty}G(f+f_c-nf_s)$

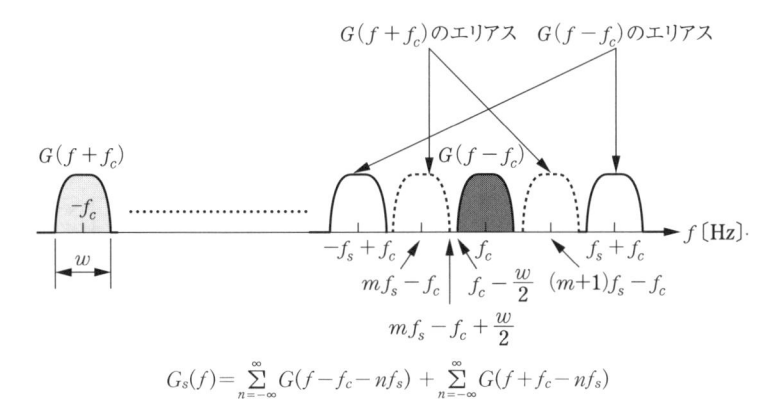

図 6.7 バンドパスサンプリングにより得られるスペクトル

$$G_s(f) = \{G(f-f_c)+G(f+f_c)\}\otimes \sum_{n=-\infty}^{\infty}\delta(f-nf_s)$$

$$= \sum_{n=-\infty}^{\infty}G(f-f_c-nf_s)+\sum_{n=-\infty}^{\infty}G(f+f_c-nf_s) \qquad (6.9)$$

ただし,係数は無視している。上式右辺の第1項は中心周波数 f_c の帯域信号スペクトルとそのエリアスであり,第2項は中心周波数 $-f_c$ のイメージスペクトルとそのエリアスである。図 6.7 に $G_s(f)$ の様子を示す。

もとの信号を歪みなく再現するためには,本来の信号スペクトルとエリアスがオーバーラップしないことが必要である。正負のスペクトルは対称に位置しているため,標本化周波数 f_s によって位置の変わらない信号スペクトル $G(f-f_c)$ と周辺のエリアスがオーバーラップしない条件のみを調べればよい。まず,$G(f-f_c)$ の上下に現れるスペクトルは $G(f+f_c)$ のエリアスである。なぜならば,エリアスは f_s の整数倍で生じるため,$G(f-f_c)$ のエリアスと $G(f+f_c)$ のエリアスは周波数軸上交互に生じる。したがって,図 6.7 に示す $G(f-f_c)$ は $G(f+f_c-mf_s)$ と $G\{f+f_c-(m+1)f_s\}$ に挟まれ,それらがオーバーラップしない条件は,占有帯域幅 w を考慮して次式で与えられる。

$$f_s \geqq 2w \qquad (6.10)$$

これは,ベースバンド信号を標本化する場合の2倍の標本化周波数が必要なこ

とを示している.つぎに,f_sを$2w$よりも大きくしていった場合,$G(f+f_c-mf_s)$は$G(f-f_c)$に近づき,ある周波数を超えるとオーバーラップが生じる.エリアス$G(f+f_c-mf_s)$の最高周波数は$mf_s-f_c+w/2$であり,$G(f-f_c)$の最低周波数は$f_c-w/2$であるから,$mf_s-f_c+w/2\leq f_c-w/2$,すなわち$f_s\leq\dfrac{2f_c-w}{m}$がオーバーラップしないための上限として与えられる.また,f_sの下限は式(6.10)以外につぎの条件によっても制限される.エリアス$G\{f+f_c-(m+1)f_s\}$の最低周波数は$(m+1)f_s-f_c-w/2$であり,$G(f-f_c)$の最高周波数は$f_c+w/2$であるから,$f_c+w/2\leq(m+1)f_s-f_c-w/2$,すなわち$f_s\geq\dfrac{2f_c+w}{m+1}$でなければならない.以上をまとめると,標本化周波数はつぎの条件を満足しなければならない.

$$\frac{2f_c+w}{m+1}\leq f_s\leq\frac{2f_c-w}{m} \tag{6.11 a}$$

ここで,$G(f-f_c)$の最高,最低周波数をそれぞれf_H,f_Lで表せば,$2f_c=f_H+f_L$,$w=f_H-f_L$であるから,式(6.11 a)は次式のように表すこともできる.

$$\frac{2f_H}{m+1}\leq f_s\leq\frac{2f_L}{m} \tag{6.11 b}$$

標本化周波数の取りうる領域は式(6.10)と(6.11 b)の共通部分であるが,わかりやすくするために占有帯域幅で正規化したf_s/wの領域を評価すると,式(6.10),(6.11 b)はそれぞれつぎのように変形される.

$$\frac{f_s}{w}\geq 2 \tag{6.10$'$}$$

$$\frac{2f_H}{(m+1)w}\leq\frac{f_s}{w}\leq\frac{2f_L}{mw}=\frac{2f_H}{mw}-\frac{2}{m} \tag{6.11 b$'$}$$

これらの共通領域をプロットすると,図 6.8 の影を付けた領域として与えられる.

離散化した信号からもとの信号を復元するためには,6.1.1項で述べたように,理想フィルタにより所望のスペクトルのみを取り出せばよい.実帯域信号の場合は,図 6.9 (a)に示すように$\pm f_c$を中心とする理想フィルタをインタ

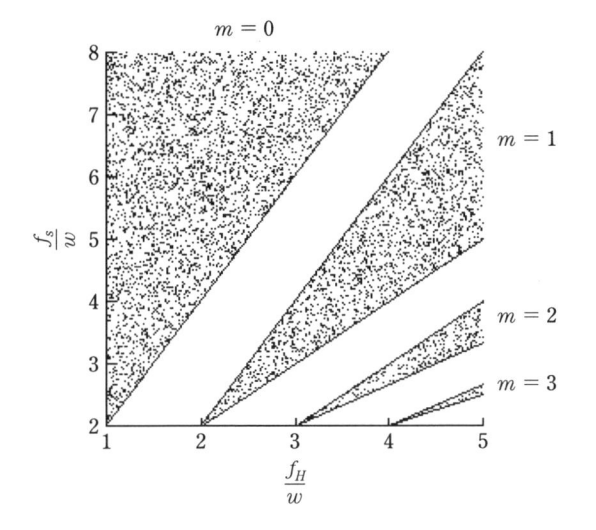

6.1 標本化　　*141*

図 6.8　バンドパスサンプリング周波数の許容範囲（影の領域）

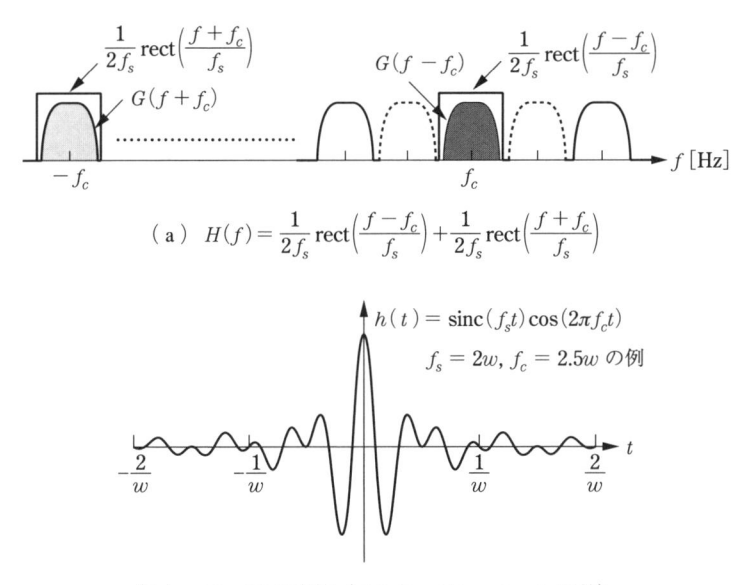

f_s/w：帯域幅 w で正規化した標本化周波数
f_H/w：帯域幅 w で正規化した帯域信号の最高周波数

（a）　$H(f) = \dfrac{1}{2f_s}\mathrm{rect}\!\left(\dfrac{f-f_c}{f_s}\right) + \dfrac{1}{2f_s}\mathrm{rect}\!\left(\dfrac{f+f_c}{f_s}\right)$

$h(t) = \mathrm{sinc}(f_s t)\cos(2\pi f_c t)$

$f_s = 2w,\ f_c = 2.5w$ の例

（b）　インパルス応答（インターポレーション関数）

図 6.9　インターポレーションフィルタとインパルス応答

ーポレーションフィルタとして用いる。周波数間隔 f_s で生じる両サイドのエリアスを除去するため，その帯域幅は $f_s/2$ とする。このとき，伝達関数は次式で与えられる（理想低域フィルタの伝達関数が $\pm f_c$ にシフトし，振幅は 1/2 倍される）。

$$H(f) = \frac{1}{2f_s} \text{rect}\left(\frac{f-f_c}{f_s}\right) + \frac{1}{2f_s} \text{rect}\left(\frac{f+f_c}{f_s}\right) \qquad (6.12)$$

また，そのインパルス応答（**インターポレーション関数**）は次式で与えられる。

$$h(t) = \mathcal{F}^{-1}[H(f)] = \text{sinc}(f_s t) \cos(2\pi f_c t) \qquad (6.13)$$

図(b)に，一例として $f_s=2w$，$f_c=2.5w$ の場合を示す。

　最後に，通常の標本化（低域サンプリング）にないバンドパスサンプリングの特徴を述べておく。図6.7に示したように，離散化した信号は $f=mf_s \pm f_c$ を中心として，もとの帯域信号スペクトルのレプリカ（複製）を含んでいる。アナログ信号に戻す場合，もとのスペクトルではなく，それよりも周波数の低いレプリカを取り出すことができる。これは，通信システムで用いられる**周波数変換**の機能である。

　すなわち，バンドパスサンプリングは離散化と周波数変換を同時に実行していることになる。

〇〇〇　**例題 6.2**　〇〇〇

周波数成分が 300 kHz～500 kHz に存在するアナログ信号を離散化する場合，もとの信号を歪みなく再現できる標本化周波数を求めよ。

解　バンドパスサンプリング周波数の領域を規定する式 (6.10)′，(6.11 b)′ を用いる。$w=200$ kHz，$f_H=500$ kHz より，f_s の領域は次式で与えられる。

$$\frac{f_s}{w} \geq 2, \quad \frac{5}{m+1} \leq \frac{f_s}{w} \leq \frac{3}{m}$$

第1の不等式を満足するための m の最大値は1である。したがって，$m=1$，0に対応する周波数として，標本化周波数は 500 kHz $\leq f_s \leq$ 600 kHz，または $f_s \geq$ 1 MHz にする必要がある。なお，第2の領域は与えられた帯域信号をベースバンド信号とみなした場合の標本化周波数になっている。この結果は，図6.8において f_H/w

の直線上で影の付いた領域として与えられる。

6.1.3 標本パルス波形の与える影響

いままで，理想的なインパルス列によりアナログ信号を標本化したが，現実にはインパルスを生成することはできない。標本化は高速のスイッチング回路，例えばFET（電界効果トランジスタ）などを用いたチョッパ回路で実現し，駆動用に幅 τ，周期 T_s の矩形パルス列を使用する。チョッパ回路出力には**図 6.10** に示すような離散信号が得られる。ベースバンド信号 $g(t)$ は駆動用のサンプリングパルス列 $s(t)$ と乗算され，振幅が $g(t)$ に応じて変化する幅 τ のパルス列 $g_s(t)$ となる。このサンプリング形式は，**自然サンプリング**(natural sampling)と呼ばれることがある。

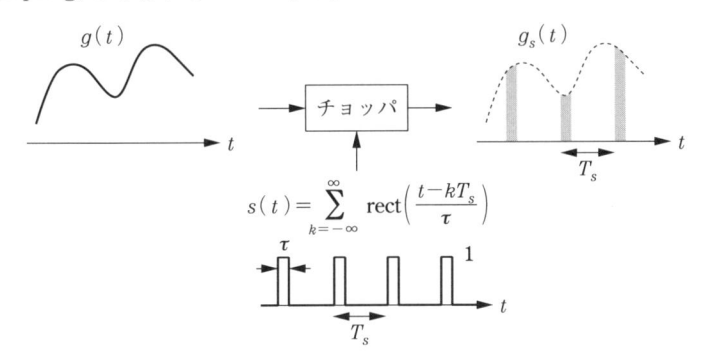

図 6.10 チョッパ回路による自然サンプリング

幅が有限のパルスによる影響は以下のように求めることができる。標本化された信号 $g_s(t)$ は次式で表される。

$$g_s(t) = g(t)s(t) \tag{6.14}$$

ここで，$s(t)$ は次式で与えられる。

$$s(t) = \sum_{k=-\infty}^{\infty} \mathrm{rect}\left(\frac{t-kT_s}{\tau}\right) \tag{6.15}$$

矩形パルス列のフーリエ変換は，4.5.1項の例題 4.11 で示したようにポアソ

ンの和公式を用いて次式で与えられる。

$$S(f) = \frac{\tau}{T_s} \sum_{n=-\infty}^{\infty} \mathrm{sinc}\left(\frac{n\tau}{T_s}\right) \delta\left(f - \frac{n}{T_s}\right) \tag{6.16}$$

したがって，$g(t)$ のフーリエ変換を $G(f)$ とすれば，$g_s(t)$ の周波数スペクトルは次式で与えられる。

$$G_s(f) = G(f) \otimes S(f) = G(f) \otimes \frac{\tau}{T_s} \sum_{n=-\infty}^{\infty} \mathrm{sinc}\left(\frac{n\tau}{T_s}\right) \delta\left(f - \frac{n}{T_s}\right)$$

$$= \frac{\tau}{T_s} \sum_{n=-\infty}^{\infty} \mathrm{sinc}\left(\frac{n\tau}{T_s}\right) G\left(f - \frac{n}{T_s}\right) \tag{6.17}$$

上式から明らかなように，もとのベースバンド信号スペクトルとそのエリアスは，振幅の変化はあるが形そのものは変化しない（図 6.11）。したがって，理想低域フィルタによりもとの信号を再現することができる。

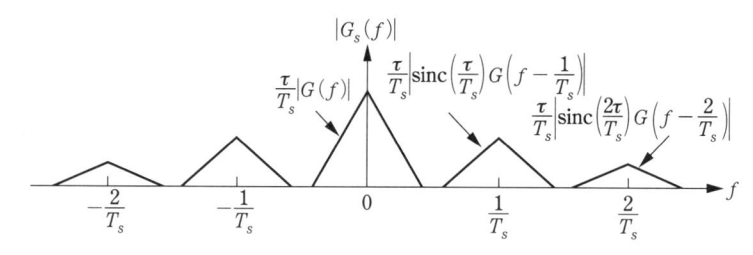

図 6.11 自然サンプリングの影響

矩形パルス列による PAM 信号は上記チョッパ回路により得られるが，通常よく使われる回路はサンプルホールド回路である。サンプルホールド回路は，概念的に図 6.12 に示すようにサンプリングスイッチと放電スイッチ，および充電用コンデンサからなる。出力は自然サンプリングと異なり，サンプリング時の振幅がホールドされ，PAM パルスの上端はフラットになる。ホールド時間の最大はサンプリング周期 T_s である。PAM 信号のエネルギーは，式 (6.17) から明らかなように矩形パルス幅 τ の 2 乗に比例するため，通常はホールド時間を T_s にしてアナログ信号を階段波で近似することになる。

上端がフラットな PAM パルスでは以下の点が問題となる。図 6.12 に示すように，サンプルホールドされた信号 $g_s(t)$ は標本時の振幅をもつ矩形パルス

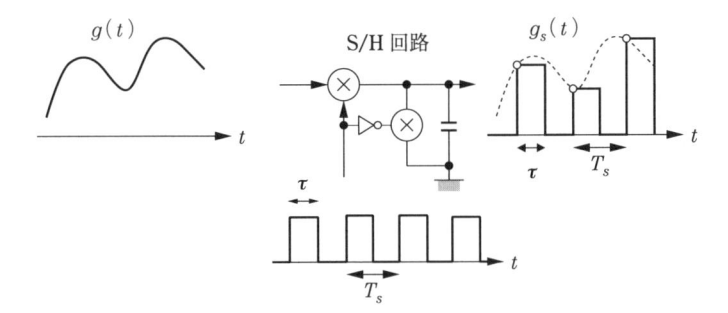

図 6.12 サンプルホールド回路による PAM 信号の生成

列であるから,自然サンプリングの場合と異なり次式で表される。

$$g_s(t) = \sum_{k=-\infty}^{\infty} g(k)\text{rect}\left(\frac{t-kT_s}{\tau}\right) \qquad (6.18)$$

このままではフーリエ変換できないので,以下のように変形する。

$$\text{rect}\left(\frac{t-kT_s}{\tau}\right) = \text{rect}\left(\frac{t}{\tau}\right)\otimes\delta(t-kT_s)$$

より

$$g_s(t) = \sum_{k=-\infty}^{\infty} g(k)\text{rect}\left(\frac{t}{\tau}\right)\otimes\delta(t-kT_s)$$

$$= \text{rect}\left(\frac{t}{\tau}\right)\otimes\sum_{k=-\infty}^{\infty} g(k)\delta(t-kT_s) \qquad (6.19)$$

すなわち,$g_s(t)$ は $g(t)$ を理想インパルス列で標本化した信号と幅 $\tau(\leqq T_s)$ の矩形パルスとの畳み込みになっている。これより,周波数スペクトルは次式で与えられる。

$$G_s(f) = \frac{\tau}{T_s}\text{sinc}(f\tau)\sum_{n=-\infty}^{\infty} G\left(f-\frac{n}{T_s}\right) \qquad (6.20)$$

階段波 PAM ($\tau=T_s$ の場合)の振幅スペクトルは,理想インパルス列で標本化したスペクトルに $\text{sinc}(fT_s)$ の項が乗算されるため,**図 6.13** に示すようにベースバンドスペクトルおよびそのエリアスの周波数特性が変化する。高い周波数成分ほど減衰量が大きくなる。この現象を**アパーチャ**(aperture)**効果**と呼ぶ。

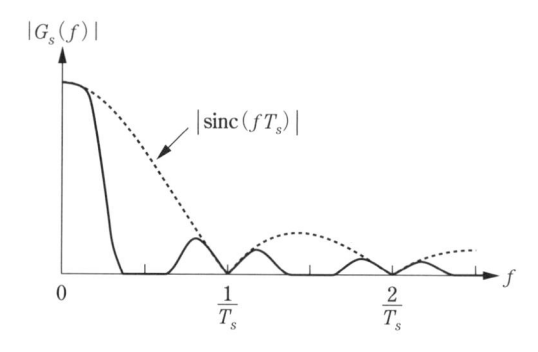

図 6.13 階段波 PAM 信号によるアパーチャ効果

離散信号のスペクトルはアパーチャ歪みを受けているため，単なる理想低域フィルタによるインターポレーションではもとの信号を復元することはできない。アパーチャ歪みを小さくするためには，T_s または τ を小さくする必要がある。しかし，これは信号処理速度を高速化することと等価であり好ましくない。通常は，理想フィルタの伝達関数に $1/\mathrm{sinc}(fT_s)$ を乗算してアパーチャ効果を除去する。これを**アパーチャ補正**，または**アパーチャ等化**と呼ぶ。

6.2 量　子　化

ここで述べる量子化は，標本化されたサンプルごとに処理を行う**スカラー量子化**である。複数のサンプルをまとめてブロックごとに量子化することも可能で，これを**ベクトル量子化**と呼ぶ。音声や画像信号の高能率符号化で使われているベクトル量子化については取り扱わない。

6.2.1 信号の量子化

アナログ信号を標本化して得た離散信号は連続的な値を取りうるから，離散信号の振幅は無限の精度で表された数である。これをそのままコンピュータなどで処理しようとしても不可能である。有限の精度で近似しなければならない。この操作を**量子化**(quantization)と呼び，量子化された信号がディジタル

信号である．アナログ信号をディジタル信号に変換する操作を **A/D 変換**(analog-to-digital conversion)，その逆を **D/A 変換**(digital-to-analog conversion)と呼ぶ．

図 **6.14** は A/D 変換の概念的な機能ブロック図である．A/D 変換器は標本化と量子化を同時に行うデバイスで，帯域制限されたアナログ信号はまず標本化され，つぎに標本値は確定した N 個のレベルに量子化される．通常，N の値は 2 のべき乗 $N=2^B$ (B は正の整数)に選ばれ，B **ビット**(bit: binary digit の略) A/D 変換器と呼ばれる．A/D 変換器の出力は N で決まる有限精度の数に変換されており，これを符号化して B ビットのバイナリ系列（B 個の 0，1 の数値列）が得られる（符号化は 4.3 節で述べる）．アナログ信号をディジタル信号に変換すると，**DSP**(digital signal processor)やコンピュータを用いた信号処理が容易になるとともに，ディジタル通信システムを用いた高品質な信号伝送が可能となる[†]．

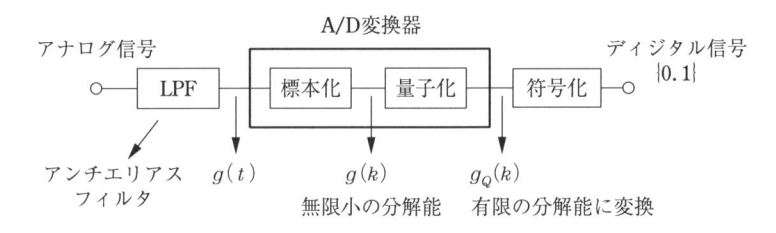

図 **6.14**　A/D 変換の機能ブロック

通常，量子化器はサンプルホールドされた信号 $g(k)$ を等間隔に設定した量子化レベル $g_Q(k)$ に変換するが，具体的な変換規則は図 **6.15** のような形式が使われる．図(a)は**ミッドライザ**(midriser)**型**で，入力信号振幅のダイナミッ

[†] 信号を遠くへ伝送する場合，信号は距離に応じて減衰するため途中に中継器を置き，減衰した信号を増幅している．伝送路では雑音や干渉が加わり，アナログ通信システムでは中継数に比例して信号品質が劣化する（中継器では信号だけでなく雑音も増幅してしまう）．一方，ディジタル通信システムでは，中継器においてディジタル信号を再生する際に量子化レベルを超えない雑音は取り除かれ，雑音や干渉が相加することはない．このため，アナログ通信よりも高品質に信号を伝送することができる．

(a) ミッドライザ型

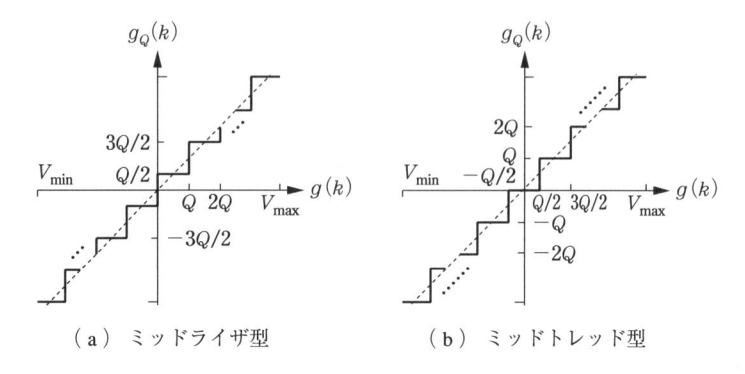

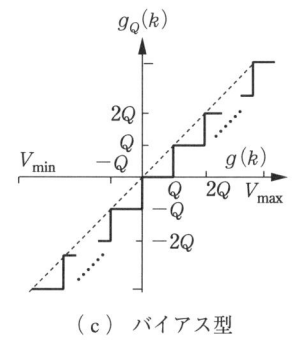

(b) ミッドトレッド型

(c) バイアス型

点線は量子化幅 0 の場合を示す．

図 6.15 量子化器の入出力特性

クレンジ $D = V_{max} - V_{min}$ を N 分割し，N 個の量子レベルが設定される．したがって，この形式の量子化幅は $Q = D/N$ である．入力信号は，それ自身の振幅に最も近い量子レベルの一つに変換され，$B = \log_2 N$ ビットの符号語により表される．ミッドライザ型は振幅ゼロを表すことができず，$\pm Q/2$ のいずれかのレベルに変換される．各種制御回路や映像・音声の差分符号化では，確率的に誤差や差分信号が 0 に近い値をとることが多いため，図(b)の**ミッドトレッド**(midtread)**型**が使われる．図(c)はミッドトレッドの量子間隔を $Q/2$ だけシフトしたもので，**バイアス**(bias)**型**と呼ばれる．

6.2.2 量子化雑音

量子化器出力は量子化幅 Q に応じた誤差を含み，誤差信号を

$$e(k) = g_Q(k) - g(k) \tag{6.21}$$

で定義するとき，$e(k)$ は量子化雑音と呼ばれる．誤差特性は**図6.16**に示すように量子化の形式により異なる．図(a)，(b)はそれぞれミッドライザ，ミッドトレッド型の量子化器で生じる誤差特性で，次式で与えられる**丸め誤差**(round-off error)になる．

$$-\frac{Q}{2} \leq e(k) \leq \frac{Q}{2} \tag{6.22}$$

また，図(c)はバイアス型に対応する誤差特性で，この場合は次式で与えられる**打切り誤差**(truncation error)になる[†]．

$$-Q < e(k) \leq 0 \tag{6.23}$$

一般的なアナログ信号を A/D 変換して得られるディジタル信号 $g_Q(k)$ には

(a) ミッドライザ型　　(b) ミッドトレッド型

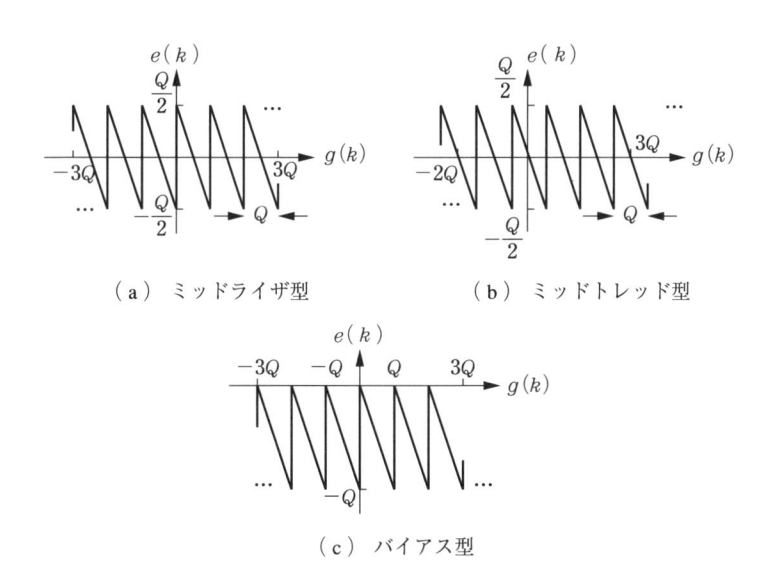

(c) バイアス型

図6.16　各種量子化形式に対する誤差特性

[†] 10進数表現でいえば，丸めは四捨五入，打切りは切り捨てに相当する．

150   6. アナログ信号のディジタル化

量子化ごとに誤差 $e(k)$ を生じるが，これは式 (6.21) より

$$g_Q(k) = g(k) + e(k) \tag{6.24}$$

と表すことができるため，量子化器は入力信号 $g(k)$ に量子化雑音 $e(k)$ を加算する線形・時不変システムと考えることができる。入力信号 $g(k)$ の振幅は連続量であるから，誤差 $e(k)$ は式 (6.22)，(6.23) の範囲に一様に存在する**ランダム変数**[†] である。したがって，丸め誤差および打切り誤差の確率密度関数は，図 **6.17** に示すように，それぞれ次式で与えられる。

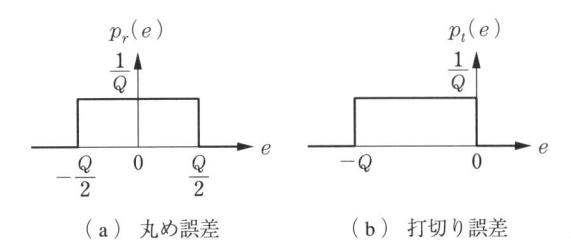

(a) 丸め誤差   (b) 打切り誤差

図 **6.17** 量子化雑音の確率密度関数

[†] 1章で信号のさまざまな形態を議論したが，「確定信号と不規則信号 (ランダム信号)」の対比については述べなかった。ランダム信号を議論するには確率や統計の知識が必要になり，本書の扱う範囲が広くなりすぎると判断したためである。しかし，ここで最小限の数学的背景を述べておかなければならない。ランダム信号は確定した数式で表すことができないため，その特性は生起確率や平均，分散といったパラメータにより示される。ランダム信号 x が連続量の場合 (本節でいえば，量子化雑音 $e(k)$ の振幅を x とする)，その事象が生起する確率は確率密度関数 $p(x)$ を用いて $p(x)dx$ と表される。ただし，dx は x の微小区間である。また，確率密度関数を用いて，期待値 $E[x]$ と分散 $\sigma^2 = E[x^2] - E^2[x]$ は次式で与えられる。

$$E[x] = \int_{-\infty}^{\infty} x p(x) dx, \quad \sigma^2 = \int_{-\infty}^{\infty} x^2 p(x) dx - E^2[x]$$

ランダム信号 x が時系列で生じるとき，一つの標本時系列 $x_k(t)$ の区間 $[-T/2, T/2]$ における平均電力は確定信号の場合 (1章) と同様，$x_k^2(t)$ の時間平均として

$$P(x_k) = \frac{1}{T} \int_{-T/2}^{T/2} x_k^2(t) dt$$

で与えられる。しかし，$x_k(t)$ はランダムであるあるため，上式のままで平均電力を求めることはできない。したがって，次式に示す $P(x)$ の統計平均として一般的な時系列 $x(t)$ の平均電力を定義する。

$$\bar{P}(x) = \lim_{T \to \infty} E[P(x)]$$

ここで，集合平均操作と積分の順序を交換し，ランダム信号の**エルゴード性** (集合平均と時間平均が等しいこと) を仮定すれば，$x(t)$ の 2 乗平均値 $E[x^2(t)]$ (2 次モーメント) は定数であるから上式はつぎのように与えられる。

$$\bar{P}(x) = \lim_{T \to \infty} \frac{1}{T} \int_{-T/2}^{T/2} E[x^2(t)] dt = E[x^2] \quad (= \sigma^2 + E^2[x])$$

$$p_r(e) = \begin{cases} \dfrac{1}{Q} \cdots\cdots & |e| \leq \dfrac{Q}{2} \\ 0 \cdots\cdots & \text{elsewhere} \end{cases} \tag{6.25}$$

$$p_t(e) = \begin{cases} \dfrac{1}{Q} \cdots\cdots & -Q < e \leq 0 \\ 0 \cdots\cdots & \text{elsewhere} \end{cases} \tag{6.26}$$

また,上式より丸め誤差および打切り誤差の平均値 m_r, m_t, および 2 次モーメント $E[e_r^2(k)]$, $E[e_t^2(k)]$ はそれぞれ次式で与えられる。

$$m_r = \int_{-\infty}^{\infty} e\, p_r(e)\, de = \frac{1}{Q} \int_{-Q/2}^{Q/2} e\, de = 0 \tag{6.27}$$

$$E[e_r^2(k)] = \int_{-\infty}^{\infty} e^2 p_r(e)\, de = \frac{1}{Q} \int_{-Q/2}^{Q/2} e^2\, de = \frac{Q^2}{12} \tag{6.28}$$

$$m_t = \int_{-\infty}^{\infty} e\, p_t(e)\, de = \frac{1}{Q} \int_{-Q}^{0} e\, de = -\frac{Q}{2} \tag{6.29}$$

$$E[e_t^2(k)] = \int_{-\infty}^{\infty} e^2 p_t(e)\, de = \frac{1}{Q} \int_{-Q}^{0} e^2\, de = \frac{Q^2}{3} \tag{6.30}$$

この結果,量子化形式は丸め誤差を生じるミッドライザ,ミッドトレッド型がよく使われる。

　アナログ信号をディジタル化する際,標本化では原理的に劣化は生じないが,量子化の段階で必ず量子化雑音による劣化が生じる。通常,信号品質は信号電力と雑音電力の比,すなわち,**信号対雑音電力比** (signal to noise power ratio:**SNR**) で評価する。量子化後の信号は**信号対量子化雑音電力比** SNR_Q により評価される。丸め量子化雑音電力 N_Q は,式 (6.28) より $Q^2/12$ で与えられる。6.2.1 項で述べたように,量子化幅 Q は入力信号のダイナミックレンジ D と量子化ビット数 B により $Q = D/2^B$ で与えられるため,N_Q は次式で求まる。

$$N_Q = \frac{1}{12} \frac{D^2}{2^{2B}} \tag{6.31}$$

上式より,量子化ビット数を 1 ビット増すごとに量子化雑音電力は 1/4 に減少する (6 dB の減少)[†]。信号電力は振幅分布に依存するため確定した値で表す

[†] A/D 変換器の量子化雑音を低減する方法については付録 A.7 を参照のこと。

ことはできないが，ダイナミックレンジ D で決まる最大値 $S_{\max}=(D/2)^2$ を与えておく．このとき，SNR_Q は次式で与えられる．

$$SNR_Q \leq \frac{S_{\max}}{N_Q} = 3 \cdot 2^{2B} \tag{6.32}$$

。○ ○ ○　**例題 6.3**　○ ○ ○ 。

正弦波 $A\sin\omega t$ を B ビット A/D 変換器で丸め量子化したときの SNR_Q を求めよ．

解　正弦波のダイナミックレンジは $D=2A$ であるから，式 (6.31) より $N_Q = \frac{1}{3}\frac{A^2}{2^{2B}}$ 一方，信号電力は $S = \frac{\omega}{2\pi}\int_0^{2\pi/\omega}(A\sin\omega t)^2 dt = A^2/2$ である．したがって

デシベル（dB）表示

　二つの信号電力を比較する際，両者の比を対数で表すと，小さな電力比から大きな電力比までを適度な大きさの数で表すことができて都合がよい．**表 6.1** に示すように信号電力比を P_1/P_2 としたとき，常用対数 $\log_{10}(P_1/P_2)$ をベル〔bel〕という単位で表す．これは，電話の発明者**アレクサンダー・グラハム・ベル**(Alexander Graham Bell)にちなんで付けられた単位である．人間の聴覚は広いダイナミックレンジの刺激を受容できるため（耳は一種の対数受信機になっている），音圧や強度のレベルを対数により表す．ただし，表 6.1 から明らかなように 1 bel の変化量が大きすぎるため，通常は対数値の 10 倍を新たな単位〔dB〕として表す．

表 6.1　電力比のデシベル表示

電力比 P_1/P_2	$\log_{10}(P_1/P_2)$〔bel〕	$10\log_{10}(P_1/P_2)$〔dB〕
1/1 000	-3	-30
1/100	-2	-20
1/10	-1	-10
1	0	0
10	1	10
100	2	20
1 000	3	30

電力比だけでなく絶対電力も dB 表示され，例えば P_1〔mW〕の電力は 1 mW を基準（0 dBm）として $10\log_{10}P_1$〔dBm〕，P_2〔W〕の電力は 1 W を基準（0 dBW）として $10\log_{10}P_2$〔dBW〕である．また，電圧比 V_1/V_2 は $20\log_{10}(V_1/V_2)$〔dB〕で表示する．

$$SNR_Q = \frac{S}{N_Q} = 3 \cdot 2^{2B-1}$$

である．

デシベルで表すと，$10 \log(SNR_Q) = 6.02B + 1.76$ [dB] となる．例えば，$B=8$ ビットの場合，SNR_Q は約 50 dB（約 100 000 倍の電力比）である．

6.2.3　線形量子化と非線形量子化

量子化幅Qを一定にする量子化を**線形量子化**，または**一様量子化**と呼ぶ．A/D 変換器の入力信号振幅がダイナミックレンジ内で一様に分布している場合，線形量子化により量子化雑音は最小になる．しかし，入力信号の振幅分布が一様でない場合，線形量子化は必ずしも最適な量子化とならないことが知られている．**レート・歪み理論**(rate-distortion theory)によれば，信号振幅の確率密度関数をもとに量子化幅を設計する必要がある．この話題はかなり高度であり，本書のレベルを超えてしまう．また，本書の目的からもはずれてしまうので，以下に非線形量子化の例を述べるにとどめる．

例えば，音声信号の振幅分布は両側指数分布（ラプラス分布）をしており，標本化されたサンプルには振幅の小さいサンプルが多く含まれる．このような信号を量子化する場合，図 **6.18** に示すように入力信号振幅が小さい領域では量子化幅を小さく，大きい領域では量子化幅も大きく設計するほうが歪み（量子化雑音）を小さくできる．量子化幅の大きな領域から得たディジタル信号には大きな歪み成分が含まれるが，統計的には線形量子化に比べ優れた SNR_Q 特性が得られる．実際，振幅の大きなサンプルに大きな量子化雑音が含まれて

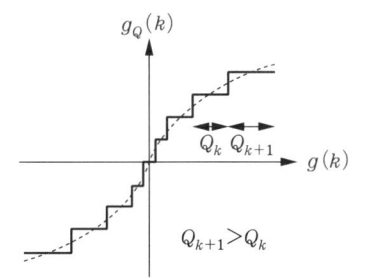

図 **6.18**　非線形量子化特性の例

いても，瞬時マスキング効果により聴覚上この歪みを知覚できないことが知られている。

入力信号振幅の確率密度関数をもとに，量子化雑音を最小にする量子化レベルを設定することは理論的に可能であるが，図 6.18 のような非線形の入出力特性をもつ A/D 変換器を作るのは難しい。そこで，現実には入力信号を対数圧縮したあとに線形量子化する方法がとられる。この構成により，線形量子化器の出力には図 6.18 と等価の不均一な量子化結果が得られる。対数圧縮によって生じた非線形歪みは，**圧縮器**（compressor）の逆特性をもつ**伸張器**（expandor）により補正され，もとの信号が復元される。圧縮器と伸張器をまとめて**コンパンダー**（compandor）と呼ぶ。また，コンパンダーによる信号の非線形量子化とその復号を**図 6.19** に示す。

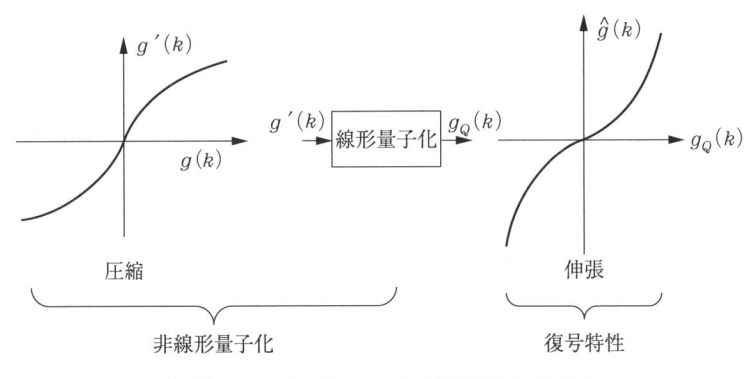

図 6.19 コンパンダーによる非線形量子化と復号

アナログ信号を標本化して得た PAM 信号を，さらに量子化，符号化（0，1 のバイナリ系列に変換）することにより **PCM**（pulse code modulation）**信号**が得られる。電話の音声信号などを PCM 信号に変換する場合，日本や米国では次式で示される圧縮特性が使われており，**μ 法則 log-PCM** と呼ばれる。

$$y = \mathrm{sgn}(x) \frac{\ln(1+\mu|x|)}{\ln(1+\mu)}, \quad |x| \leq 1 \tag{6.33}$$

ここで，x は入力信号を最大振幅で正規化した値で $|x| \leq 1$ をとり，コンプレ

ッサへの入力信号 $g(k)$ に相当する．また，y は出力 $\tilde{g}(k)$ に相当する．パラメータの値は $\mu = 255$ が使われている．式 (6.33) で規定される圧縮特性を線形量子化($\mu = 0$)の場合とともに**図 6.20** に示す．入力振幅が小さい場合，式 (6.33) より

$$y \approx \mathrm{sgn}(x) \frac{\mu|x|}{\ln(1+\mu)}, \qquad |x| \ll \frac{1}{\mu} \tag{6.34}$$

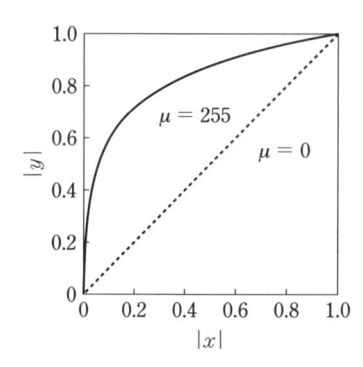

図 6.20 μ 法則による圧縮特性

コンパクトディスク (CD)

CD ディジタルオーディオ(CD-DA)は，直径 12 cm のプラスチック円盤上にオーディオ信号をディジタル信号として録音・再生する媒体であり，ソニーとフィリップスの 2 社により開発された．人間の最高可聴周波数は 20 kHz 程度であるため，オーディオ信号は可聴域をカバーするアンチエリアスフィルタを介して 44.1 kHz で標本化される．その後，16 ビットの線形量子化を行う(音声の log-PCM と異なり線形 PCM である)．CD はステレオ録音(2 チャネル)であるから，1 秒当り約 1.4 Mbit の情報を扱うことになる．また，CD 1 枚の最大録音時間は 74 分 33 秒であるから，ユーザ情報として記録できる全情報量は約 6.3 Gbit ($\approx$ 789 MB)である．ただし，インターリーブ付きリード・ソロモン誤り訂正符号 (CIRC)，符号変換 (EFM 変調)，クロック同期用ビット，ディスプレイ用ビットなどが使われているため，CD に含まれる情報量はその数倍の量になる．

ディジタルデータを記録する CD-ROM は，オーディオデータよりもデータの信頼性を高める必要があるため誤り検出や誤り訂正機能が強化されており，その分ユーザが記録できる情報量は標準 650 MB と CD-DA に比べ少なくなっている．

と近似でき，線形量子化がなされていることがわかる．このように，小振幅信号に対して一様に量子化し，大振幅信号に対して対数圧縮による不均一量子化を行うことにより，声の小さな人と大きな人で SNR_Q にそれほど差は生じないことになる．8ビット線形PCMの SNR_Q は，式 (6.32) よりdB表示で $SNR_Q \leq 52.8\,\mathrm{dB}$ であるが，実際の音声信号は大きな**クレストファクタ**（最大信号振幅と実効値の比）をもつため SNR_Q の上限よりも大きく低下する．しかし，コンパンダによりクレストファクタを低減させ，SNR_Q の向上を図ることができる．

6.3 数値の符号化

量子化された信号は，ディジタル信号としてコンピュータを用いて加工・処理される．この際，信号振幅は数値として符号化しておかなければならないが，通常はコンピュータ処理に適した2進数により表す．

6.3.1 10進数のバイナリ表現

普段使われている数は10進数で表されており，例えば，247は10を**基数** (radix または base) として

$$247 = 2 \cdot 10^2 + 4 \cdot 10^1 + 7 \cdot 10^0 \tag{6.35}$$

を意味する数である．同様に，2進数の11001は2を基数として

$$11001_{(2)} = 1 \cdot 2^4 + 1 \cdot 2^3 + 0 \cdot 2^2 + 0 \cdot 2^1 + 1 \cdot 2^0 = 25 \tag{6.36}$$

を意味している．以上を念頭において，10進数で表された正の整数 M を n ビットの2進数で表してみよう．M は2のベキ乗を用いて次式で表される．

$$M = a_1 2^{n-1} + a_2 2^{n-2} + \cdots + a_{n-1} 2^1 + a_n 2^0 \tag{6.37}$$

もちろん，$a_1, a_2, \cdots, a_n$ は0または1である．最上位ビット a_1 を **MSB** (most significant bit)，最下位ビット a_n を **LSB** (least significant bit) と呼ぶ．上式より，M を2で割ったときの商を Q_1，余りを R_1 とすれば，LSB は a_n

$=R_1$ として与えられる。商 Q_1 は,

$$Q_1 = a_1 2^{n-2} + a_2 2^{n-3} + \cdots + a_{n-1} 2^0 \tag{6.38}$$

であるから,つぎの位のビット a_{n-1} は Q_1 を 2 で割った余りとして与えられる。この手順を商が 1 になるまで繰り返すことによりすべての係数が求まり,10 進数 M を 2 進数 $a_1 a_2 \cdots\cdots a_n$ で表現できる。

○ ○ ○ **例題 6.4** ○ ○ ○

10 進数の 100 を 2 進数で表せ。

解 図 6.21 に示す手順より,$100_{(10)} = 1100100_{(2)}$ である。

```
2) 100
2)  50 …… 0 LSB
2)  25 …… 0
2)  12 …… 1
2)   6 …… 0
2)   3 …… 0
     1 …… 1
     MSB
100_(10) = 1100100_(2)
```

図 6.21 10 進数から 2 進数への変換

実用的に 2 進数が有効に機能するためには,負の数も表現できなければならない。負の数を表す代表的な表示形式として,**極性・絶対値**(sign-magnitude)**表示**,**1 の補数**(1's complement)**表示**,**2 の補数**(2's complement)**表示**などがある。

(1) 極性・絶対値表示は,MSB を極性ビットとする表示法である。MSB が 0 の場合は正,1 の場合は負の数を意味し,MSB より下位のビットで大きさを表す。例えば,4 ビット表示の場合 $0101_{(2)} = 5$ であり,$1101_{(2)} = -5$ である。この表示法では,0 は 0000 と 1000 の 2 通りの表現が可能である。したがって,一般的に n ビット表示では

$$-2^{n-1}+1 \leq M \leq 2^{n-1}-1 \tag{6.39}$$

の範囲に存在する $2^n - 1$ 個の整数を表すことができる。

(2) 1の補数表示では，正の数は極性・絶対値表示と同じであるが，負の数は正の数のすべてのビットを反転して得られる。例えば，10進数の5と-5はそれぞれ，$5=0101_{(2)}$，$-5=1010_{(2)}$で表される。この表示法では，0は0000と1111の2通りの表現が可能であり，極性・絶対値表示と同様，一般的にnビット表示で式(6.39)の範囲に存在する2^n-1個の整数を表すことができる。また，MSBが0であれば正数，1であれば負数と判定できる。

(3) 2の補数表示では，正の数は極性・絶対値表示や1の補数表示と同じであるが，負の数はまず1の補数を作り，つぎにLSBに1を加算して得られる。例えば，10進数の-5は$-5=1010+0001=1011_{(2)}$で表される。また，2進数から10進数への変換は

$$1011_{(2)}=-1 \cdot 2^3+0 \cdot 2^2+1 \cdot 2^1+1 \cdot 2^0=-5 \tag{6.40}$$

のように，MSBを重み付き極性ビットとして扱う。この表示法では，例えば4ビット表示の場合，正の最大値は$0111_{(2)}=7$，負の最大値は$1000_{(2)}=-8$であり，負の数は正の数よりも絶対値で1単位大きな数を表すことができる。これは極性・絶対値表示や1の補数表示と異なる点であり，一般的にnビット表示で

$$-2^{n-1} \leq M \leq 2^{n-1}-1 \tag{6.41}$$

の範囲に存在する2^n個の整数を表すことができる。

これらの符号形式は単なる約束事であり，A/D変換器出力に自動的に得られるものではない。負の数は極性・絶対値表示から2の補数表示に変換するプロセス（図6.14に示す符号化）が必要になる。変換プロセスの例を**図6.22**に示す。数値演算を行うに際して，どの表示形式を選ぶかはプログラミングやハ

```
極性・絶対値表示        1011₍₂₎ = −1·(1·2¹+1·2⁰) = −3
極性ビットを削除        0011₍₂₎ = 1·2¹+1·2⁰ = 3
1の補数表示            1100₍₂₎
LSBに1を加算         +) 0001₍₂₎
2の補数表示            1101₍₂₎ = −1·2³+1·2²+0·2¹+1·2⁰ = −3
                    3−3 = 0011₍₂₎+1101₍₂₎ = 0000₍₂₎ = 0   オーバーフロービットを無視
```

図 6.22 極性・絶対値表示から2の補数表示への変換

ードウェアを考慮して決定しなければならない。例えば，図 6.22 に示すように減算は 2 の補数形式が適している。

いままで整数についての 2 進表示を議論してきたが，数値演算（乗算）を実行する際のオーバーフローを考慮すると小数演算が必要になる。小数を表示するためには小数点の位置を決めなければならない。小数点を LSB の右にあると考えれば，その 2 進数は整数しか表せない。また，正負の小数を表示するためには，MSB を極性ビットと考えなければならない。したがって，小数点は MSB の右から LSB の左までの間におくことができる。絶対値が 1 より小さい数を表示する場合，小数点は MSB の右にあるものと考えるのが一般的である。便宜上小数点を付けて表示すると，2 進小数 0.101，1.011 はそれぞれ

$$0.101_{(2)} = 1 \cdot 2^{-1} + 0 \cdot 2^{-2} + 1 \cdot 2^{-3} = 0.625 \tag{6.42 a}$$

$$1.011_{(2)} = -1 \cdot 2^0 + 0 \cdot 2^{-1} + 1 \cdot 2^{-2} + 1 \cdot 2^{-3} = -0.625 \tag{6.42 b}$$

を意味している。また，この例から明らかなように，負の小数は正の小数を 2 の補数表示することにより得られる。

一般的に，正の 10 進小数 F は 2 のベキ乗を用いて次式で表される。

$$F = b_1 2^{-1} + b_2 2^{-2} + \cdots + b_n 2^{-n} + \cdots \tag{6.43}$$

もちろん，b_1，b_2，…，b_n は 0 または 1 である。上式より，F を 2 倍したときに得られる整数部を I_1，小数部を F_1 とすれば，小数第 1 位のビットは $b_1 = I_1$ として与えられる。小数部 F_1 は

$$F_1 = b_2 2^{-1} + b_3 2^{-1} + \cdots + b_n 2^{-n+1} + \cdots \tag{6.44}$$

であるから，つぎの位のビット b_2 は F_1 を 2 倍したときの整数部として与えられる。この手順を小数部が 0 になるまで繰り返すことによりすべての係数が求まり，10 進小数 F を 2 進数 $b_1 b_2 \cdots b_n \cdots$ で表現できる。小数の値によっては，n ビットで表現できない場合が生じる。この場合は第 $n+1$ ビットを丸め，または打切りにより n ビット近似することになる。

○○○ **例題 6.5** ○○○

10 進小数 0.8125 および 0.64 を 8 ビットの 2 進数で表せ。

[解] 図 6.23(a)の手順に従い，$0.8125 = 0.1101000_{(2)}$ である。また，0.64 は 8 ビットで表すことができないため 9 ビット目を打切り，または丸めにより近似する。図(b)の手順に従い，切り捨てた場合 $0.64 = 0.1010001_{(2)}$，丸めた場合 $0.64 = 0.1010010_{(2)}$ である。なお，MSB の右に付けた小数点は便宜上のものであり，実際のレジスタ内部には存在しない。

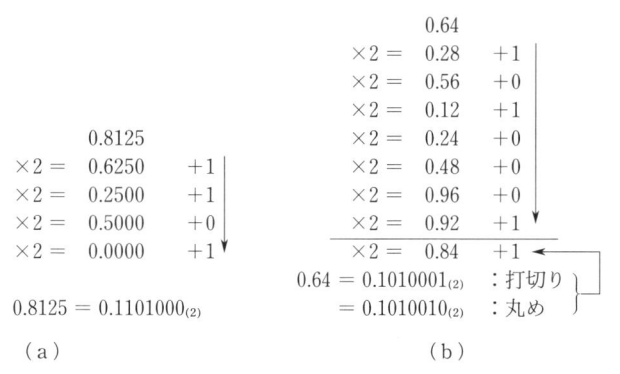

```
                                    0.64
                              ×2 =  0.28   +1
                              ×2 =  0.56   +0
                              ×2 =  0.12   +1
                0.8125        ×2 =  0.24   +0
        ×2 =    0.6250   +1   ×2 =  0.48   +0
        ×2 =    0.2500   +1   ×2 =  0.96   +0
        ×2 =    0.5000   +0   ×2 =  0.92   +1
        ×2 =    0.0000   +1   ×2 =  0.84   +1

        0.8125 = 0.1101000(2)   0.64 = 0.1010001(2)  ：打切り
                                    = 0.1010010(2)  ：丸め

           (a)                        (b)
```

図 6.23　10 進小数の 2 進数 8 ビット表示

6.3.2　固定小数点演算

数値演算の基本は加減乗除である。簡単のために，LSB の右に小数点を固定して整数の加減算について考えよう。加算はすべての表示形式で同じ演算手順になるが，減算は負の数を加算することになり，表示形式によりアルゴリズムが異なる。

(a)　極性・絶対値表示

まず，① 2 数の極性を比較する。② 極性が同じであれば絶対値どうしの加算を行い，結果に共通の極性を付ける。③ 極性が異なれば，両者の絶対値を比較して大きい数から小さい数を減算し，結果に絶対値の大きいほうの極性を付ける。このように，極性・絶対値表示では多くの手順が必要なため，通常は加減算に適した補数表示が使われる。

(b)　1 の補数表示

負数は 1 の補数で表示し，加減算はすべて加算で統一される。その際，演算

結果がオーバーフローしないように注意が必要である。すなわち，n ビットで表された二つの数を加算する場合，$n+1$ ビットのレジスタが必要になる。演算上の注意は，MSB からの桁上げ（エンドキャリー）を LSB に加算する操作，**エンドアラウンドキャリー**(end-around carry)が必要である。

。○○○　例題 6.6　○○○。

$5-7=-2$，$-7-6=-13$ の演算を 1 の補数表示で実行せよ。

解　被演算数と演算結果から，それぞれ 4 ビット，5 ビット演算が必要になる。具体的な演算過程を図 6.24 に示す。

$$
\begin{array}{rl}
0101_{(2)} & = +5 \\
+)\ 1000_{(2)} & = -7 \\
\hline
1101_{(2)} = -(0010_{(2)}) & = -2
\end{array}
$$

$$
\begin{array}{rl}
11000_{(2)} & = -7 \\
+)\ 11001_{(2)} & = -6 \\
\hline
110001_{(2)} & \\
+)\ \ \ \ \ \ \ 1 & \text{エンドアラウンドキャリー} \\
\hline
10010_{(2)} = -(01101_{(2)}) & = -13
\end{array}
$$

（a）4 ビット演算　　　　（b）5 ビット演算

図 6.24　1 の補数表示による加減算の例

（c）2 の補数表示

演算過程は基本的に 1 の補数と同じであるが，エンドキャリーが生じてもそれを無視する点が異なる。

。○○○　例題 6.7　○○○。

$5-7-6=-8$ の演算を 2 の補数表示で実行せよ。

解　負の数は 2 の補数表示にして加算する。具体的な演算過程を図 6.25 に示す。

$$
\begin{array}{rl}
00101_{(2)} & = +5 \\
11001_{(2)} & = -7 \\
+)\ 11010_{(2)} & = -6 \\
\hline
①11000_{(2)} = -1\cdot 2^4 + 1\cdot 2^3 & = -8
\end{array}
$$

エンドキャリーを無視

図 6.25　2 の補数表示による加減算の例

いままで加減算について述べたが，信号処理の分野では乗算が重要な役割を

演じる。乗算は加算と異なり，演算結果を示すビット数の最大は二つの被演算数のビット数を加算したものとなる。したがって，整数型の固定小数点演算ではオーバーフローが生じやすくなるため，通常は被演算数の絶対値を1以下に正規化して（小数にして）演算を行う。また，正負の小数を表すために小数点はMSBの右におく。MSBは極性ビットであり，2の補数表示されたnビットの小数Fは

$$-1.0 \leqq F \leqq 1.0 - \left(\frac{1}{2}\right)^n \tag{6.45}$$

の範囲に存在する2^n個の数を表し，最小分解能は$(1/2)^{n-1}$である。nビットで表された二つの小数F_1とF_2を乗算して結果をnビットで表示した場合，オーバーフローは生じず，打切りまたは丸め誤差が生じるだけとなる。

乗算に適した表示法は極性・絶対値表示である。この形式では，絶対値どうしを乗算した後，二つの数の極性により積の極性を決める。加減算に適した補数表示により乗算演算を行う場合，演算の前後で補数/極性・絶対値，極性・絶対値/補数変換が必要になる。しかし，これらの余分な操作を省くため，補数表示された負数のままで演算を実行するアルゴリズムが開発されている。その中の一つである直接乗算法を示しておく。筆算で10進数の乗算を行う場合，被乗数を乗数の各桁と乗算して部分積を作り加算する。乗算により得られる小数部のビット数は，2数の小数部の和になる。2進数の乗算はこれと同じ手順で実行できる。ただし，MSBが1のとき，その数は負であるから，MSBとの部分積は被乗数の2の補数表示になる。具体例によりみていこう。

。○○○ **例題 6.8** ○○○。

$0.3125 \times (-0.4375) = -0.13671875$ の乗算を2の補数表示で実行せよ。

解 二つの小数を2の補数で表すと，両数ともに5ビットで表示でき，$0.3125 = 0.0101_{(2)}$，$-0.4375 = 1.1001_{(2)}$である。直接乗算法による演算過程を図 **6.26**(a)に示す。

演算結果は$0.0101_{(2)} \times 1.1001_{(2)} = 1.11011101_{(2)} = -0.13671875$となる。最後の部分積は被乗数に$-1$を乗算したもの，すなわち被乗数の2の補数になっている。小数

6.3 数 値 の 符 号 化   163

点以下のビット数は，被乗数と乗数の小数部のビット数を加えた 8 ビットになる。演算結果を 5 ビットで表すと，オーバーフローは生じず，打切りまたは丸め誤差が生じることになる。

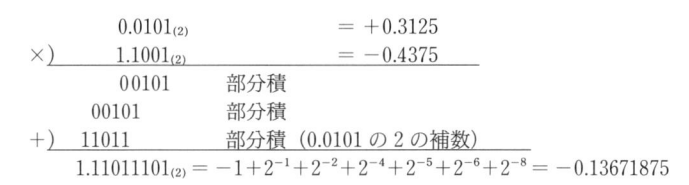

$$
\begin{array}{rl}
0.0101_{(2)} & = +0.3125 \\
\times)\quad 1.1001_{(2)} & = -0.4375 \\
\hline
00101 & \text{部分積} \\
00101 & \text{部分積} \\
+)\ 11011 & \text{部分積}\ (0.0101\ \text{の}\ 2\ \text{の補数}) \\
\hline
1.11011101_{(2)} & = -1+2^{-1}+2^{-2}+2^{-4}+2^{-5}+2^{-6}+2^{-8} = -0.13671875
\end{array}
$$

5 ビットに打ち切った場合，$1.1101_{(2)} = -0.1875$
5 ビットに丸めた場合，$1.1110_{(2)} = -0.125$

(a)

$$
\begin{array}{rl}
1.1011_{(2)} & = -0.3125 \\
\times)\quad 1.1001_{(2)} & = -0.4375 \\
\hline
111111011 & \text{部分積（負数）} \\
111011 & \text{部分積（負数）} \\
00101 & \text{部分積}\ (1.1011\ \text{の}\ 2\ \text{の補数}) \\
1 & \text{キャリー} \\
10 & \text{キャリー} \\
10 & \text{キャリー} \\
1 & \text{キャリー} \\
+)\ 10 & \text{キャリー} \\
\hline
0.00100011_{(2)} & = 2^{-3}+2^{-7}+2^{-8} = 0.13671875
\end{array}
$$

極性ビット拡張 ← （最初の二つの部分積の上位ビットに付加）
エンドキャリー
10 を無視 →

(b)

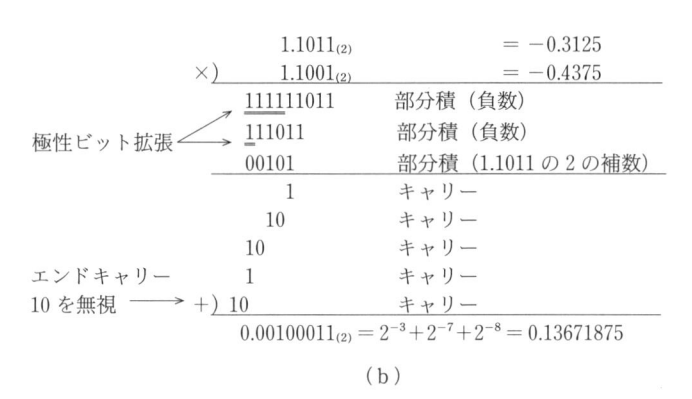

図 6.26 2 の補数表示による乗算の例

○○○ **例題 6.9** ○○○

$(-0.3125) \times (-0.4375) = 0.13671875$ の乗算を 2 の補数表示で実行せよ。

解 例題 6.8 と同様，二つの小数を 2 の補数で表すと $-0.3125 = 1.1011_{(2)}$，$-0.4375 = 1.1001_{(2)}$ である。直接乗算法による演算過程を図 6.26(b)に示す。

被乗数と乗数がともに負の数の場合，部分積を得る際に注意が必要である。図に示すように，最初の二つの部分積は負の数であり，最後の部分積は正の数になる。これらを単純に加算してしまうと，最初の二つの部分積が正の数とみなされて正しい答は得られない。負の数として加算するためには，極性ビットの 1 を最後の部分

積の MSB と同じ桁まで拡張してやる必要がある[†1]。部分積とキャリーを加算して答を得るが，2の補数を用いた加算の原則に従い，MSB からのエンドキャリーを無視することで正しい答 $0.00100011_{(2)}=0.13671875$ が得られる。当然のことながら，この結果と例題 6.8 の結果から，$0.00100011_{(2)}+1.11011101_{(2)}=0.00000000_{(2)}=0_{(10)}$ が得られる。

6.3.3 浮動小数点演算

限られたビット数の固定小数点表現において，数値の範囲を拡大し，かつ精度（分解能）を高めることは難しい。しかし，浮動小数点表現を用いることにより，数値の範囲と精度という相反する制約条件をある程度取り除くことができる。特に，固定小数点演算で問題となるオーバーフローとアンダーフローを低減できる。

浮動小数点で表される数の表示形式はいろいろ提案されているが，代表的なものとして，米国電気電子技術者協会で定めた **IEEE-754 規格**をみておく。このうち単精度浮動小数点数の表示形式を図 **6.27** に示す。数は 32 ビットで表示され，極性を MSB に，指数をつぎの 8 ビットに，仮数を残り 23 ビットに割り当てる。ただし，指数は**オフセット・バイナリー表示**[†2]であり，仮数 m

31	30		23	22		0
s		e			m	
極性		指数			仮数	

$$x=(-1)^s \cdot 2^{e-127} \cdot (1+.m) ：数値の正規化表現$$

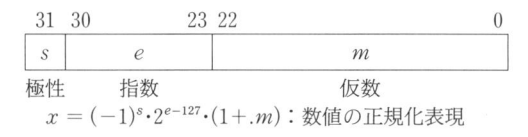

図 6.27 単精度浮動小数点の表示形式(IEEE-754 規格)

[†1] 2進数では，補数表示されたMSBと同じ符号を何ビット拡張してもその値は変わらない性質があり，これを**極性ビット拡張**(sign-bit extension)と呼ぶ。例えば，2 の補数表示で $-5=1011_{(2)}=11111011_{(2)}$ のように，極性ビットの 1 を 4 ビット拡張して 8 ビットで表示しても値は変わらない。

[†2] n ビットのオフセット・バイナリー表示では，-2^{n-1} から $+2^{n-1}-1$ の整数を表現できる。例えば，$0000_{(2)}=-8$，$1111_{(2)}=+7$ などである。通常，オフセット・バイナリーから 2 の補数に変換するにはMSBを反転させる（0 は 1 に，1 は 0 にする）だけでよい。ただし，IEEE-754 ではオフセット量が 127 であるから，MSB を反転させた後，1 を加算する必要がある。逆に，2 の補数からオフセット・バイナリーへの変換はMSBの反転後 1 を減算することになる。

は $1 \leq m < 2$ となるように正規化される。例えば、10 進数の 27.625 はつぎのように表現できる。

$$27.65 = 11011.101_{(2)} = 1.1011101_{(2)} \cdot 2^4 \tag{6.46}$$

したがって、極性は $s=0$，指数は $e=4+127=10000011_{(2)}$ である。仮数は $11011101_{(2)}$ であるが，正規化された仮数の MSB はつねに 1 であるため省略することができ，$m=1011101_{(2)}$（仮数を示す残りの下位レジスタは 0）となる。数値を仮数部のレジスタに格納する際，1 ビット左シフトしてもとの MSB を削除する。この操作により，分解能を 1 ビット分向上できる。

一般的に 10 進数 x はつぎのように表示される。

$$x = (-1)^s \cdot 2^{e-127} \cdot (1 + .m) \tag{6.47}$$

なお，特別な数値として 0 や ∞，**非数**(not a number：**NaN**)，絶対値の非常に小さい非正規化数を表すこともできる。IEEE-754 単精度浮動小数点で表現できる数をまとめて**表 6.2** に示す。

表 6.2 IEEE-754（単精度）で表現できる数（x）

	$e=0$		$1 \leq e \leq 254$	$e=255$	
	$m=0$	$m \neq 0$	$00\cdots00 \leq m \leq 11\cdots11$	$m=0$	$m \neq 0$
x	0	$(-1)^s \cdot 2^{-126} \cdot (0+.m)$ 非正規化数	$(-1)^s \cdot 2^{e-127} \cdot (1+.m)$ $\|x\|_{\max}=3.40282347E+38$ $\|x\|_{\min}=1.17549435E-38$	$(-1)^s \cdot \infty$	NaN 非数

浮動小数点表示された数の四則演算，特に加減算は 2 数の桁合せと演算後の正規化操作が必要で，さらに仮数が極性・絶対値表示のため，固定小数点の場合に比べ多くの手順を必要とする。これに対し，乗除算は加減算で必要な操作が不要なため比較的扱いやすい。

○○○ **例題 6.10** ○○○

$x=13.25$，$y=5.5$ のとき，浮動小数点表示により $z=x+y$ を求めよ。

解 $x=1.10101_{(2)} \cdot 2^3$，$y=1.011_{(2)} \cdot 2^2$ より，x と y の桁合せを行ったあと加算し，結果を正規化表示する。

$$z = 1.10101_{(2)} \cdot 2^3 + 0.1011_{(2)} \cdot 2^3 = 10.01011_{(2)} \cdot 2^3$$
$$= 1.001011_{(2)} \cdot 2^4 = 18.75$$

として求まる。

○ ○ ○ **例題 6.11** ○ ○ ○

$x=13.25$, $y=5.5$ のとき，浮動小数点表示により $z=x \cdot y$ を求めよ。

解 $x=1.10101_{(2)} \cdot 2^3$, $y=1.011_{(2)} \cdot 2^2$ より，仮数どうしの乗算と指数どうしの加算により z が求まる。

$z=1.10101_{(2)} \cdot 1.011_{(2)} \cdot 2^{3+2}=10.01000111_{(2)} \cdot 2^5$
$=1.001000111_{(2)} \cdot 2^6=72.875$

演 習 問 題

1. アナログ信号 $g(t)$ を T_s の時間間隔で標本化することは，$g(t)$ とインパルス列 $d(t)=\sum_{k=-\infty}^{\infty}\delta(t-kT_s)$ との乗算演算に等しい。
   (a) $T_s=125\,\mu\mathrm{s}$ の場合，$d(t)$ の周波数スペクトル $D(f)$ を図示せよ。
   (b) 信号 $g(t)$ の周波数スペクトル $G(f)$ が図 6.28 で表されるとき，標本化された信号 $g_\mathrm{PAM}(t)=g(t)d(t)$ の周波数スペクトルを図示し，もとの信号 $g(t)$ を復元できるかどうか述べよ。ただし，$f_M=3\,\mathrm{kHz}$ とする。
   (c) $f_M=5\,\mathrm{kHz}$ の場合はどうか。

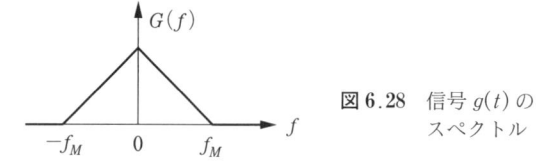

図 6.28 信号 $g(t)$ のスペクトル

2. つぎの信号 $g(t)$ のナイキスト周波数 f_s とナイキスト間隔 T_s を求めよ。
   (a) $g(t)=\mathrm{sinc}(4000t)$, (b) $g(t)=\mathrm{sinc}^2(4000t)$
3. 周波数 5 kHz の正弦波を標本周波数 8 kHz で標本化して得られる PAM 信号の周波数成分を示せ。また，この PAM 信号からもとの正弦波を復元できるかどうか述べよ。

演　習　問　題　　167

4. 周波数成分が 5 kHz～7 kHz のみに存在する帯域信号を標本周波数 8 kHz で標本化する．得られた PAM 信号の周波数スペクトルを示せ．また，この PAM 信号からもとの帯域信号を復元できるかどうか述べよ．

5. 信号波形はオシロスコープにより観測するが，オシロスコープの帯域を超える信号を正確に測定することはできない．しかし，周期信号の場合はアンダーサンプリングを利用するサンプリングオシロスコープにより所望波形を間接的に観測することができる．例えば，図 6.29(a) に示す周期信号のスペクトルは，$g(t)$ のフーリエ係数より図 (b) のように求まる．図には正の周波数成分のみを示している．信号 $g(t)$ の近似波形として，基本周波数 $f_0 (=1/T)$ の第 3 高調波までを考慮して（アンチエリアスフィルタにより $3f_0$ を超える周波数成分を抑圧する），f_0 よりも低い周波数 $f_s=(1-\alpha)f_0$ $(0<\alpha<1)$ で標本化する．この結果得られる周波数スペクトルは，図 (c) に示すように，もとのスペクトルを圧縮した形になる．低域通過フィルタにより $|f| \leq f_s/2$ の成分を取り出すと，図 (d) に示すような時間伸張した $g(\alpha t)$ が観測される．

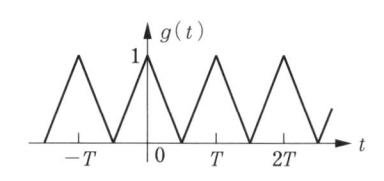

(a) 源信号

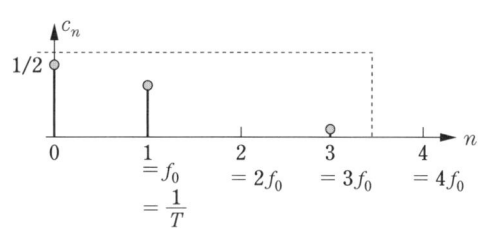

(b) 源信号の周波数スペクトル
　　　($n \geq 0$ で，第 3 高調波成分まで)

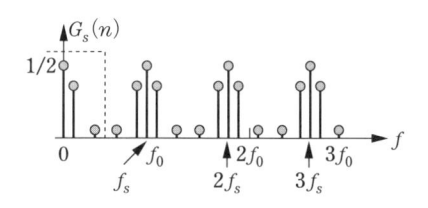

(c) $f_s=(1-\alpha)f_0$ $(0<\alpha<1)$ で標本化したときのスペクトル

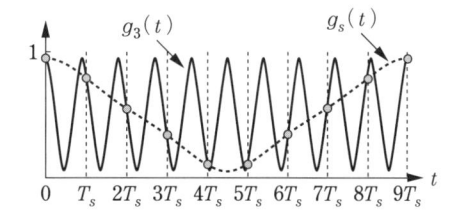

(d) $g(t)$ の第 3 高調波成分まで考慮した波形 $g_3(t)$ と，それをサンプリングオシロスコープで観測した波形 $g_s(t)$

図 6.29　サンプリングオシロスコープの原理

168　6. アナログ信号のディジタル化

　　以上がサンプリングオシロスコープの原理であるが，この原理が成立するための α の範囲を求めよ．ただし，$g(t)$ の近似波形として，一般的に m 次の高調波まで考慮するものとする．

6. 振幅が ± 1 V の範囲で一様に変動するアナログ信号をミッドトレッド型の線形量子化器で量子化する場合，信号対量子化雑音電力比 SNR_Q を 60 dB 以上確保するために必要な量子化ビット数を求めよ．

7. アナログ信号が平均値 0，分散 σ^2 のガウス振幅分布をもつとき，8 ビットのミッドトレッド型線形量子化器により得られる信号対量子化雑音電力比を求めよ．ただし，量子化の範囲は $\pm 3\sigma$ 以内とする．

8. CD では 16 ビットの線形量子化が行われている．
   （a）正弦波に対する信号対量子化雑音電力比 SNR_Q を求めよ．
   （b）音楽のクレストファクタ（最大振幅対実効振幅比）を 20 と仮定したとき，平均 SNR_Q を求めよ．

9. 4 ビットで表されるすべての 2 進数を 10 進数と対応させよ（極性・絶対値，1 の補数，および 2 の補数表示それぞれに対して）．

10. つぎの 10 進数を 2 の補数による 8 ビット 2 進数で表せ．
    （a）48　（b）-19　（c）0.421875　（d）-0.578125　（e）-5.4

7 離散フーリエ変換

6章において,アナログ信号は標本化,量子化,および符号化という一連の操作によりディジタル信号に変換されることを述べた。ディジタル化された信号を効率的に処理または伝送する場合,その周波数スペクトル特性を知る必要がある。ディジタル信号は時間的に離散化された数値データであるから,スペクトル解析はコンピュータを用いた数値演算になる。コンピュータは有限のデータしか扱うことができないから,信号の時間波形と周波数スペクトルはともに有限のデータで表さざるをえない。したがって,アナログ信号に対するフーリエ変換とは取扱い方に異なる点が生じる。

本章では,離散時間信号のフーリエ変換をもとに有限個の時間データ,スペクトルデータの対として離散フーリエ変換を導く。また,離散フーリエ変換の各種性質を調べ,フーリエ変換との類似点,相違点を明確にする。つぎに,限られたデータ数のためスペクトル解析の際に必然的に生じる誤差について考察し,その対策として有効な窓関数について述べる。最後に,離散フーリエ変換を効率的に実行するアルゴリズム,高速フーリエ変換について簡単に述べる。

7.1 離散信号のフーリエ変換

周期的,非周期的な離散時間信号のスペクトルを求める手段として,**離散時間フーリエ変換**(discrete-time Fourier transform: **DTFT**)と**離散フーリエ変換**(discrete Fourier transform: **DFT**)について述べる。

7.1.1 離散時間フーリエ変換

標本化された離散信号は,標本間隔を T_s とすれば,6章で示したように次式で与えられる。

$$g_s(t) = g(t)\sum_{k=-\infty}^{\infty}\delta(t-kT_s) \tag{7.1}$$

ここで,標本化周波数を f_s とすれば $T_s = 1/f_s$ である。

6章では,$g(t)$ とインパルス列の両スペクトルから,畳み込み積分により $g_s(t)$ のスペクトルを求めたが,ここでは式 (7.1) を直接フーリエ変換する。

$$G_s(f) = \int_{-\infty}^{\infty}g(t)\sum_{k=-\infty}^{\infty}\delta(t-kT_s)e^{-j2\pi ft}dt = \sum_{k=-\infty}^{\infty}g(kT_s)e^{-j2\pi fkT_s} \tag{7.2}$$

この式は $g_s(t)$ のフーリエ変換で,特に離散時間フーリエ変換と呼ばれる。周波数スペクトル $G_s(f)$ は f の連続関数であり,かつ

$$G_s(f+f_s) = \sum_{k=-\infty}^{\infty}g(kT_s)e^{-j2\pi(f+f_s)kT_s} = \sum_{k=-\infty}^{\infty}g(kT_s)e^{-j2\pi fkT_s}$$
$$= G_s(f) \tag{7.3}$$

が成立するため,$f_s\,(=1/T_s)$ を基本周期とする周期関数である。なお,以上の結果はすでに6章で明らかにしたことである。

もとの時間信号 $g_s(t)$ は $G_s(f)$ を理想ナイキストフィルタに通すことで復元できたが,ここでは直接逆変換により求めておく。式 (7.2) の両辺に $e^{j2\pi fnT_s}$ を乗算して $G_s(f)$ の1周期 f_s にわたり積分すると

$$\int_0^{f_s}e^{j2\pi f(n-k)T_s}df = \begin{cases} f_s & \cdots\cdots & k=n \\ 0 & \cdots\cdots & k\neq n \end{cases} \tag{7.4}$$

より

$$g(kT_s) = T_s\int_0^{f_s}G_s(f)e^{j2\pi fkT_s}df \tag{7.5}$$

が得られる。これは**逆離散時間フーリエ変換**(inverse DTFT:**IDTFT**)である。

離散時間フーリエ変換は,非周期離散時間信号を周期連続スペクトルに変換する演算である。実際の演算にはコンピュータを用いたいところであるが,無限個のデータが必要であり,このままでの形では実行できない。そこで,時間および周波数領域を有限のデータで表現する離散フーリエ変換が導かれる。

7.1.2 離散フーリエ変換とその周期性

コンピュータのデータ領域は有限であるから,時間波形や周波数スペクトルは N 個の離散データ列によって表される。これより,コンピュータにより非周期波形を表すことはできない(たとえ孤立波形であっても,その外側にある無限の 0 を表すことができない)。したがって,N 個の離散データ列は周期が N の周期関数とみなさざるをえない。例えば,離散非周期信号の適当な範囲を N 個のデータで表し,得られたデータを $\{g(k),\ k=0,\ 1,\ \cdots,\ N-1\}$ とすれば,$g(k)$ は周期 N の離散データ列になる。すなわち次式が成立する。

$$g(k+N) = g(k) \tag{7.6}$$

対象とする信号が非周期信号の場合でも,その一部を切り取って N 個の離散周期データで近似することになる。このとき,式 (7.2) の離散時間フーリエ変換は次式で与えられる。

$$G_s(f) = \sum_{k=0}^{N-1} g(k) e^{-j2\pi fkT_s} \tag{7.7}$$

ここで,$G_s(f)$ は f の連続関数のため,f も離散化・有限化する必要がある。前に述べたように,$G_s(f)$ は基本周期 $1/T_s$ の周期関数であるから,n を整数として $f = n\Delta f$ と離散化して $G_s(f)$ の 1 周期を N 個のデータで表す。すなわち,周波数分解能は $\Delta f = 1/NT_s$ となる。離散化した $G_s(f)$ を $G(n)(n=0,\ 1,\ \cdots,\ N-1)$ とすれば,式 (7.7) は次式で表される。

$$G(n) = \sum_{k=0}^{N-1} g(k) e^{-j2\pi nk/N} \tag{7.8}$$

これを $g(k)$ の離散フーリエ変換と定義する。このとき,次式より $G(n)$ は明らかに N を基本周期とする周期関数である。

$$G(n+N) = \sum_{k=0}^{N-1} g(k) e^{-j2\pi(n+N)k/N} = \sum_{k=0}^{N-1} g(k) e^{-j2\pi nk/N} e^{-j2\pi k}$$
$$= \sum_{k=0}^{N-1} g(k) e^{-j2\pi nk/N} = G(n) \tag{7.9}$$

逆離散フーリエ変換(inverse DFT:**IDFT**)は次式で与えられる。

$$g(k) = \frac{1}{N} \sum_{n=0}^{N-1} G(n) e^{j2\pi nk/N} \tag{7.10}$$

上式を導くためには，式 (7.8) の両辺に $e^{j2\pi nl/N}$ を乗算して，$n=0$ から $n=N-1$ まで加算する．

$$G(n)e^{j2\pi nl/N} = \sum_{k=0}^{N-1} g(k) e^{j2\pi n(l-k)/N} \tag{7.11}$$

$$\sum_{n=0}^{N-1} G(n) e^{j2\pi nl/N} = \sum_{n=0}^{N-1}\sum_{k=0}^{N-1} g(k) e^{j2\pi n(l-k)/N} = \sum_{k=0}^{N-1} g(k) \sum_{n=0}^{N-1} e^{j2\pi n(l-k)/N} \tag{7.12}$$

ここで

$$\sum_{n=0}^{N-1} e^{j2\pi n(l-k)/N} = \frac{1-e^{j2\pi(l-k)}}{1-e^{j2\pi(l-k)/N}} = \begin{cases} N & \cdots\cdots & k=l \\ 0 & \cdots\cdots & k \neq l \end{cases} \tag{7.13}$$

より

$$\sum_{n=0}^{N-1} G(n) e^{j2\pi nl/N} = Ng(l) \tag{7.12}'$$

が成立し，l を k に置き換えることで式 (7.10) が得られる．式 (7.8) は N 点 DFT，式 (7.10) は N 点 IDFT と呼ばれ，離散周期信号のフーリエ変換対 $G(n) = \mathcal{F}[g(k)]$，$g(k) = \mathcal{F}^{-1}[G(n)]$ を表している．

。○ ○ ○　**例題 7.1**　○ ○ ○ 。

DFT 対 $G(n)$ と $g(k)$ はともに基本周期が N である．この結果

$$G(-n) = G(N-n) \tag{7.14}$$
$$g(-k) = g(N-k) \tag{7.15}$$

が成立することを示せ．

解　式 (7.8) において n を $N-n$ に置き換えると

$$G(N-n) = \sum_{k=0}^{N-1} g(k) e^{-j2\pi(N-n)k/N} = \sum_{k=0}^{N-1} g(k) e^{-j2\pi(-n)k/N} = G(-n)$$

が得られる．

同様に式 (7.10) より

$$g(N-k) = \frac{1}{N} \sum_{n=0}^{N-1} G(n) e^{j2\pi n(N-k)/N} = \frac{1}{N} \sum_{n=0}^{N-1} G(n) e^{j2\pi n(-k)/N} = g(-k)$$

となり題意が成立する．整数 n，k の定義域は $0 \leq n, k \leq N-1$ であるが，周期関数の性質から負の領域も扱えることを示している．

7.1 離散信号のフーリエ変換

○○○ **例題 7.2** ○○○

図 7.1(a) に示す信号 $g(t) = \sin 2\pi f_1 t + \dfrac{1}{2}\cos 2\pi f_2 t$ の周波数スペクトルを $N(=8)$ 点 DFT により求めよ。ただし，$f_1 = 1\,\text{kHz}$，$f_2 = 2\,\text{kHz}$ とする。

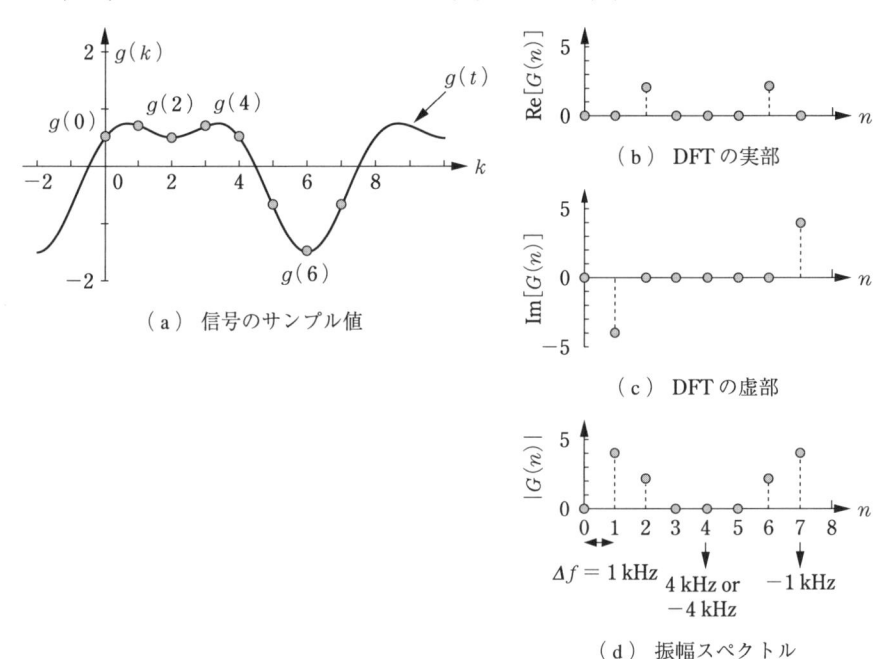

(a) 信号のサンプル値

(b) DFT の実部

(c) DFT の虚部

(d) 振幅スペクトル

図 7.1 信号 $g(t)$ とその DFT

解 信号 $g(t)$ の基本周期は $T = 1/f_1\,(= 1\,\text{ms})$ である。したがって，標本間隔は

$$T_s = \frac{T}{N} = \frac{1}{Nf_1} \quad (= 1/8\,\text{ms})$$

となる（標本化周波数は $f_s = Nf_1 = 8\,\text{kHz}$）。これより，信号のサンプル値として次式より以下の値を得る。

$$g(k) = \sin 2\pi f_1 k T_s + \frac{1}{2}\cos 2\pi f_2 k T_s$$

$$\{g(k),\ k = 0,\ 1,\ \cdots,\ 7\} = \left\{\frac{1}{2},\ \frac{1}{\sqrt{2}},\ \frac{1}{2},\ \frac{1}{\sqrt{2}},\ \frac{1}{2},\ -\frac{1}{\sqrt{2}},\ -\frac{3}{2},\right.$$

$$\left. -\frac{1}{\sqrt{2}}\right\}$$

DFT の定義より

$$G(n) = \sum_{k=0}^{N-1} g(k) e^{-j2\pi nk/N} = \sum_{k=0}^{N-1} g(k) \cos\left(\frac{2\pi nk}{N}\right) - j\sum_{k=0}^{N-1} g(k) \sin\left(\frac{2\pi nk}{N}\right)$$
(7.16)

したがって

$$\{G(n),\ n = 0,\ 1,\ \cdots,\ 7\} = \{0,\ -j4,\ 2,\ 0,\ 0,\ 0,\ 2,\ j4\}$$

が得られる。

図7.1(b),(c),(d)に$G(n)$の実部,虚部,および振幅スペクトルを示す。周波数分解能は $\Delta f = 1/NT_s = 1\,\mathrm{kHz}$ である。また,$G(n)$ は標本化周波数 $f_s = 8\,\mathrm{kHz}$ により得られたスペクトルであるから,実質的に $4\,\mathrm{kHz}(=f_s/2)$ までのスペクトルを表している。したがって,$G(7)$,$G(6)$,$G(5)$ はそれぞれ $G(-1)$,$G(-2)$,$G(-3)$,すなわち -1 から $-3\,\mathrm{kHz}$ を意味している。また $G(4)$ は $4\,\mathrm{kHz}$ の成分と解釈してもよいし,$G(-4)$ すなわち $-4\,\mathrm{kHz}$ と解釈することもできる。図(d)より,$g(t)$ は $1\,\mathrm{kHz}$ と $2\,\mathrm{kHz}$ の周波数成分をもち,それらの振幅比は $2:1$ であることがわかる($-1\,\mathrm{kHz}$ と $-2\,\mathrm{kHz}$ の成分は $1\,\mathrm{kHz}$ と $2\,\mathrm{kHz}$ のイメージである)。また図(b),(c)より,$1\,\mathrm{kHz}$ の成分は $2\,\mathrm{kHz}$ の成分より $\pi/2$ ラジアンの位相遅れがあることがわかる。

以上みてきたように,離散時間信号の周波数領域における表現は3,4章で述べた連続時間信号のそれと大きく異なる。時間領域の信号形態およびそれに対応する周波数領域のスペクトル形態をまとめて**表7.1**に示す。

表7.1 フーリエ変換の形態

	時間:連続	時間 :離散 周波数:周期
周波数: 連続	フーリエ変換 (Fourier transform) $G(f) = \int_{-\infty}^{\infty} g(t)e^{-j2\pi ft}dt$ $g(t) = \int_{-\infty}^{\infty} G(f)e^{j2\pi ft}df$	離散時間フーリエ変換 (discrete-time Fourier transform) $G_s(f) = \sum_{k=-\infty}^{\infty} g(kT_s)e^{-j2\pi fkT_s}$ $g(kT_s) = T_s\int_{0}^{1/T_s} G_s(f)e^{j2\pi fkT_s}df$
周波数: 離散 時間: 周期	フーリエ級数 (Fourier series) $c_n = \frac{1}{T}\int_{-T/2}^{T/2} g(t)e^{-j2\pi nt/T}dt$ $g(t) = \sum_{n=-\infty}^{\infty} c_n e^{j2\pi nt/T}$	離散フーリエ変換 (discrete Fourier transform) $G(n) = \sum_{k=0}^{N-1} g(k)e^{-j2\pi nk/N}$ $g(k) = \frac{1}{N}\sum_{n=0}^{N-1} G(n)e^{j2\pi nk/N}$

7.2 離散フーリエ変換の性質

DFTの性質は,4章で述べたフーリエ変換の性質と基本的に同等である。しかし,N点DFTはNを信号の1周期とみなすため,それに伴う相違点もある。同時に二つの信号を扱う際は,DFTに対応する周波数が両者とも同じでなければ演算は意味をなさなくなる。これは二つの信号系列を同じ長さ(N)にする必要があることを意味する。もし両者の長さが異なる場合は,短い系列にゼロを加えて同じ長さにしなければならない。以後,N点DFTを想定して,よく利用される性質について示しておく。また,いままでと同様フーリエ変換対を↔の記号で表す。

7.2.1 線　形　性
$g_1(k) \leftrightarrow G_1(n)$,　$g_2(k) \leftrightarrow G_2(n)$ ならば
$$\alpha_1 g_1(k) + \alpha_2 g_2(k) \leftrightarrow \alpha_1 G_1(n) + \alpha_2 G_2(n) \tag{7.17}$$
ここで,α_1,α_2は任意定数である。

7.2.2 対　称　性
$g(k)$が実時間関数で$g(k) \leftrightarrow G(n)$ならば
$$G(N-n) = G^*(n) \tag{7.18a}$$
ここで,*は複素共役を表す。すなわち,周波数スペクトルは$n=0$に関し**共役対称**(Hermitian symmetry)である。ただし,7.1節の例題7.1で示したように,$G(N-n)$は負の周波数成分$G(-n)$を意味している。

また,$g(k)$が純虚数の場合
$$G(N-n) = -G^*(n) \tag{7.18b}$$
すなわち,周波数スペクトルは$n=0$に関し**反共役対称**(skew Hermitian symmetry)である。

証明：$g(k)$ が実関数の場合

$$G(N-n) = \sum_{k=0}^{N-1} g(k) e^{-j2\pi(N-n)k/N} = \sum_{k=0}^{N-1} g(k) e^{-j2\pi k} e^{j2\pi nk/N}$$

$$= \left(\sum_{k=0}^{N-1} g(k) e^{-j2\pi nk/N} \right)^* = G^*(n)$$

この結果，フーリエ変換と同様 $G(n)$ の実部は偶関数，虚部は奇関数になる。

$g(k)$ が純虚数の場合 $g(k) = -g^*(k)$ であるから，この関係を上式に代入すれば題意が成立する。この結果，$G(n)$ の実部は奇関数，虚部は偶関数になる。

○○○ **例題 7.3** ○○○

$g(k)$ が実関数で，（a）偶関数の場合，（b）奇関数の場合，周波数スペクトルの特徴を述べよ。ただし，$g(k)$ の周期性から $g(N-k) = g(-k)$ が成立する。

解 （a） 共役対称性より，$G(n)$ の実部は n に関し偶関数であり，虚部は奇関数である。さらに，式 (7.8) より $G(n)$ の実部と虚部を別々に示すと

$$\mathrm{Re}[G(n)] = \sum_{k=0}^{N-1} g(k) \cos \frac{2\pi nk}{N}, \quad \mathrm{Im}[G(n)] = -\sum_{k=0}^{N-1} g(k) \sin \frac{2\pi nk}{N}$$

となる。特に $g(k)$ が偶関数の場合，$g(-k) = g(N-k) = g(k)$ より

$$g(N-k) \cos \frac{2\pi n(N-k)}{N} = g(k) \cos \frac{2\pi nk}{N}$$

および

$$g(N-k) \sin \frac{2\pi n(N-k)}{N} = -g(k) \sin \frac{2\pi nk}{N}$$

が成立する。すなわち，k に関し $\mathrm{Re}[G(n)]$ は偶関数，$\mathrm{Im}[G(n)]$ は奇関数である。この結果

$$\mathrm{Re}[G(n)] \neq 0, \quad \mathrm{Im}[G(n)] = 0$$

が成立し，$G(n)$ は実数の偶関数となる。

（b） $g(k)$ が奇関数ならば，$g(-k) = g(N-k) = -g(k)$ より（a）と同様にして

$$\mathrm{Re}[G(n)] = 0, \quad \mathrm{Im}[G(n)] \neq 0$$

が成立することがわかる。したがって，$G(n)$ は純虚数の奇関数である。

ところで，$g(k) = x(k) + jy(k)$ と表される一般的な複素信号の場合の対称性はどうであろうか。DFT の定義式 (7.8) より次式が成立する。

$$G(N-n) = \sum_{k=0}^{N-1} g(k) e^{-j2\pi(N-n)k/N} = \sum_{k=0}^{N-1} g(k) e^{j2\pi nk/N}$$

$$= \left[\sum_{k=0}^{N-1} g^*(k) e^{-j2\pi nk/N} \right]^* \tag{7.19}$$

したがって，$G^*(N-n) = G^*(-n) = \sum_{k=0}^{N-1} g^*(k) e^{-j2\pi nk/N}$ よりつぎの関係が成立する。

$$\mathcal{F}[g^*(k)] = G^*(N-n) = G^*(-n) \tag{7.20}$$

この関係は，連続関数のフーリエ変換の場合と同じである（4章，演習問題 5 (d)）。これより，$g(k)$ が一般的な複素数の場合，周波数スペクトルの共役対称性，反共役対称性はともに成立しない。

$$G^*(N-n) = G^*(-n) \neq \pm G(n) \tag{7.21}$$

関連する $g(-k)$ や $g^*(-k)$ など，時間反転した数列のフーリエ変換対については，演習問題を参照のこと。

7.2.3 和

$g(k) \leftrightarrow G(n)$ ならば

$$\sum_{k=0}^{N-1} g(k) = G(0) \tag{7.22}$$

すなわち，時間データ N 個の和はスペクトルの直流成分に等しい。また

$$\frac{1}{N} \sum_{n=0}^{N-1} G(n) = g(0) \tag{7.23}$$

が成立する。すなわち，全スペクトル成分の平均値は時刻ゼロの信号振幅に等しい。

証明：DFT および IDFT の定義式から明らかである。

7.2.4 巡回時間シフト

$g(k) \leftrightarrow G(n)$ ならば，任意の整数 k_0 に対し

178   7. 離散フーリエ変換

$$g(k-k_0) \leftrightarrow G(n)e^{-j2\pi nk_0/N} \tag{7.24}$$

ただし，$g(k)$はN個のデータからなる周期関数のため，時間シフトは巡回的（周期的）に行われる．すなわち，数列$\{g(k-k_0)\}$は$\{g(k)\}$を巡回シフトした$\{g(-k_0),\ \cdots,\ g(-1),\ g(0),\ \cdots,\ g(N-1-k_0)\} = \{g(N-k_0),\ \cdots,\ g(N-1),\ g(0),\ \cdots,\ g(N-1-k_0)\}$に等しい．

証明：IDFTの定義式 (7.10) より

$$\mathcal{F}^{-1}[G(n)e^{-j2\pi nk_0/N}] = \frac{1}{N}\sum_{n=0}^{N-1}G(n)e^{-j2\pi nk_0/N}e^{j2\pi nk/N}$$

$$= \frac{1}{N}\sum_{n=0}^{N-1}G(n)e^{j2\pi n(k-k_0)/N} = g(k-k_0)$$

この結果，$g(k)$をk_0サンプルだけ遅延・巡回させた数列の周波数スペクトルは，振幅成分に変化はなく，$2\pi nk_0/N$ラジアンの位相遅れが生じることになる．

7.2.5 巡回周波数シフト

$g(k) \leftrightarrow G(n)$ならば，任意の整数$n_0$に対し

$$g(k)e^{j2\pi n_0 k/N} \leftrightarrow G(n-n_0) \tag{7.25}$$

証明：

$$\mathcal{F}[g(k)e^{j2\pi n_0 k/N}] = \sum_{k=0}^{N-1}g(k)e^{j2\pi n_0 k/N}e^{-j2\pi nk/N}$$

$$= \sum_{k=0}^{N-1}g(k)e^{-j2\pi(n-n_0)k/N} = G(n-n_0)$$

ただし，巡回時間シフトと同様，数列$\{G(n-n_0)\}$は$\{G(n)\}$を巡回シフトしたものになっている．また，巡回時間シフトと双対の関係にある．

7.2.6 巡回畳み込み

$g_1(k) \leftrightarrow G_1(n),\ g_2(k) \leftrightarrow G_2(n)$ならば

$$g_1(k) \otimes g_2(k) \leftrightarrow G_1(n)G_2(n) \tag{7.26}$$

ただし，畳み込み演算は次式で示される巡回畳み込み，または**周期的畳み込み**

である。
$$g_1(k)\otimes g_2(k) = \sum_{i=0}^{N-1} g_1(i)g_2(k-i) \tag{7.27}$$
例えば，$g(k) = g_1(k)\otimes g_2(k)$ とすれば
$$g(0) = g_1(0)g_2(0)+g_1(1)g_2(N-1)+\cdots+g_1(N-1)g_2(1)$$
$$g(1) = g_1(0)g_2(1)+g_1(1)g_2(0)+\cdots+g_1(N-1)g_2(2)$$
$$\vdots$$
$$g(N-1) = g_1(0)g_2(N-1)+g_1(1)g_2(N-2)+\cdots+g_1(N-1)g_2(0)$$
である。

証明：
$$\mathcal{F}\left[\sum_{i=0}^{N-1}g_1(i)g_2(k-i)\right] = \sum_{k=0}^{N-1}\sum_{i=0}^{N-1}g_1(i)g_2(k-i)e^{-j2\pi nk/N}$$
$$= \sum_{i=0}^{N-1}g_1(i)G_2(n)e^{-j2\pi ni/N} = G_1(n)G_2(n)$$

なお上式の展開に際し，$g_2(k)$ の巡回時間シフトの性質を利用している。

○ ○ ○ ○　**例題 7.4**　○ ○ ○ ○

入力信号と，線形・時不変システムのインパルス応答が，それぞれ，$x(k) = \{1,1,1,0\}$，$h(k) = \{1,1/2,1/4,1/8\}$ の周期数列で表されるとき，応答 $y(k)$ を巡回畳み込み演算により求めよ。

解　周期 $N = 4$ の畳み込み演算であるから，$y(k)$ は次式で与えられる。
$$y(k) = \sum_{i=0}^{3}x(i)h(k-i)$$
この結果，$y(k) = \{11/8, 13/8, 7/4, 7/8\}$ を 1 周期とする数列が得られる（**図 7.2**）。

巡回畳み込み演算では，両数列の周期が等しく，かつ演算結果も同じ周期数列になる。

離散的線形・時不変システムの応答 $y(k)$ は，2 章で述べたように入力信号 $x(k)$ とシステムのインパルス応答 $h(k)$ の畳み込みで与えられた。ただし，そのときの演算は非周期的な畳み込みであった（**線形畳み込み演算**と呼ぶ）。例えば，$x(k)$ と $h(k)$ はそれぞれ継続時間が有限の孤立波形，およびインパルス

180   7. 離散フーリエ変換

図 7.2 巡回畳み込み

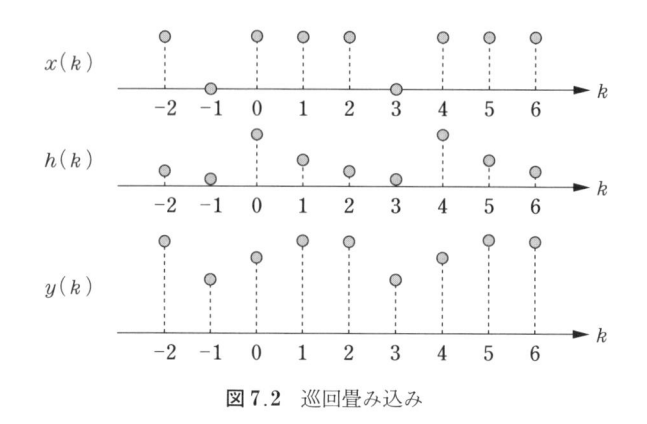

応答を想定としていた。したがって，畳み込みの性質を利用して$X(n)H(n)$の IDFT から$y(k)$を求める場合，線形畳み込み演算と同じ結果が得られなければならない。いま，$x(k)$と$h(k)$をそれぞれ長さl_1，l_2の数列と仮定する。すなわち，$[0, l_1-1]$以外の領域で$x(k) = 0$であり，$[0, l_2-1]$以外の領域で$h(k) = 0$である。このとき，線形畳み込み演算は次式で与えられる（加算範囲に注意）。

$$y(k) = \sum_{i=0}^{k} x(i)h(k-i) \tag{7.28}$$

演算の結果得られる数列$y(k)$の長さは，明らかに$L = l_1+l_2-1$である。したがって，巡回畳み込み演算によってこの結果を得るためには，$x(k)$と$h(k)$の数列に 0 を付け加えてN点($\geq L$)の数列に変換する必要がある。その後，それぞれの数列に対しN点 DFT を実行して$X(n)$，$H(n)$を得，$X(n)H(n)$の IDFT により応答$y(k)$を求める。応答$y(k)$は長さNの周期数列であるが，その 1 周期分が線形畳み込み演算で得られる数列に等しくなる。

○ ○ ○ **例題 7.5** ○ ○ ○

例題 7.4 の $x(k)$，$h(k)$ の 1 周期分を継続時間とする信号およびインパルス応答に対し，線形畳み込み演算により得られる応答 $y(k)$ を巡回畳み込み演算を用いて求めよ。

7.2 離散フーリエ変換の性質　　*181*

解　もとの数列は，それぞれ周期 $l_1 = l_2 = 4$ であるから，それぞれの数列に 0 を加えて周期 $L = l_1 + l_2 - 1 = 7$ の新たな数列を作る。

$$\tilde{x}(k) = \{1,\ 1,\ 1,\ 0,\ 0,\ 0,\ 0\}, \quad \tilde{h}(k) = \left\{1,\ \frac{1}{2},\ \frac{1}{4},\ \frac{1}{8},\ 0,\ 0,\ 0\right\}$$

これより，次式の巡回畳み込みで得られる $\tilde{y}(k)$ の 1 周期分が $y(k)$ となる（図 7.3）。

$$\tilde{y}(k) = \sum_{i=0}^{6} \tilde{x}(i)\tilde{h}(k-i), \quad y(k) = \left\{1,\ \frac{3}{2},\ \frac{7}{4},\ \frac{7}{8},\ \frac{3}{8},\ \frac{1}{8},\ 0\right\}$$

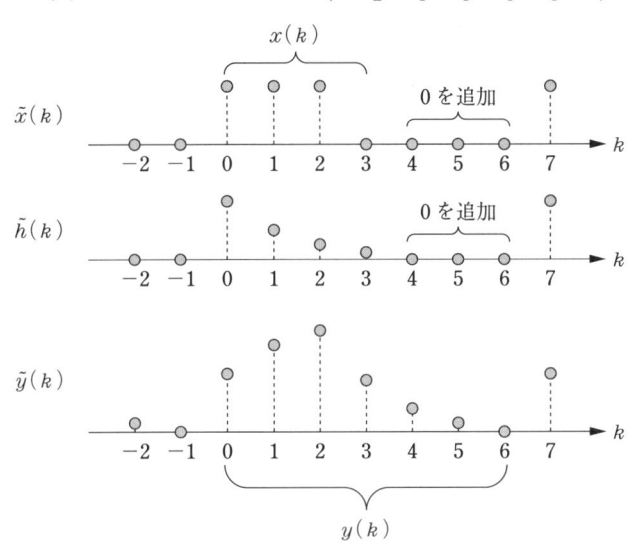

図 7.3　巡回畳み込み演算による線形畳み込み

7.2.7　乗　　　積

$g_1(k) \leftrightarrow G_1(n),\ g_2(k) \leftrightarrow G_2(n)$ ならば

$$g_1(k)g_2(k) \leftrightarrow \frac{1}{N} G_1(n) \otimes G_2(n) \tag{7.29}$$

証明：$G_1(n)$ と $G_2(n)$ の畳み込み演算は，次式で示される巡回畳み込みである。

$$G_1(n) \otimes G_2(n) = \sum_{i=0}^{N-1} G_1(i) G_2(n-i)$$

したがって

$$\mathcal{F}^{-1}\left[\frac{1}{N}G_1(n)\otimes G_2(n)\right] = \frac{1}{N^2}\sum_{n=0}^{N-1}\sum_{i=0}^{N-1}G_1(i)G_2(n-i)e^{j2\pi nk/N}$$

$$= \frac{1}{N}\sum_{i=0}^{N-1}G_1(i)g_2(k)e^{j2\pi ik/N}$$

$$= g_1(k)g_2(k)$$

なお，上式の展開に際し，$G_2(n)$ の巡回周波数シフトの性質を利用している。また，この性質は係数 $1/N$ を無視すれば，式 (7.26) と双対の関係にある。

7.2.8 パーシバルの定理

$g(k) \leftrightarrow G(n)$ ならば

$$\sum_{k=0}^{N-1}|g(k)|^2 = \frac{1}{N}\sum_{n=0}^{N-1}|G(n)|^2 \tag{7.30}$$

すなわち，離散周期信号 $g(k)$ の電力は全スペクトル成分の 2 乗平均値で与えられる。また，$|G(n)|^2/N$ を信号 $g(k)$ の**電力密度スペクトル**，または単に電

表 7.2 離散フーリエ変換 (N 点 DFT) の性質

性　質	$g(k)$	$G(n)$	備　考
1. 線形性	$\sum_{l=1}^{L}a_l g_l(k)$	$\sum_{l=1}^{L}a_l G_l(n)$	式 (7.17)
2. 周期性	$g(k+N) = g(k)$	$G(n+N) = G(n)$	式 $\begin{cases}(7.6)\\(7.9)\end{cases}$
	$g(-k) = g(N-k)$	$G(-n) = G(N-n)$	式 $\begin{cases}(7.14)\\(7.15)\end{cases}$
3. 対称性	実数	$G(N-n) = G^*(n)$	式 (7.18 a)
	虚数	$G(N-n) = -G^*(n)$	式 (7.18 b)
4. 和	$\sum_{k=0}^{N-1}g(k) = G(0)$		式 (7.22)
	$\frac{1}{N}\sum_{n=0}^{N-1}G(n) = g(0)$		式 (7.23)
5. 巡回時間シフト	$g(k-k_0)$	$G(n)e^{-j2\pi nk_0/N}$	式 (7.24)
6. 巡回周波数シフト	$g(k)e^{j2\pi n_0 k/N}$	$G(n-n_0)$	式 (7.25)
7. 巡回畳み込み	$g_1(k)\otimes g_2(k)$	$G_1(n)G_2(n)$	式 (7.26)
8. 乗積	$g_1(k)g_2(k)$	$\frac{1}{N}G_1(n)\otimes G_2(n)$	式 (7.29)
9. パーシバルの定理	$\sum_{k=0}^{N-1}|g(k)|^2 = \frac{1}{N}\sum_{n=0}^{N-1}|G(n)|^2$		式 (7.30)

カスペクトルと呼ぶ。

証明：

$$\sum_{k=0}^{N-1}|g(k)|^2 = \sum_{k=0}^{N-1}g(k)g^*(k) = \frac{1}{N}\sum_{k=0}^{N-1}g^*(k)\sum_{n=0}^{N-1}G(n)e^{j2\pi nk/N}$$

$$= \frac{1}{N}\sum_{n=0}^{N-1}G(n)\Big[\sum_{k=0}^{N-1}g(k)e^{-j2\pi nk/N}\Big]^*$$

$$= \frac{1}{N}\sum_{n=0}^{N-1}G(n)G^*(n) = \frac{1}{N}\sum_{n=0}^{N-1}|G(n)|^2$$

この証明は，巡回畳み込み，または乗積の性質を利用して導くこともできる。

以上，各種性質をまとめて表7.2に示す。

7.3 信号のスペクトル解析

信号は標本化された有限の離散周期データとして表されるため，DFTにより得られたスペクトルには特有の誤差を伴う。誤差の性質やそれを抑圧する方法を知っておくことが重要である。

7.3.1 周波数分解能

信号の周波数スペクトルを解析する際に，周波数分解能を適当な値に設定しないと信号の正しい情報は得られない。周波数分解能を Δf，標本間隔（時間分解能）を T_s，およびサンプル数を N とすれば，これらのパラメータは密接な関係で結ばれている。スペクトル解析する信号は周期・非周期いずれであってもかまわないが，議論を単純にするため，ここでは周期信号とする。いま，サンプル数を一定値 N，信号の基本周期を T_0 として1周期を N 点で標本化したとすれば，時間分解能（標本間隔）は次式で与えられる。

$$T_s = \frac{T_0}{N} \tag{7.31}$$

したがって，標本化周波数 f_s は次式で与えられる。

7. 離散フーリエ変換

$$f_s = \frac{1}{T_s} \left(= \frac{N}{T_0} \right) \tag{7.32}$$

当然，f_s は標本化定理を満足する周波数となっている必要がある。DFT により得られるスペクトルは f_s を基本周期とする周期関数であり，これを N 個のデータで表しているから，周波数分解能は次式で与えられる。

$$\Delta f = \frac{f_s}{N} = \frac{1}{NT_s} \left(= \frac{1}{T_0} \right) \tag{7.33}$$

この結果，N が一定の条件下で Δf と T_s は反比例の関係にある。すなわち，周波数分解能を上げる（Δf を小さくする）ためには，標本間隔 T_s を大きくしなければならない。ただし，T_s を大きくすると f_s が低下して標本化定理を満足できない状況になるため，その場合は T_s を一定にして N を大きくする。

図 **7.4** は，周波数 $f_0 = 1\,\mathrm{kHz}$ の正弦波 $g(t)$ を標本化して，16 点 DFT により振幅スペクトルを求めたものである。周波数分解能 $1\,\mathrm{kHz}$ を得るため，$g(t)$ を標本化する間隔は式 (7.33) より $T_s = 1/16\,\mathrm{ms}$（標本化周波数は $f_s = 16\,\mathrm{kHz}$）となる。これより，$N = 16$ 個のサンプル値は次式で求まる。

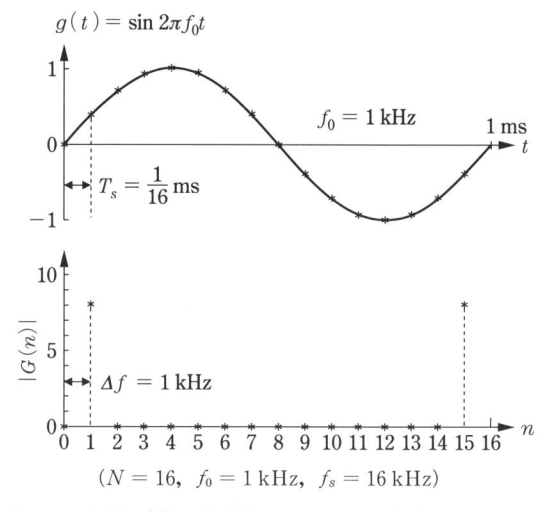

図 **7.4** 信号 $g(t)$ と標本値，および DFT 振幅スペクトル

$$g(k) = \sin 2\pi f_0 k T_s \quad (k = 0,\ 1,\ \cdots,\ N-1) \tag{7.34}$$

また，振幅スペクトルは次式で与えられる。

$$|G(n)| = \left|\sum_{k=0}^{N-1} g(k) e^{-j2\pi nk/N}\right| \quad (n = 0,\ 1,\ \cdots,\ N-1) \tag{7.35}$$

解析可能な離散スペクトル成分の周波数は次式で与えられる。

$$f_{\text{analysis}}(n) = n\Delta f = \frac{nf_s}{N} \quad (n = 0,\ 1,\ \cdots,\ N-1) \tag{7.36}$$

ただし，$|f_{\text{analysis}}(n)| \leq f_s/2$ であるから，$n > N/2$ の成分は負の周波数 $(n-N)\Delta f$ を意味する。この結果，$n = 1,\ 15$ に存在するスペクトルの周波数は，それぞれ 1 kHz および -1 kHz であり，連続時間フーリエ変換で求めた結果と一致する。

。○○○　**例題 7.6**　○○○。

信号 $g(t)$ が周波数 $f_0 = 1.5$ kHz の正弦波の場合，16 点 DFT により振幅スペクトルを求めよ。

［解］ 周波数分解能を $\Delta f = 0.5$ kHz とするため，$g(t)$ の標本間隔を先の例の 2 倍 $(T_s = 1/8$ ms$)$ とする。これらのパラメータ $(f_0,\ T_s)$ を用いて，式 (7.34) より 16 個のサンプル値が求まる。この結果，図 7.5 に示すように 16 個のサンプルは $g(t)$ の

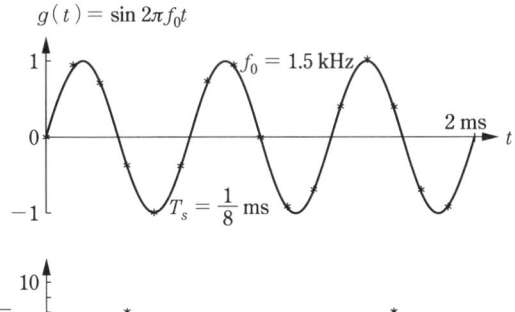

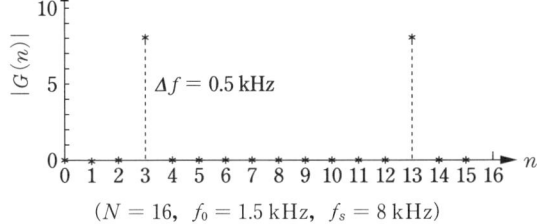

図 7.5　信号 $g(t)$ と標本値，および DFT 振幅スペクトル

2 ms（3周期分）にわたる区間を表すことになる。また，振幅スペクトル $|G(n)|$ は式 (7.35) より求まり，$f_\text{analysis}(3) = 1.5\,\text{kHz}$，および $f_\text{analysis}(13) = -1.5\,\text{kHz}$ で与えられる。

7.3.2　有限時間観測に伴うスペクトルの漏洩

DFTにより解析できる周波数は，式 (7.36) に示したように標本化周波数 f_s とサンプル数 N の比で決まる周波数分解能 Δf の整数倍で与えられる。したがって，解析すべき周波数が与えられれば最適なパラメータを設定できる。しかし，信号に含まれる未知の周波数成分を知るためにスペクトル解析をするのであるから，7.3.1項で示した例題 7.6 のような結果は現実的には得られない。例えば，先の例題と同じ設定（16点DFT，$T_s = 1/8\,\text{ms}$）で，周波数 $f_0 = 1.75\,\text{kHz}$ の余弦波についてスペクトルを解析してみよう。図 7.6 に信号 $g(t) = \cos 2\pi f_0 t$ と $N = 16$ 点のサンプル値を示す。先の例と異なり，DFT時間データの1周期と信号周期の整数倍は一致しない。

別の言い方をすれば，周波数分解能は $\Delta f = 0.5\,\text{kHz}$ であり，推定すべき

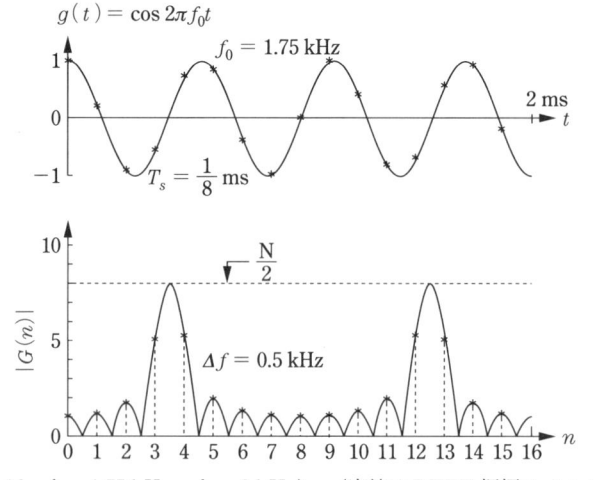

（$N = 16$，$f_0 = 1.75\,\text{kHz}$，$f_s = 8\,\text{kHz}$）　（実線はDTFT振幅スペクトル）

図 7.6　信号 $g(t)$ と標本値，およびDFT振幅スペクトルの漏洩

信号の周波数 f_0 は解析周波数に一致しない ($f_0 \neq n\varDelta f$)。このため，$G(n)$ のどの離散スペクトル成分も正しい周波数を表していない。実際に T_s で標本化した $g(k) = \cos 2\pi f_0 kT_s$ から式 (7.35) より振幅スペクトル $|G(n)|$ を求めると，図 7.6 の結果が得られる。横軸の数値は $\varDelta f$ の整数倍を表している。信号の周波数はいずれの解析周波数にも等しくないため，図に示すように，すべての解析周波数に信号のスペクトル成分が漏洩してしまう。漏洩した振幅スペクトルの大きさは，実線で示した連続スペクトルを $\varDelta f$ で標本化した値になっているのである。連続スペクトルの関数形を実時間信号 $g(t)$ に対し求めるのはかなり面倒になるので，ここでは複素信号 $g_c(t) = e^{j2\pi f_0 t}$ の場合を考察しておく（複素指数関数形式の信号は，正または負のスペクトル成分しか存在しないので扱いやすい）。複素離散信号 $g_c(k)$ は次式で与えられる。

$$g_c(k) = e^{j2\pi f_0 kTs} = e^{j2\pi k f_0/f_s} \tag{7.37}$$

ここで，$f_s = N\varDelta f$ であるから，$f_0/\varDelta f = \phi$ とおけば $g_c(k)$ の DFT は次式で与えられる。

$$\begin{aligned}G_c(n) &= \sum_{k=0}^{N-1} e^{-j2\pi(n-\phi)k/N} \\ &= \frac{1-e^{-j2\pi(n-\phi)}}{1-e^{-j2\pi(n-\phi)/N}}\end{aligned} \tag{7.38}$$

また，振幅スペクトルは次式で与えられる。

$$|G_c(n)| = \left|\frac{\sin(n-\phi)\pi}{\sin\{(n-\phi)\pi/N\}}\right| \tag{7.39}$$

ここで，n は整数であるが実数とみなして $|G_c(n)|$ を描いてみると，$n = \phi$ を中心とする**ディリクレ核**になる。図 7.6 と同様，$N = 16$，$f_0 = 1.75\,\text{kHz}$，$f_s = 8\,\text{kHz}$ とすれば，$\phi = 3.5$ と整数ではないため，$n = 0, 1, \cdots, N-1$ における振幅スペクトルは 0 にならないことがわかる。図 7.6 は信号が実周期関数であるため，$n = \pm\phi$ にディリクレ核が存在することになり，両者の合成により非対称な形となっている。いずれにしても，この結果が正しい周波数を推定しているとみなすことはできない。

この現象は，スペクトル推定するための時間データが有限のために生じるもので，連続時間信号の場合については 4.5.2 項で述べた。離散時間信号の場合も同様であるが，この場合は次式に示す離散的な矩形窓が乗算されることになる。

$$w(k) = \begin{cases} 1 & \cdots\cdots \quad 0 \leq k \leq N-1 \\ 0 & \cdots\cdots \quad \text{elsewhere} \end{cases} \tag{7.40}$$

離散的な矩形窓関数 $w(k)$ の周波数スペクトルは DTFT により次式で与えられる。

$$W(f) = \sum_{k=0}^{N-1} w(k)e^{-j2\pi fkT_s} = \frac{\sin N\pi fT_s}{\sin \pi fT_s} e^{-j(N-1)\pi fT_s} \tag{7.41}$$

したがって，窓関数によって切り取られた離散時間信号のスペクトルは，もとの離散時間信号スペクトル $G_s(f)$ に $W(f)$ （**ディリクレの核関数**）を畳み込んだものとなる[†]。

すなわち

$$G_w(f) = G_s(f) \otimes W(f) \tag{7.42}$$

このスペクトルは周期的な連続スペクトルであり，N 個のサンプル値で表された信号の DFT スペクトルは，$G_w(f)$ の1周期を N 点で標本化したものとして次式で与えられる。

$$G(n) = G_w(n\Delta f) \tag{7.43}$$

このようにして，DTFT のスペクトル成分は他の周波数へ漏洩し，DFT の解析周波数の位置に現れることになる。スペクトル漏洩による誤差を低減するためには，窓関数の長さ，すなわち観測時間を長くすることが必要である。例えば，図 7.6 の例で，サンプル数を $N=32$ と2倍にすれば $\Delta f = f_s/N = 0.25$ kHz となるため，信号周波数 f_0 に対し $\phi=7$（整数）になる。したがって，$G(7)$ と $G(32-7)$ のみにスペクトル成分が現れ，DFT は信号スペクトルの正しい推定結果を与える。

観測時間を長くして信号のサンプル値を追加できればよいが，それが不可能

[†] 連続時間信号の場合は sinc 関数が畳み込まれる。

な場合はそれまでのデータに 0 を付加することにより周波数分解能を向上できる。もとのサンプル数を N_s, 標本化周波数を f_s とすれば, 周波数分解能は $\Delta f = f_s/N_s$ であるが, これに N_z 個の 0 を加えることにより次式に示す所望の周波数分解能を得ることができる。

$$\Delta f_d = \frac{f_s}{N_s + N_z} \tag{7.44}$$

この操作を**ゼロパディング**(zero-padding), または**ゼロスタッフィング**(zero-stuffing)と呼ぶ。図 7.6 の例で, すでに得ている 16 個のデータに 0 を加えて 32 個のデータ列 $g_a(k)$ ($k = 0,\ 1,\ \cdots,\ 31$) を作る。

$$g_a(k) = \begin{cases} g(k) & \cdots\cdots \quad 0 \leq k \leq 15 \\ 0 & \cdots\cdots \quad 16 \leq k \leq 31 \end{cases} \tag{7.45}$$

この結果, 図 7.7 に示す DFT 振幅スペクトルが得られる。周波数分解能は 0.25 kHz であるから, 1.75 kHz に最もエネルギーの大きな成分が存在することが推定される。ただし, 時間データは信号の 3.5 周期分を矩形窓で切り取ったものであり, データ列の両端で振幅の不連続性が生じてスペクトルは漏洩してしまう。

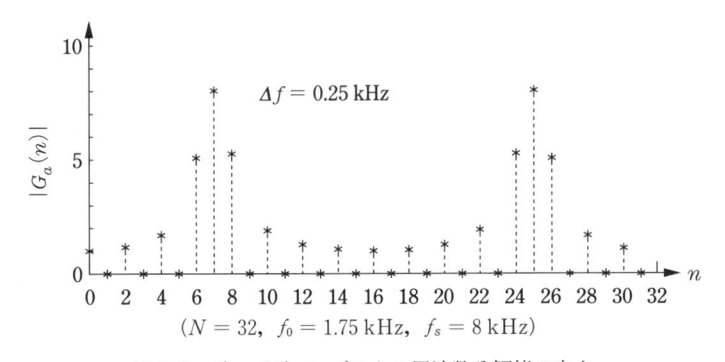

図 7.7 ゼロパディングによる周波数分解能の向上

7.3.3 窓関数の効果

スペクトルの漏洩は, 有限のサンプル数で表されたデータ列の両端で振幅の急激な変化が生じる際に発生する。これは矩形窓で切り取った場合に必然的に

生じる。しかし，適当な窓関数を用いてデータ列の先頭と最後で連続的に変化するようにしてやればスペクトルの漏洩を低減できる。ただし，もとの信号は窓関数と乗算されることにより形が変わってしまい，スペクトルが歪むことになる。したがって，スペクトルの歪みを最小限にして漏洩成分を大きく抑圧できる窓関数の研究が古くから行われてきた。ここで，代表的な窓関数の離散的な数式表示とその振幅スペクトル（離散時間フーリエ変換）を示しておく。ただし，離散変数 k の範囲によって式の形が異なるが，DFTとの整合性を考慮してここでは $0 \leq k \leq N-1$ の範囲で表すものとする。

（a）　**矩形窓**　（rectangular window）

標本間隔 $T_s(=1/f_s)$ で得た N 個のサンプル値は次式で与えられる。

$$w_R(k) = \begin{cases} 1 & \cdots\cdots \quad 0 \leq k \leq N-1 \\ 0 & \cdots\cdots \quad \text{elsewhere} \end{cases} \tag{7.46}$$

このとき，離散時間フーリエ変換（DTFT）は次式で与えられる。

$$\begin{aligned} W_R(f) &= \sum_{k=-\infty}^{\infty} w_R(k) e^{-j2\pi kf/f_s} = \sum_{k=0}^{N-1} e^{-j2\pi kf/f_s} \\ &= \frac{\sin N\pi f/f_s}{\sin \pi f/f_s} e^{-j(N-1)\pi f/f_s} \equiv D_N\left(\frac{f}{f_s}\right) e^{-j(N-1)\pi f/f_s} \end{aligned} \tag{7.47}$$

ここで，$D_N(f)$ はディリクレ核関数であり，式（3.30）とは少し異なるが次式で定義する。

$$D_N(x) \equiv \frac{\sin N\pi x}{\sin \pi x} \tag{7.48}$$

図 7.8（a）に $N=64$ の場合の振幅スペクトル $20\log|W_R(f)/W_R(0)|$ を示す。ただし，エネルギーの小さいスペクトル成分を表すことができるように dB 表示を用い，$W_R(f)$ の最大値，すなわち $W_R(0)$ で正規化している。また，横軸は標本化周波数で正規化している。メインローブの幅は $2f_s/N$ であり，N を大きくする（観測時間を長くする）ことにより周波数分解能が向上し，接近した二つの周波数を分離できる。しかし，第1サイドローブはメインローブの最大値から約 $-13\,\mathrm{dB}$ しか減衰しておらず，ほかのサイドローブも減衰量が小さい。このため，漏洩するスペクトル成分が大きな値をもつことになる。

7.3 信号のスペクトル解析　　191

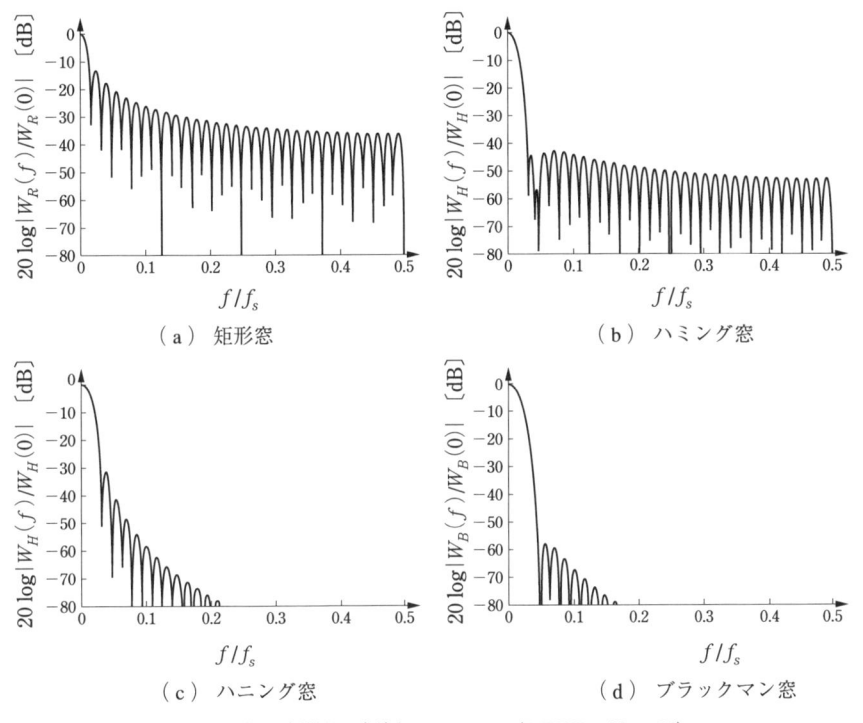

(a) 矩形窓

(b) ハミング窓

(c) ハニング窓

(d) ブラックマン窓

図 7.8　各種窓関数の振幅スペクトル（DTFT, $N = 64$）

(b) 一般化ハミング窓 （generalized Hamming window）

矩形窓と同様に窓関数は次式で与えられる。

$$w_H(k) = \begin{cases} \alpha - (1-\alpha)\cos\dfrac{2k\pi}{N} & \cdots\cdots \quad 0 \leq k \leq N-1 \\ 0 & \cdots\cdots \quad \text{elsewhere} \end{cases} \quad (7.49)$$

ここで，$\alpha = 0.54$ の場合をハミング窓，$\alpha = 0.5$ の場合を**ハニング窓**(Hanning window)と呼ぶ。また，$\alpha = 1$ の場合に矩形窓となる。このときのDTFT は次式で与えられる。

$$W_H(f) = \alpha D_N\left(\dfrac{f}{f_s}\right) e^{-j(N-1)\pi f/f_s}$$

$$-\dfrac{1-\alpha}{2}\left\{D_N\left(\dfrac{f}{f_s}-\dfrac{1}{N}\right)e^{-j(N-1)\pi(f/f_s-1/N)}\right.$$

$$+ D_N\left(\frac{f}{f_s}+\frac{1}{N}\right)e^{-j(N-1)\pi(f/f_s+1/N)} \bigg\} \tag{7.50}$$

ハミング,ハニング窓の正規化振幅スペクトルは図 7.8(b),(c)で表される。

振幅スペクトルは,式 (7.50) から明らかなように $f=0$ を中心とするディリクレ核と $f=\pm f_s/N$ を中心とするディリクレ核が合成されるため,メインローブの幅は矩形窓の場合の 2 倍になる。しかし,サイドローブ成分は打ち消しあって減衰量が大きくなる。この結果,周波数分解能は劣化するがスペクトルの漏洩を大きく抑圧することができる。

(c) **ブラックマン窓** (Blackman window)

窓関数は次式で与えられる。

$$w_B(k) = \begin{cases} 0.42 - 0.5\cos\dfrac{2k\pi}{N} + 0.08\cos\dfrac{4k\pi}{N} & \cdots\cdots \quad 0 \leq k \leq N-1 \\ 0 & \cdots\cdots \quad \text{elsewhere} \end{cases} \tag{7.51}$$

また,DTFT は次式で与えられる。

$$\begin{aligned} W_B(f) = & \; 0.42 D_N\left(\frac{f}{f_s}\right)e^{-j(N-1)\pi f/f_s} \\ & - 0.5\left\{ D_N\left(\frac{f}{f_s}-\frac{1}{N}\right)e^{-j(N-1)\pi(f/f_s-1/N)} \right. \\ & \left. + D_N\left(\frac{f}{f_s}+\frac{1}{N}\right)e^{-j(N-1)\pi(f/f_s+1/N)} \right\} \\ & + 0.08\left\{ D_N\left(\frac{f}{f_s}-\frac{2}{N}\right)e^{-j(N-1)\pi(f/f_s-2/N)} \right. \\ & \left. + D_N\left(\frac{f}{f_s}+\frac{2}{N}\right)e^{-j(N-1)\pi(f/f_s+2/N)} \right\} \end{aligned} \tag{7.52}$$

正規化振幅スペクトルを図 7.8(d)に示す。この場合は,5 個のディリクレ核の合成として表されるため,メインローブの幅はさらに広がり,矩形窓の場合の 3 倍となる。ただし,サイドローブレベルは極端に低減する。

標本化した時間データを窓関数で重み付けすることにより,スペクトルの漏洩を低減できる。したがって周波数がある程度離れていれば,スペクトルの漏

洩でマスクされてしまうようなエネルギーの小さな第2の信号も推定が可能となる。ただし，これは周波数分解能を犠牲にして得られる特性である。

。○○○ **例題 7.7** ○○○。

標本化周波数 $f_s = 64$ kHz で得られた 64 個の離散データ

$$g(k) = \sin\frac{2\pi k f_1}{f_s} + a\cdot\cos\frac{2\pi k f_2}{f_s} \quad (k = 0,\ 1,\ \cdots,\ 63)$$

から，矩形窓およびハニング窓を用いて周波数スペクトルを推定せよ。ただし，$f_1 = 10.1$ kHz, $f_2 = 15.1$ kHz, $a = 0.05$ とする。

解 矩形窓の場合は，$N = 64$ 点 DFT より

$$G_R(n) = \sum_{k=0}^{N-1} g(k) e^{-j2\pi nk/N}$$

また，ハニング窓で重み付けをした場合

$$G_H(n) = \sum_{k=0}^{N-1} g(k) w_H(k) e^{-j2\pi nk/N}$$

より信号スペクトルを推定できる。

N で正規化した振幅スペクトルを dB 表示して図 7.9 に示す。横軸の周波数分解能は 1 kHz ($= f_s/N$) である。したがって，f_1 と f_2 の成分はそれぞれ推定可能なはずであるが，f_2 の振幅は f_1 の成分よりも -26 dB 小さい（振幅比 0.05）ため，矩形窓では漏洩成分に埋もれてしまい検出できない。しかし，ハニング窓で重み付けすることにより f_1 スペクトルの漏洩を低減し，図に示すように，$n = 15$ において約 26 dB 低いスペクトル成分を検出できる。

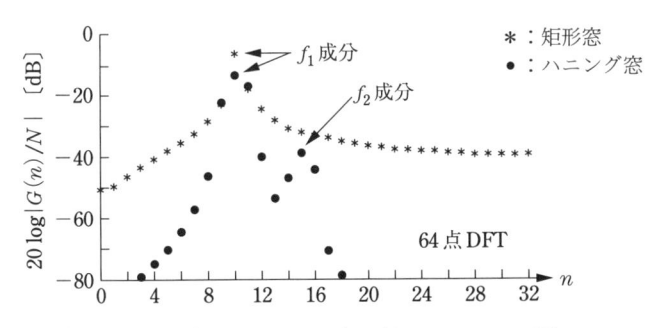

$g(k) = \sin 2\pi k f_1/f_s + a\cos k 2\pi f_2/f_s \quad (k = 0,\ 1,\ \cdots,\ 63)$
$f_s = 64$ kHz, $f_1 = 10.1$ kHz, $f_2 = 15.1$ kHz, $a = 0.05$

図 7.9 窓関数によるスペクトル推定精度の向上

7. 離散フーリエ変換

窓関数の効果を別の例で示しておこう。3章において，矩形パルス列の複素フーリエ係数 c_n を有限個用いて波形を合成する場合，信号振幅が不連続に変化する点でギブスの現象が生じることを示した（図3.3）。しかし，フーリエ係数を窓関数で重み付けすることにより，ギブスの現象を抑圧することができる。3.3節と同様，振幅1，パルス幅 τ，周期 T の矩形パルス列 $g(t)$ の複素フーリエ係数を求め，第 N 次高調波成分までを用いてもとの波形を近似する。式 (3.25) に示したように $g(t)$ の複素フーリエ係数は次式で与えられる。

$$c_n = \frac{\tau}{T} \cdot \frac{\sin(\pi n \tau / T)}{\pi n \tau / T} \quad (n = -N, -N+1, \cdots, 0, \cdots, N-1, N)$$
(7.53)

これを例えば一般化ハミング窓で重み付けすると，窓関数の幅 $2N+1$ と窓中心のシフトを考慮して，新たな複素フーリエ係数は次式で与えられる。

$$d_n = c_n \cdot w_H(n+N) = c_n \left\{ a + (1-a)\cos\left(\frac{n\pi}{N}\right) \right\}$$
(7.54)

また，修正された係数によるフーリエ級数の部分和は次式で与えられる。

$$g_N(t) = \sum_{n=-N}^{N} d_n e^{j2\pi nt/T}$$

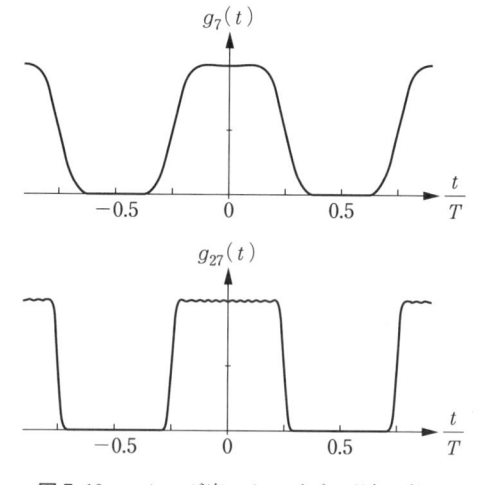

図 7.10 ハミング窓によるギブス現象の抑圧

$$= \frac{\tau}{T} + \frac{2\tau}{T}\sum_{n=1}^{N}\text{sinc}\left(\frac{n\tau}{T}\right)\left\{\alpha+(1-\alpha)\cos\left(\frac{n\tau}{N}\right)\right\}\cos\frac{2\pi nt}{T} \quad (7.55)$$

図 3.3 と同じパラメータ ($\tau/T = 1/2$, $N = 7$, 27) を用いて，式 (7.55) より矩形パルス列の近似波形を求め**図 7.10** に示す。明らかにギブスの現象は抑圧されていることがわかる。ただし，パルス応答は時間的に広がり（漏洩）が生じてしまう。これは，スペクトル推定で周波数分解能が劣化したことと双対の関係になっている。

7.4 高速フーリエ変換

離散フーリエ変換(DFT)は，信号のスペクトル解析やシステムの伝達関数を設計する際に重要な役割を担っている。しかし，DFT や IDFT の計算を定義式に従ってまともに実行するとしたら，N の増加に伴い非常に効率の悪いものになってしまう。7.1 節で示したように，N 点の時系列 $g(k)$ の DFT は次式で与えられた。

$$G(n) = \sum_{k=0}^{N-1} g(k)e^{-j2\pi nk/N} \quad (n = 1, 2, \cdots, N-1) \quad (7.56)$$

ここで，表記上の簡易性を考慮して

$$w \equiv e^{-j2\pi/N} \quad (7.57)$$

と定義する。w は**回転子**(twiddle factor)と呼ばれるが，$w^N = 1$ より w は 1 の N 乗根である。式 (7.56) は w を用いて次式で表される。

$$\begin{aligned} G(n) &= \sum_{k=0}^{N-1} g(k)w^{nk} \\ &= g(0)w^0 + g(1)w^n + g(2)w^{2n} + \cdots + g(N-1)w^{(N-1)n} \end{aligned} \quad (7.58)$$

上式より，各スペクトル成分を計算するためには N 回の複素乗算が必要になる（ただし，±1 等との単純な乗算も回数に含めるものとする）。したがって，信号の全スペクトル成分を得るためには N^2 回の複素乗算を実行しなければならず，N が大きくなると演算時間は急速に増大する。DFT の演算時間を短縮する効率的なアルゴリズムが 1965 年に Cooley と Tukey により提案され，信

号処理の分野に大きなインパクトを与えた。このアルゴリズムは**高速フーリエ変換**(fast Fourier transform：**FFT**)と呼ばれ，各種のプログラミング言語で記述され提供されている。

本節では，DFT の複素乗算回数を低減するアルゴリズムについて眺めておく。まず，サンプル数 N は 2 のベキ乗で表されるものとし，このとき，基数 2 の FFT と呼ぶ。回転子 w は 1 の N 乗根であるから値は複素数である。また，そのベキ乗は**図 7.11** に示すように N を法として巡回し，k, a を整数とすればつぎの性質をもつ。

$$w^{aN+k} = w^k \tag{7.59}$$

さらに，特定の k に対し，w^k は以下に示す値となる。

$$w^0 = w^N = 1, \quad w^{N/2} = -1, \quad w^{N/4} = -j, \quad w^{3N/4} = j \tag{7.60}$$

したがって，つぎの関係が成立する。

$$w^{k+N/2} = -w^k \tag{7.61}$$

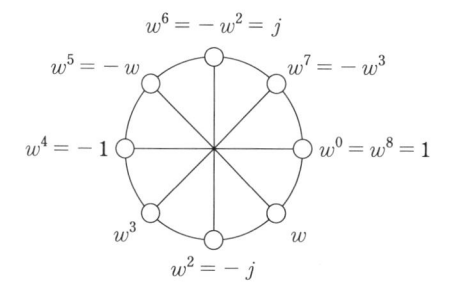

図 7.11 回転子の性質
(巡回性；$N = 8$ の例)

つぎに，N サンプルからなる DFT 変換対をベクトル表示すると次式が得られる。

$$\boldsymbol{G} = \boldsymbol{W}_N \boldsymbol{g} \tag{7.62}$$

ここで

$$\boldsymbol{G} = [G(0), \ G(1), \ \cdots, \ G(N-1)]^T \tag{7.63 a}$$

$$\boldsymbol{g} = [g(0), \ g(1), \ \cdots, \ g(N-1)]^T \tag{7.63 b}$$

ただし，T は転置を意味する。また，$\boldsymbol{W}_N$ は $N \times N$-DFT 行列で，DFT の定義式より次式で与えられる。

7.4 高速フーリエ変換

$$\boldsymbol{W}_N = \begin{bmatrix} w^0 & w^0 & w^0 & \cdots\cdots & w^0 \\ w^0 & w^1 & w^2 & \cdots\cdots & w^{N-1} \\ w^0 & w^2 & w^4 & \cdots\cdots & w^{2(N-1)} \\ \vdots & \vdots & \vdots & \cdots\cdots & \vdots \\ w^0 & w^{N-1} & w^{2(N-1)} & \cdots\cdots & w^{(N-1)^2} \end{bmatrix} \quad (7.63\,\mathrm{c})$$

式 (7.59)〜(7.61) で与えられる回転子の性質を考慮し，具体的に $N=8$ の場合についてベクトル $\boldsymbol{g}$ の DFT を求めると次式が得られる。

$$\begin{bmatrix} G(0) \\ G(1) \\ G(2) \\ G(3) \\ G(4) \\ G(5) \\ G(6) \\ G(7) \end{bmatrix} = \begin{bmatrix} 1 & 1 & 1 & 1 & 1 & 1 & 1 & 1 \\ 1 & w & w^2 & w^3 & -1 & -w & -w^2 & -w^3 \\ 1 & w^2 & -1 & -w^2 & 1 & w^2 & -1 & -w^2 \\ 1 & w^3 & -w^2 & w & -1 & -w^3 & w^2 & -w \\ 1 & -1 & 1 & -1 & 1 & -1 & 1 & -1 \\ 1 & -w & w^2 & -w^3 & -1 & w & -w^2 & w^3 \\ 1 & -w^2 & -1 & w^2 & 1 & -w^2 & -1 & w^2 \\ 1 & -w^3 & -w^2 & -w & -1 & w^3 & w^2 & w \end{bmatrix} \begin{bmatrix} g(0) \\ g(1) \\ g(2) \\ g(3) \\ g(4) \\ g(5) \\ g(6) \\ g(7) \end{bmatrix}$$
$$(7.64)$$

この DFT 行列を眺めていると，ある規則性に気づく。すなわち，行ベクトルを前半と後半の二つの 4 次元行ベクトルに分割すると，奇数行は同じ 4 次元ベクトルで構成され，偶数行は極性の異なる 4 次元ベクトルで構成されていることがわかる。したがって，式 (7.64) は以下に示すような二つの部分行列演算に分割される。

$$\begin{bmatrix} G(0) \\ G(2) \\ G(4) \\ G(6) \end{bmatrix} = \begin{bmatrix} 1 & 1 & 1 & 1 \\ 1 & w^2 & -1 & -w^2 \\ 1 & -1 & 1 & -1 \\ 1 & -w^2 & -1 & w^2 \end{bmatrix} \begin{bmatrix} g(0)+g(4) \\ g(1)+g(5) \\ g(2)+g(6) \\ g(3)+g(7) \end{bmatrix} \quad (7.65\,\mathrm{a})$$

$$\begin{bmatrix} G(1) \\ G(3) \\ G(5) \\ G(7) \end{bmatrix} = \begin{bmatrix} 1 & w & w^2 & w^3 \\ 1 & w^3 & -w^2 & w \\ 1 & -w & w^2 & -w^3 \\ 1 & -w^3 & -w^2 & -w \end{bmatrix} \begin{bmatrix} g(0)-g(4) \\ g(1)-g(5) \\ g(2)-g(6) \\ g(3)-g(7) \end{bmatrix} \qquad (7.65\,\mathrm{b})$$

この結果，8 点 DFT は 2 個の 4 点 DFT に分割され，乗算回数は 8^2 から 2×4^2 へ 1/2 に低減する．さらに 4 点 DFT 行列にも同様の規則性が存在し，式 (7.65 a) と式 (7.65 b) は以下に示すようにそれぞれ 2 個の 2 点 DFT に分割される．

$$\begin{bmatrix} G(0) \\ G(4) \end{bmatrix} = \begin{bmatrix} 1 & 1 \\ 1 & -1 \end{bmatrix} \begin{bmatrix} g(0)+g(4)+g(2)+g(6) \\ g(1)+g(5)+g(3)+g(7) \end{bmatrix} \qquad (7.66\,\mathrm{a})$$

$$\begin{bmatrix} G(2) \\ G(6) \end{bmatrix} = \begin{bmatrix} 1 & w^2 \\ 1 & -w^2 \end{bmatrix} \begin{bmatrix} g(0)+g(4)-g(2)-g(6) \\ g(1)+g(5)-g(3)-g(7) \end{bmatrix} \qquad (7.66\,\mathrm{b})$$

$$\begin{bmatrix} G(1) \\ G(5) \end{bmatrix} = \begin{bmatrix} 1 & w \\ 1 & -w \end{bmatrix} \begin{bmatrix} g(0)-g(4)+w^2\{g(2)-g(6)\} \\ g(1)-g(5)+w^2\{g(3)-g(7)\} \end{bmatrix} \qquad (7.67\,\mathrm{a})$$

$$\begin{bmatrix} G(3) \\ G(7) \end{bmatrix} = \begin{bmatrix} 1 & w^3 \\ 1 & -w^3 \end{bmatrix} \begin{bmatrix} g(0)-g(4)-w^2\{g(2)-g(6)\} \\ g(1)-g(5)-w^2\{g(3)-g(7)\} \end{bmatrix} \qquad (7.67\,\mathrm{b})$$

最終的な 2 点 DFT による演算は次式により一般化できる．

$$\begin{bmatrix} y_1 \\ y_2 \end{bmatrix} = \begin{bmatrix} 1 & w^j \\ 1 & -w^j \end{bmatrix} \begin{bmatrix} x_1 \\ x_2 \end{bmatrix} \quad (j = 0,\ 1,\ 2,\ \cdots) \qquad (7.68)$$

この演算を信号の流れ図にして示すと**図 7.12** が得られる．演算の最小単位である 2 点 DFT は**バタフライ演算**と呼ばれる．

以上で示したように，基数 2 の N 点 DFT は入力信号を 2 分割することにより $N/2$ 点 DFT に変換でき，これを $\log_2 N$ 回繰り返すことにより 2 点 DFT に到達する．各段では $N/2$ 個のバタフライ演算を含んでいる．それぞれのバタフライ演算で実行する複素乗算は，図 7.12 に示すように 1 回ですむため，全乗算回数は $(N/2)\log_2 N$ となる．この結果，N が大きい場合には，まともに DFT 演算したときの乗算回数 N^2 と比較して演算量を大幅に削減すること

7.4 高速フーリエ変換

ができる。なお，FFT アルゴリズムにおける信号の流れ図を**図 7.13** に示す。

$$\begin{bmatrix} y_1 \\ y_2 \end{bmatrix} = \begin{bmatrix} 1 & w^j \\ 1 & -w^j \end{bmatrix} \begin{bmatrix} x_1 \\ x_2 \end{bmatrix}$$

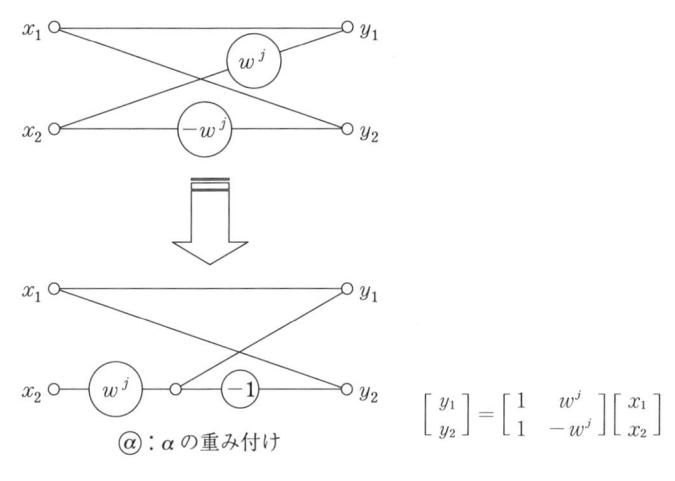

ⓐ : a の重み付け

図 7.12 バタフライ演算

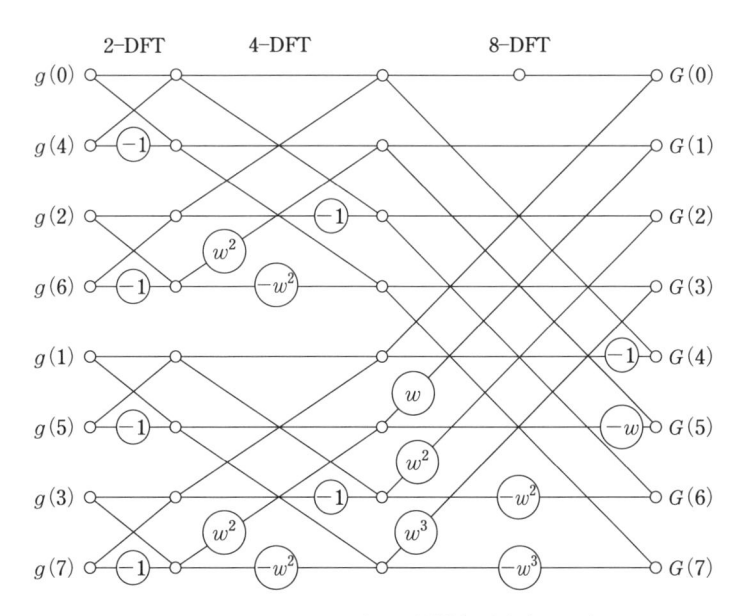

図 7.13 FFT アルゴリズムの信号流れ図（$N = 8$）
（図 7.12 に示す乗算数低減のための変形は行っていない）

演 習 問 題

1. 離散時間信号 $g(k)$ のフーリエ変換(DTFT)を求め，離散データが 1 ms の間隔で得られたとしたとき，周波数スペクトル $G_s(f)$ の基本周期を示せ．
   - (a) $g(k) = \begin{cases} 1 & |k| \leq 4 \\ 0 & |k| > 4 \end{cases}$
   - (b) $g(k) = \begin{cases} 3-|k| & |k| \leq 3 \\ 0 & |k| > 3 \end{cases}$
   - (c) $g(k) = (1/2)^k \, u(k)$
   - (d) $g(k) = \cos(k\pi/4)$

2. 離散信号 $g(k)$ の離散フーリエ変換(DFT)を求めよ．
   - (a) $g(k) = (-1)^k \quad (k = 0, 1, 2, 3)$
   - (b) (a)の数列を一般化した N 項列 $(k = 0, 1, \cdots, N-1)$
   - (c) $g(k) = \begin{cases} (-1)^{k/2} & k = 0, 2, 4, 6 \\ 0 & k = 1, 3, 5, 7 \end{cases}$
   - (d) (c)の数列を一般化した N 項列 $(k = 0, 1, \cdots, N-1)$．

3. $x(k)\,(k = 0, 1, \cdots, N-1)$ で与えられる数列の N 点 DFT を $X(n)$ としたとき，以下に示す新たな数列の DFT を求めよ．
   - (a) $x(-k)$
   - (b) $x^*(-k)$
   - (c) $y(k) = \begin{cases} x(k/2) & k: \text{even} \\ 0 & k: \text{odd} \end{cases}$
   - (d) $y(k) = \begin{cases} x(k) & k = 0, 1, \cdots, N-1 \\ 0 & k = N, N+1, \cdots, 2N-1 \end{cases}$

4. 入力信号 $x(k)$ と線形・時不変システムのインパルス応答 $h(k)$ がそれぞれ以下のように与えられるとき，応答 $y(k)$ を巡回畳み込み演算により求めよ．
   - (a) $x(k) = \{1, -1, -1, 1, -1, 1\}, \; h(k) = \{1, 2, 3, 3, 2, 1\}$
   - (b) $x(k) = \{1, -2, -1, 1\}, \; h(k) = \{1, 0, 0, 1\}$

5. 問題 4 と同じ条件で，応答 $y(k)$ を線形畳み込み演算により求めよ．

6. 標本間隔 T_s で得られた数列 $g(k) = \{2, 1, 0, 0, 0, 0, 0, 1\}$ に対し，
   - (a) 離散フーリエ変換 $G(n)$ を求めよ．
   - (b) $G(n)$ の周波数分解能を求めよ．

7. つぎの数列 $G(n)$ は，アナログ信号 $g(t)$ のサンプル値から求めた DFT スペクトルである．
   $$G(n) = \{8, 0, 0, 2\sqrt{2}(1+j), -j8, 0, 0, 0, 0, 0, 0, j8, 2\sqrt{2}(1-j), 0, 0\}$$

(a) 標本間隔を $T_s = 125\,\mu\text{s}$ として，$G(n)$ の周波数分解能を求めよ．
(b) 離散時間信号 $g(k)$ を求めよ．
(c) 離散時間信号の基本周期を求めよ．
(d) アナログ信号 $g(t)$ を推定せよ．

8. 信号 $x(t) = \cos 2\pi f_1 t + \sin 2\pi f_2 t$ について，
(a) 振幅スペクトルを 32 点 DFT により求めよ．ただし，$f_1 = 4\,\text{kHz}$，$f_2 = 3.5\,\text{kHz}$，周波数分解能を $\varDelta f = 1\,\text{kHz}$ とする．
(b) 問題 3(c) と同様に，新たな $y(k)$ についての振幅スペクトルを求めよ．
(c) 問題 3(d) と同様に，新たな $y(k)$ についての振幅スペクトルを求めよ．

9. 信号 $g(t) = 2\cos 2\pi f_0 t \cdot (\cos 2\pi f_1 t + 0.01 \cos 2\pi f_2 t)$ に含まれる周波数成分を 128 点 DFT および 256 点 DFT により推定せよ．ただし，$f_0 = 2\,\text{kHz}$，$f_1 = 100\,\text{Hz}$，$f_2 = 1\,\text{kHz}$ とし，標本化周波数は $f_s = 8\,\text{kHz}$ とする．また，$g(t)$ をフーリエ変換した結果と比較せよ．

10. ハミング窓を用いて問題 9 の信号スペクトルを求め，その結果を考察せよ．

11. 非周期信号 $g(t) = \text{sinc}(t/T) = \dfrac{\sin \pi t/T}{\pi t/T}$ を $T_s = T/4$ の間隔で標本化し，$\pm 4T$ の矩形窓から得られるサンプルをもとに，N 点 DFT により振幅スペクトルを dB 表示で求めよ．ただし，$N = 256$ とする．

12. ハミング窓およびハニング窓を用いて問題 11 の信号(振幅)スペクトルを dB 表示で求め，その結果を考察せよ．

8 z 変換

ラプラス変換は，線形・時不変システムの特性（過渡応答や安定性）を解析するツールであることを学んだが，z 変換は離散システムや離散信号に対するラプラス変換とみなすことができる。ただし，フーリエ変換と離散フーリエ変換に相違があるように，ラプラス変換と z 変換の間にも相違点が存在する。

離散フーリエ変換(DFT や FFT)では，アナログ信号を標本化して数値列を得，コンピュータを用いた数値計算により離散的な周波数成分を求めた。z 変換は離散フーリエ変換を拡張したもので，両者は密接な関係にあり，多くの共通的な性質をもっている。しかし，周波数変数は DFT の離散整数変数 n と異なり，連続的な複素量 z である。したがって，z 変換は離散時間フーリエ変換(DTFT)を一般化したものと考えられ，応用面として離散時間システムの解析に適している。

本章は，5 章とほぼ同じ構成をとる。まず，z 変換に関する定義，代表的な信号に対する変換操作，性質，および逆 z 変換などの基本的な事柄を述べる。つぎに，離散システムの伝達関数や z 平面での特性評価について考察する。また，応用例としてディジタルフィルタの設計について述べる。

8.1 z 変換の定義

ラプラス変換と同様，因果的な信号やシステムを対象とする。連続時間信号 $g(t)$ を時間間隔 T で標本化して得られた数値列を $g(k)$ とすれば，離散信号 $g_s(t)$ は次式で表すことができる。

8.1 z変換の定義

$$g_s(t) = \sum_{k=0}^{\infty} g(k)\delta(t-kT) \tag{8.1}$$

すなわち，振幅が $g(k)$ のインパルス列である。この信号をラプラス変換すると次式が得られる。

$$G_s(s) = \int_0^{\infty} \sum_{k=0}^{\infty} g(k)\delta(t-kT)e^{-st}dt = \sum_{k=0}^{\infty} g(k)e^{-skT} \tag{8.2}$$

ここで

$$z \equiv e^{sT} \tag{8.3}$$

と新たな変数を定義し，$G_s(s)$ を $G(z)$ と書き直した次式を $g(k)$ の z 変換と呼ぶ†。

$$G(z) = \sum_{k=0}^{\infty} g(k)z^{-k} \tag{8.4}$$

z 変換の変数 z は明らかに複素連続量であり，時間領域の離散信号は z 領域の連続信号に変換されたことになる。またそのとき，時間信号は z 領域において $g(k)$ を振幅とする z^{-k} なる形態の信号に分解されたとみなすことができる。

ラプラス変換の場合と同様，因果的な信号やシステムに対する z 変換を**片側 z 変換**，正負の時間において定義された信号の z 変換を**両側 z 変換**と呼んで区別している。両側 z 変換は，式 (8.4) の加算範囲を負の領域まで広げたもので，次式で定義される。

$$G_B(z) = \sum_{k=-\infty}^{\infty} g(k)z^{-k} \tag{8.5}$$

ある特定の数列 $g(k)$ に対し，z 変換が存在する（有限の値をもつ）ためには，変数 z の取りうる値はある領域に制限される。この領域を**収束領域**(region of convergence : **ROC**)と呼ぶ。具体的に，つぎの二つの信号に対する z 変換とその ROC をみておこう。

$$g_1(k) = \begin{cases} a^k & \cdots\cdots & k \geq 0 \\ 0 & \cdots\cdots & k < 0 \end{cases} \tag{8.6}$$

---

† 変換名は，フーリエ変換やラプラス変換のように人の名前を冠したものではなく，一般的に使われる周波数変数 z にちなんで付けられている。

$$g_2(k) = \begin{cases} -a^k & \cdots\cdots & k<0 \\ 0 & \cdots\cdots & k\geqq 0 \end{cases} \tag{8.7}$$

ただし，a は実数とする。両側 z 変換の定義式（8.5）に従って，信号 $g_1(k)$ の z 変換は次式で与えられる。

$$G_{B,1}(z) = \sum_{k=0}^{\infty} a^k z^{-k} = \sum_{k=0}^{\infty} (az^{-1})^k$$
$$= \frac{1}{1-az^{-1}} = \frac{z}{z-a} \tag{8.8}$$

また，ROC は無限等比級数（式 (8.8)）の収束条件である $|az^{-1}|<1$ より，$|z|>|a|$ となる。一方，信号 $g_2(k)$ の z 変換は

$$G_{B,2}(z) = \sum_{k=-\infty}^{-1} (-a^k) z^{-k} = -\sum_{l=1}^{\infty} \left(\frac{z}{a}\right)^l$$
$$= -\frac{z/a}{1-z/a} = \frac{z}{z-a} \tag{8.9}$$

であり，ROC は $|z/a|<1$ より，$|z|<|a|$ となる。式 (8.8) と式 (8.9) より，異なる二つの信号が同じ z 変換をもつ。ただし，それぞれの z 変換が存在するための複素変数 z の収束領域が異なり，図 8.1 のような関係になる。この例から明らかなように，収束領域を明示しない限り z 変換された信号がどちらの時間信号を表しているのか決定することはできない。このような曖昧さを排除するため，本書では，時間信号とその z 変換の関係が一意に決まる片側 z 変換のみを扱う。

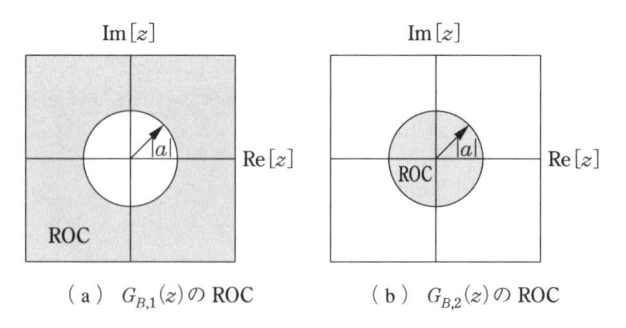

（a）$G_{B,1}(z)$ の ROC　　（b）$G_{B,2}(z)$ の ROC

図 8.1　z 変換の収束領域

8.2 基本的な信号の z 変換

8.1 節で指数関数の z 変換を求めたが，ここではその他の基本的な信号の z 変換を求めておく。括弧内は収束領域 (ROC) を表す。

（1） デルタ関数 $\delta(k)$

$$\mathcal{Z}[\delta(k)] = \sum_{k=0}^{\infty} \delta(k) z^{-k} = 1 \quad (\text{すべての } z) \tag{8.10}$$

（2） 単位ステップ関数 $\mathrm{u}(k)$

$$\mathcal{Z}[\mathrm{u}(k)] = \sum_{k=0}^{\infty} z^{-k} = \frac{1}{1-z^{-1}} = \frac{z}{z-1} \quad (|z|>1) \tag{8.11}$$

（3） ランプ関数 $k \cdot \mathrm{u}(k)$

式 (8.11) の両辺を z で微分すると次式が得られる。

$$\frac{d}{dz}\mathcal{Z}[\mathrm{u}(k)] = \sum_{k=0}^{\infty}(-k)z^{-k-1} = -z^{-1}\sum_{k=0}^{\infty} k z^{-k} = -z^{-1} \cdot \mathcal{Z}[k \cdot \mathrm{u}(k)]$$

したがって

$$\mathcal{Z}[k \cdot \mathrm{u}(k)] = -z\frac{d}{dz}\mathcal{Z}[\mathrm{u}(k)] = -z\frac{d}{dz}\left(\frac{z}{z-1}\right) = \frac{z}{(z-1)^2} \quad (|z|>1) \tag{8.12}$$

（4） 三角関数 $\cos k\omega T \cdot \mathrm{u}(k),\ \sin k\omega T \cdot \mathrm{u}(k)$

複素指数関数 $e^{jk\omega T}$ の z 変換は次式で与えられる。

$$\mathcal{Z}\left[e^{jk\omega T}\mathrm{u}(k)\right] = \sum_{k=0}^{\infty} e^{jk\omega T} z^{-k} = \frac{1}{1-e^{j\omega T}z^{-1}} = \frac{z}{z-e^{j\omega T}}$$

$$= \frac{z(z-\cos\omega T)}{z^2-2z\cos\omega T+1} + j\frac{z\sin\omega T}{z^2-2z\cos\omega T+1} \quad (|z|>1) \tag{8.13}$$

一方，オイラーの公式より，$e^{jk\omega T} = \cos k\omega T + j\sin k\omega T$ であるから

$$\mathcal{Z}[\cos k\omega T \cdot \mathrm{u}(k)] = \frac{z(z-\cos\omega T)}{z^2-2z\cos\omega T+1} \quad (|z|>1) \tag{8.14 a}$$

$$\mathcal{Z}[\sin k\omega T \cdot \mathrm{u}(k)] = \frac{z \sin \omega T}{z^2 - 2z \cos \omega T + 1} \quad (|z|>1) \tag{8.14 b}$$

（5） 振幅が指数関数的に変化する余弦波，正弦波 $e^{-kaT}\cos k\omega T \cdot \mathrm{u}(k)$, $e^{-kaT}\sin k\omega T \cdot \mathrm{u}(k)$

（4）と同様に，複素指数関数 $e^{-(a-j\omega)kT}\mathrm{u}(k)$ の z 変換は次式で与えられる。

$$\mathcal{Z}[e^{-(a-j\omega)kT}\mathrm{u}(k)] = \sum_{k=0}^{\infty} e^{-(a-j\omega)kT} z^{-k} = \frac{1}{1 - e^{-aT+j\omega T}z^{-1}}$$

$$= \frac{z(z - e^{-aT}\cos \omega T) + jze^{-aT}\sin \omega T}{z^2 - 2ze^{-aT}\cos \omega T + e^{-2aT}} \quad (|z|>e^{-aT})$$

したがって

$$\mathcal{Z}[e^{-kaT}\cos k\omega T \cdot \mathrm{u}(k)] = \frac{z(z - e^{-aT}\cos \omega T)}{z^2 - 2ze^{-aT}\cos \omega T + e^{-2aT}} \quad (|z|>e^{-aT}) \tag{8.15 a}$$

$$\mathcal{Z}[e^{-kaT}\sin k\omega T \cdot \mathrm{u}(k)] = \frac{ze^{-aT}\sin \omega T}{z^2 - 2ze^{-aT}\cos \omega T + e^{-2aT}} \quad (|z|>e^{-aT}) \tag{8.15 b}$$

以上，代表的な信号の z 変換対をまとめて**表 8.1** に示す。

表 8.1　代表的な信号の z 変換

	$g(k)$	$G(z)$	ROC	備考
1.	$\delta(k)$	1	$|z|>0$	式(8.10)
2.	$\mathrm{u}(k)$	$\dfrac{z}{z-1}$	$|z|>1$	式(8.11)
3.	$k \cdot \mathrm{u}(k)$	$\dfrac{z}{(z-1)^2}$	$|z|>1$	式(8.12)
4.	$a^k \mathrm{u}(k)$ （a：実数）	$\dfrac{z}{z-a}$	$|z|>|a|$	式(8.8)
5.	$ka^k \mathrm{u}(k)$	$\dfrac{az}{(z-a)^2}$	$|z|>|a|$	式(8.20)
6.	$\dfrac{(k+1)(k+2)\cdots(k+m)}{m!}a^k \mathrm{u}(k)$	$\dfrac{z^{m+1}}{(z-a)^{m+1}}$	$|z|>|a|$	演習問題 4
7.	$\cos k\omega T \cdot \mathrm{u}(k)$	$\dfrac{z(z-\cos \omega T)}{z^2 - 2z\cos \omega T + 1}$	$|z|>1$	式(8.14 a)
8.	$\sin k\omega T \cdot \mathrm{u}(k)$	$\dfrac{z\sin \omega T}{z^2 - 2z\cos \omega T + 1}$	$|z|>1$	式(8.14 b)
9.	$e^{-kaT}\cos k\omega T \cdot \mathrm{u}(k)$	$\dfrac{z(z-e^{-aT}\cos \omega T)}{z^2 - 2ze^{-aT}\cos \omega T + e^{-2aT}}$	$|z|>e^{-aT}$	式(8.15 a)
10.	$e^{-kaT}\sin k\omega T \cdot \mathrm{u}(k)$	$\dfrac{ze^{-aT}\sin \omega T}{z^2 - 2ze^{-aT}\cos \omega T + e^{-2aT}}$	$|z|>e^{-aT}$	式(8.15 b)

8.3 z変換の性質

これまで,ラプラス変換などのもつ基本的な性質を議論してきた。z変換についても同様に,定義式から導かれるいくつかの有用な性質がある。いままでと同様,z変換対を $\leftrightarrow$ の記号で表し,よく使われる性質を以下に示す。

8.3.1 線 形 性
$g_1(k) \leftrightarrow G_1(z)$, $g_2(k) \leftrightarrow G_2(z)$ ならば
$$\alpha_1 g_1(k) + \alpha_2 g_2(k) \leftrightarrow \alpha_1 G_1(z) + \alpha_2 G_2(z) \tag{8.16}$$
ここで,α_1, α_2 は任意定数である。ラプラス変換と同様,線形結合で得られる信号の ROC は各信号それぞれがもつ ROC の共通領域として与えられる。

8.3.2 時間シフト
$g(k)$ を因果関数として,l を任意の正の整数とすれば
$$g(k-l) \leftrightarrow z^{-l} G(z) \tag{8.17a}$$
証明:$k-l=m$ とおけば

$$\mathcal{Z}[g(k-l)] = \sum_{k=0}^{\infty} g(k-l) z^{-k} = \sum_{m=-l}^{\infty} g(m) z^{-m-l}$$
$$= z^{-l} \sum_{m=0}^{\infty} g(m) z^{-m} + z^{-l} \sum_{m=1}^{l} g(-m) z^{m}$$

が得られる。ここで,$g(k)$ は因果関数であるから,$g(-m)=0$ ($m \geq 1$) より第2項は0となる。したがって式 (8.17) が成立する。数列 $g(k)$ を1サンプル遅らせることは,z領域において $G(z)$ に z^{-1} を乗算することと等しい。これより,z^{-1} は**単位遅延演算子**と呼ばれる。

数列を l サンプル進ませる場合はどうであろうか。上の証明と同様に,$k+l=m$ とおいて

$$\mathcal{Z}[g(k+l)] = \sum_{k=0}^{\infty} g(k+l) z^{-k} = \sum_{m=l}^{\infty} g(m) z^{-m+l}$$

$$= z^l \sum_{m=0}^{\infty} g(m)z^{-m} - z^l \sum_{m=0}^{l-1} g(m)z^{-m}$$

$$= z^l G(z) - z^l \sum_{m=0}^{l-1} g(m)z^{-m} \tag{8.17b}$$

が得られる。遅延の場合と異なり，和の項が必要になる。

。○ ○ ○ **例題 8.1** ○ ○ ○ 。

数列 $g_1(k)$, $g_2(k)$ の z 変換を求めよ。

$$g_1(k) = \begin{cases} 1 \cdots & k = 0, 1, \cdots, 4 \\ 0 \cdots & \text{elsewhere} \end{cases}, \quad g_2(k) = \begin{cases} 1 \cdots & k = 5, 6, \cdots, 9 \\ 0 \cdots & \text{elsewhere} \end{cases}$$

解 z 変換の定義に従って

$$G_1(z) = \sum_{k=0}^{\infty} g_1(k)z^{-k} = \sum_{k=0}^{4} z^{-k} = \frac{1-z^{-5}}{1-z^{-1}}$$

$$= \frac{z(1-z^{-5})}{z-1}$$

としてもよいが，ここでは $g_1(k) = \mathrm{u}(k) - \mathrm{u}(k-5)$ と変形して，時間シフトの性質を利用する。単位ステップ関数の z 変換は

$$\mathcal{Z}[\mathrm{u}(k)] = \frac{z}{z-1}$$

であるから次式が成立する。

$$G_1(z) = \frac{z}{z-1} - z^{-5}\frac{z}{z-1} = \frac{z(1-z^{-5})}{z-1}$$

同様に，$g_2(k) = g_1(k-5)$ であるから次式が成立する。

$$G_2(z) = z^{-5}G_1(z) = \frac{z^{-4}(1-z^{-5})}{z-1}$$

8.3.3 ランプ関数との乗算

$g(k) \leftrightarrow G(z)$ ならば

$$\mathcal{Z}[k \cdot g(k)] = -z\frac{d}{dz}G(z) \tag{8.18}$$

証明：z 変換の定義式（8.4）の両辺を z で微分すると

$$\frac{d}{dz}G(z) = \sum_{k=0}^{\infty}(-k)g(k)z^{-k-1} = -z^{-1}\sum_{k=0}^{\infty}kg(k)z^{-k}$$

となり，式 (8.18) が成立する．ここで，$h(k) = k \cdot g(k)$ とおけば

$$\mathcal{Z}[k^2 \cdot g(k)] = \mathcal{Z}[k \cdot h(k)] = -z\frac{d}{dz}H(z)$$

$$= -z\frac{d}{dz}\left\{-z\frac{d}{dz}G(z)\right\} \equiv \left(-z\frac{d}{dz}\right)^2 G(z)$$

が成立する．一般的な k のベキ乗に拡張するとつぎの関係が得られる．

$$\mathcal{Z}[k^n g(k)] = \left(-z\frac{d}{dz}\right)^n G(z) \tag{8.19}$$

。○ ○ ○ **例題 8.2** ○ ○ ○ 。

$g(k) = ka^k \mathrm{u}(k)$ の z 変換を求めよ．

解 式 (8.18) より

$$\mathcal{Z}[ka^k \mathrm{u}(k)] = -z\frac{d}{dz}\mathcal{Z}[a^k \mathrm{u}(k)] = -z\frac{d}{dz}\frac{z}{z-a} = \frac{az}{(z-a)^2} \tag{8.20}$$

。○ ○ ○ **例題 8.3** ○ ○ ○ 。

$g(k) = k(k+1)\mathrm{u}(k)$ の z 変換を求めよ．

解 式 (8.18) より

$$\mathcal{Z}[k\mathrm{u}(k)] = -z\frac{d}{dz}\mathcal{Z}[\mathrm{u}(k)] = -z\frac{d}{dz}\frac{z}{z-1} = \frac{z}{(z-1)^2}$$

また，式 (8.19) より次式が成立する．

$$\mathcal{Z}[k^2 \mathrm{u}(k)] = \left(-z\frac{d}{dz}\right)^2 \mathcal{Z}[\mathrm{u}(k)] = -z\frac{d}{dz}\left\{-z\frac{d}{dz}\mathcal{Z}[\mathrm{u}(k)]\right\}$$

$$= -z\frac{d}{dz}\frac{z}{(z-1)^2} = \frac{z(z+1)}{(z-1)^3}$$

したがって

$$\mathcal{Z}[k(k+1)\mathrm{u}(k)] = \frac{z(z+1)}{(z-1)^3} + \frac{z}{(z-1)^2} = \frac{2z^2}{(z-1)^3}$$

8.3.4 スケーリング

$g(k) \leftrightarrow G(z)$ ならば

$$a^k g(k) \leftrightarrow G\left(\frac{z}{a}\right) \tag{8.21}$$

ただし，$a \neq 0$ の任意定数である。

証明：

$$\mathcal{Z}[a^k g(k)] = \sum_{k=0}^{\infty} a^k g(k) z^{-k} = \sum_{k=0}^{\infty} g(k)(a^{-1}z)^{-k}$$

$$= G\left(\frac{z}{a}\right)$$

すなわち，指数関数との乗算は z 領域におけるスケーリングを意味する。

○○○ **例題 8.4** ○○○

8.2節で求めた，振幅が指数関数的に変化する余弦波 $e^{-kaT}\cos k\omega T \cdot \mathrm{u}(k)$ の z 変換を求めよ。

解 式 (8.14 a) より $\mathcal{Z}[\cos k\omega T \cdot \mathrm{u}(k)] = \dfrac{z(z-\cos \omega T)}{z^2 - 2z\cos \omega T + 1}$

また，式 (8.21) のスケーリングファクタは $a = e^{-aT}$ であるから

$$\mathcal{Z}[e^{-kaT}\cos k\omega T \cdot \mathrm{u}(k)] = \frac{ze^{aT}(ze^{aT} - \cos \omega T)}{z^2 e^{2aT} - 2ze^{aT}\cos \omega T + 1}$$

$$= \frac{z(z - e^{-aT}\cos \omega T)}{z^2 - 2ze^{-aT}\cos \omega T + e^{-2aT}}$$

が得られる。

8.3.5 畳 み 込 み

$g_1(k) \leftrightarrow G_1(z), \ g_2(k) \leftrightarrow G_2(z)$ ならば

$$g_1(k) \otimes g_2(k) \leftrightarrow G_1(z)G_2(z) \tag{8.22}$$

証明： $g_1(k), g_2(k)$ は因果的な数列と考えているが，畳み込み和の範囲を負の領域まで広げると式の変形が容易になることを考慮して，ここでは両側 z 変換の形式を用いる。畳み込み和の両側 z 変換は次式で表される。

$$\mathcal{Z}[g_1(k) \otimes g_2(k)] = \sum_{k=-\infty}^{\infty}\left[\sum_{l=-\infty}^{\infty} g_1(l)g_2(k-l)\right]z^{-k} = \sum_{l=-\infty}^{\infty}\sum_{m=-\infty}^{\infty} g_1(l)g_2(m)z^{-m-l}$$

$$= \sum_{l=-\infty}^{\infty} g_1(l)z^{-l} \sum_{m=-\infty}^{\infty} g_2(m)z^{-m} = G_1(z)G_2(z)$$

実際の因果的な数列では $g_1(l) = 0 \ (l<0)$ および $g_2(m) = 0 \ (m<0)$ であるから，上式は因果的数列に対してもそのまま成立する。

○○○ **例題 8.5** ○○○

つぎの二つの数列 $g_1(k)$, $g_2(k)$ の畳み込み和を求めよ。

$$g_1(k) = \{1, -1, 1, -1\}, \quad g_2(k) = \{-2, -1, 0, 1, 2\}$$

解 それぞれの z 変換は次式で与えられる。

$$G_1(z) = 1 - z^{-1} + z^{-2} - z^{-3}, \quad G_2(z) = -2 - z^{-1} + z^{-3} + 2z^{-4}$$

したがって、 $\mathcal{Z}[g_1(k) \otimes g_2(k)] = G_1(z)G_2(z) = -2 + z^{-1} - z^{-2} + 2z^{-3} + 2z^{-4} - z^{-5} + z^{-6} - 2z^{-7}$ より

$$g_1(k) \otimes g_2(k) = \{-2, 1, -1, 2, 2, -1, 1, -2\}$$

が得られる。

8.3.6 初期値の定理

$g(k) \leftrightarrow G(z)$ ならば

$$g(0) = \lim_{z \to \infty}[G(z)] \tag{8.23}$$

証明: z 変換の定義式

$$G(z) = \sum_{k=0}^{\infty} g(k)z^{-k} = g(0) + g(1)z^{-1} + \cdots + g(l)z^{-l} + \cdots$$

において、正の整数 l に対して $z \to \infty$ で $z^{-l} \to 0$ より題意が成立する。

この性質は、逆 z 変換により $G(z)$ から $g(k)$ を求めた際の検証用に利用できる。

8.3.7 終期値の定理

$g(k) \leftrightarrow G(z)$ ならば

$$\lim_{k \to \infty}[g(k)] = \lim_{z \to 1}[(1 - z^{-1})G(z)] \tag{8.24}$$

証明: 線形性と時間シフトの性質から

$$\mathcal{Z}[g(k) - g(k-1)] = (1 - z^{-1})G(z)$$

が成立する。一方、z 変換の定義式より、左辺は次式で表すことができる。

$$\mathcal{Z}[g(k) - g(k-1)] = \lim_{K \to \infty} \sum_{k=0}^{K} \{g(k) - g(k-1)\} z^{-k}$$

ここで，$z \to 1$ とすれば $\mathcal{Z}[g(k)-g(k-1)] = \lim_{K \to \infty}[g(K)]$ となる．ただし，この定理は $g(k)$ の極限値が存在する場合に限り成立することを注意しておく．

以上，よく使われる z 変換の性質をまとめて**表 8.2** に示す．

表 8.2 z 変換の性質（$g(k)$：因果関数）

性　質	$g(k)$	$G(z)$	備　考
1．線形性	$\sum_{n=1}^{N} a_n g_n(k)$	$\sum_{n=1}^{N} a_n G_n(z)$	式(8.16)
2．時間シフト	$g(k-l)$ （遅れ：$l>0$）	$z^{-l}G(z)$	式(8.17 a)
	$g(k+l)$ （進み：$l>0$）	$z^{l}G(z) - z^{l}\sum_{m=0}^{l-1}g(m)z^{-m}$	式(8.17 b)
3．k との乗算	$k \cdot g(k)$	$-z\dfrac{d}{dz}G(z)$	式(8.18)
	$k^n \cdot g(k)$	$\left(-z\dfrac{d}{dz}\right)^n G(z)$	式(8.19)
4．スケーリング	$a^k g(k)$ （$a \neq 0$）	$G(z/a)$	式(8.21)
5．畳み込み	$g_1(k) \otimes g_2(k)$	$G_1(z)G_2(z)$	式(8.22)
6．初期値の定理	$g(0) = \lim_{z \to \infty} G(z)$		式(8.23)
7．終期値の定理	$\lim_{k \to \infty}[g(k)] = \lim_{z \to 1}[(1-z^{-1})G(z)]$		式(8.24)

8.4 逆 z 変 換

z 領域で表された信号 $G(z)$ から離散時間信号 $g(k)$ を求める変換を逆 z 変換と呼ぶ．逆 z 変換にはいろいろな方法があるが，最も直接的な方法は次式で示される複素積分を利用する方法である．

$$g(k) = \frac{1}{j2\pi}\oint_C G(z)z^{k-1}dz \tag{8.25}$$

逆変換式をいきなり天下り的に与えたが，上式は $g(n)$ の z 変換

$$G(z) = \sum_{n=0}^{\infty} g(n)z^{-n}$$

の両辺に z^{k-1} を乗算して z で複素積分することにより得られる．複素積分は，z 平面上で ROC 内の任意の単一閉曲線 C に沿って反時計方向に周回積分することである．

$$\oint_C G(z)z^{k-1}dz = \oint_C \sum_{n=0}^{\infty} g(n)z^{k-n-1}dz = \sum_{n=0}^{\infty} g(n)\oint_C z^{k-n-1}dz$$

ここで，**コーシー**(Cauchy)**の積分定理**

$$\oint_c z^{k-n-1}dz = \begin{cases} j2\pi & \cdots\cdots \quad n=k \\ 0 & \cdots\cdots \quad n \neq k \end{cases} \quad (8.26)$$

より式 (8.25) が導かれる。逆変換式の複素積分は，一般的に留数定理を用いて求められる。しかし多くの場合，より簡易な方法によって逆変換が行われる。

8.4.1 ベキ級数展開

信号 $G(z)$ を z^{-1} のベキ級数に展開できれば，z 変換の定義式から $g(k)$ は z^{-k} の係数として与えられる。信号 $G(z)$ が次式で示される z の有理関数で表されている場合は，**長除算**を用いて $G(z)$ のベキ級数が得られる。

$$G(z) = \frac{N(z)}{D(z)} = \frac{b_m z^m + b_{m-1}z^{m-1} + \cdots + b_1 z + b_0}{a_n z^n + a_{n-1}z^{n-1} + \cdots + a_1 z + a_0} \quad (n \geq m) \quad (8.27)$$

。○ ○ ○　**例題 8.6**　○ ○ ○ 。

信号 $G(z) = \dfrac{z}{z-0.5}$ の逆 z 変換を求めよ。

[解] 図 8.2 に示す長除算により

$$G(z) = 1 + 0.5z^{-1} + (0.5)^2 z^{-2} + \cdots = \sum_{k=0}^{\infty}(0.5)^k z^{-k}$$

したがって，$g(k) = (0.5)^k \mathrm{u}(k)$ が得られる。

この例は $g(k)$ を一般項で表すことができたが，多くの場合，最初の数項から一般項を見出すことは容易ではない。ベキ級数展開による方法は，最初の数項を知りたいときに便利である。また $g(k)$ が因果的数列の場合，z 変換の定義式から明らかなように，有理式 (8.27) の分母の次数は分子の次数よりも小さくならない ($n \geq m$)。

$$\begin{array}{r}
1 + 0.5z^{-1} + (0.5)^2 z^{-2} + \cdots\cdots \\
z-0.5 \overline{\smash{)}\, z } \\
\underline{z - 0.5 } \\
0.5 \\
\underline{0.5 - (0.5)^2 z^{-1} } \\
(0.5)^2 z^{-1} \\
\underline{(0.5)^2 z^{-1} - (0.5)^3 z^{-2}} \\
(0.5)^3 z^{-2} \\
\vdots
\end{array}$$

図 8.2　長 除 算

8.4.2 部分分数展開

信号 $G(z)$ が式 (8.27) に示した有理関数で表されている場合，分母の多項式 $D(z)$ の次数を n とすれば，$G(z)$ は複素数の範囲で n 個の**極**(pole)をもつ。極はラプラス変換の場合と同様に分類でき，それによって z 変換対 $g(k)$ の特性が決定される。この問題はあとで述べるとして，ここでは逆ラプラス変換と同様，$G(z)$ を部分分数に展開して z 変換対の表から対応する離散数列を求めることにする。この方法は，線形性と片側 z 変換の一意性により正しさが保証される。

部分分数展開に際してつぎの点に注意しておく。表 8.1 の z 変換対をみると，分子には z の項が含まれている。したがって，まず $G(z)/z$ を部分分数に展開し（付録 A.3），そのあとで両辺に z を掛けると基本形が得られる場合が多い。以下，具体的な例題によって逆 z 変換を求めてみよう。

○ ○ ○ **例題 8.7** ○ ○ ○

$G(z) = \dfrac{8z-19}{z^2-5z+6}$ の逆 z 変換を求めよ。

解 $G(z)/z$ を部分分数に展開すると

$$\frac{G(z)}{z} = \frac{8z-19}{z(z-2)(z-3)} = -\frac{19/6}{z} + \frac{3/2}{z-2} + \frac{5/3}{z-3}$$

したがって，$G(z) = -\dfrac{19}{6} + \dfrac{3}{2}\dfrac{z}{z-2} + \dfrac{5}{3}\dfrac{z}{z-3}$ より

$$g(k) = -\frac{19}{6}\delta(k) + \left(\frac{3}{2}2^k + \frac{5}{3}3^k\right)\mathrm{u}(k)$$

$G(z)$ を直接部分分数に展開し，そのあとで時間シフトの性質を利用して以下のように求めることもできる。

$G(z) = \dfrac{3}{z-2} + \dfrac{5}{z-3} = z^{-1}\dfrac{3z}{z-2} + z^{-1}\dfrac{5z}{z-3}$ より $g(k) = (3\cdot 2^{k-1} + 5\cdot 3^{k-1})\mathrm{u}(k-1)$

先に求めた数列と一見異なるようにみえるが，実際は同じ数列である。

○○○ **例題 8.8** ○○○

$G(z) = \dfrac{-5z^2+22z}{z^3-3z^2+4}$ の逆 z 変換を求めよ。

解 $G(z)/z$ を部分分数に展開すると

$$\dfrac{G(z)}{z} = \dfrac{-5z+22}{(z+1)(z-2)^2} = \dfrac{3}{z+1} + \dfrac{4}{(z-2)^2} - \dfrac{3}{z-2}$$

両辺に z を掛けて次式を得る。

$$G(z) = \dfrac{3z}{z+1} + \dfrac{4z}{(z-2)^2} - \dfrac{3z}{z-2}$$

したがって，$g(k) = \{(-1)^k \cdot 3 + k \cdot 2^{k+1} - 3 \cdot 2^k\}\, u(k)$

初期値の定理より，$g(0) = \lim\limits_{z\to\infty} G(z) = 0$ となることが確認できる。

○○○ **例題 8.9** ○○○

$G(z) = \dfrac{z(2z^2+z-5)}{(z^2+1)(z-2)}$ の逆 z 変換を求めよ。

解 $G(z)/z$ を部分分数に展開して

$$\dfrac{G(z)}{z} = \dfrac{2z^2+z-5}{(z^2+1)(z-2)} = \dfrac{z+3}{z^2+1} + \dfrac{1}{z-2}$$

より

$$G(z) = \dfrac{z^2}{z^2+1} + \dfrac{3z}{z^2+1} + \dfrac{z}{z-2}$$

上式の第 1, 2 項は，式 (8.14 a)，(8.14 b) における $\omega T = \pi/2$ に相当する。

したがって，$g(k) = \{\cos(k\pi/2) + 3\sin(k\pi/2) + 2^k\}\, u(k)$

8.5　システムの伝達関数と応答

　線形・時不変な因果的離散システムの単位インパルス応答を $h(k)$，入力信号を $x(k)$ とすれば，出力信号 $y(k)$ は次式に示すように $x(k)$ と $h(k)$ の畳み込み和で与えられる。

$$y(k) = \sum_{n=0}^{\infty} x(n)h(k-n) = \sum_{n=0}^{\infty} h(n)x(k-n) \tag{8.28}$$

上式の両辺を z 変換することにより次式を得る．

$$Y(z) = X(z)H(z) \tag{8.29}$$

ここで

$$H(z) = \mathcal{Z}[h(k)] = \frac{Y(z)}{X(z)} \tag{8.30}$$

すなわち，単位インパルス応答の z 変換はシステムの伝達関数を表している．因果的なシステムの伝達関数が以下に示すような有理式で表されるとすれば，先に述べたように，$X(z)$ と $Y(z)$ の次数には $n \geq m$ の関係が成立する．

$$\begin{aligned} H(z) &= \frac{Y(z)}{X(z)} = \frac{b_m z^m + b_{m-1} z^{m-1} + \cdots + b_1 z + b_0}{a_n z^n + a_{n-1} z^{n-1} + \cdots + a_1 z + a_0} \\ &= c \frac{(z-\beta_1)(z-\beta_2)\cdots(z-\beta_m)}{(z-\alpha_1)(z-\alpha_2)\cdots(z-\alpha_n)} \end{aligned} \tag{8.31}$$

また，ラプラス変換の場合と同様，α_i ($i = 1, 2, \cdots, n$) を極，β_j ($j = 1, 2, \cdots, m$) をゼロと呼ぶ．

具体的に，つぎの線形差分方程式で与えられる因果的システムの動作を考察しよう．

$$y(k) + \frac{1}{2}y(k-1) = x(k) + \frac{1}{2}x(k-1) + \frac{1}{4}x(k-2) \tag{8.32}$$

上式を $y(k) = x(k) + x(k-1)/2 + x(k-2)/4 - y(k-1)/2$ と書き換えてみると，このシステムは**図 8.3** に示す回路構成になっていることがわかる．すなわち，入力信号の遅延重み付けされた信号と，**負帰還**(negative feedback)信号の加算により出力信号を得る回路である．式 (8.32) の両辺を z 変換して，$Y(z)$ について整理すれば次式が得られる．

$$Y(z) = \frac{1 + z^{-1}/2 + z^{-2}/4}{1 + z^{-1}/2} X(z) = \frac{4z^2 + 2z + 1}{4z^2 + 2z} X(z) \tag{8.33}$$

したがって，このシステムの伝達関数は次式で与えられる．

$$H(z) = \frac{4z^2 + 2z + 1}{4z^2 + 2z} = \frac{4z^2 + 2z + 1}{2z(2z+1)} \tag{8.34}$$

8.5 システムの伝達関数と応答

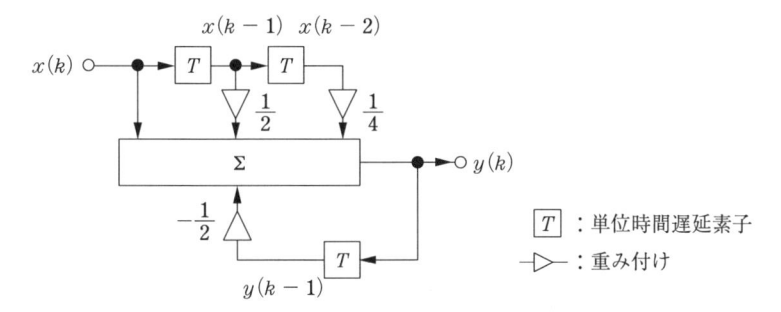

図8.3 システムのブロック図

ここで，入力信号 $x(k)$ を単位インパルス $\delta(k)$ とすれば，$X(z) = 1$ より，出力 $Y(z)$ は次式で表される。

$$Y(z) = H(z) = 1 + \frac{1}{2z} - \frac{1}{2z+1} = 1 + \frac{z^{-1}}{2} - \frac{z^{-1}}{2} \frac{z}{z+1/2} \tag{8.35}$$

したがって，出力の時系列（単位インパルス応答）は次式で求まる。

$$y(k) = \mathcal{Z}^{-1}[Y(z)] = \delta(k) + \frac{1}{2}\delta(k-1) + \left(-\frac{1}{2}\right)^k u(k-1) \tag{8.36}$$

上式から明らかなように，$k \to \infty$ の極限において $y(k) \to 0$ であるから，このシステムは安定なシステムである。

つぎに，フィードバック量を大きくしたら単位インパルス応答はどのように変化するであろうか。具体的に図8.3のフィードバック量を3倍にすると，式 (8.32) はつぎのように修正される。

$$y(k) + \frac{3}{2}y(k-1) = x(k) + \frac{1}{2}x(k-1) + \frac{1}{4}x(k-2) \tag{8.37}$$

前と同様にこのシステムの伝達関数から単位インパルス応答を求めると

$$H(z) = \frac{4z^2 + 2z + 1}{2z(2z+3)} = 1 + \frac{1}{6z} - \frac{7}{6(z+3/2)} \tag{8.38}$$

より

$$y(k) = \delta(k) + \frac{1}{6}\delta(k-1) - \frac{7}{6}\left(-\frac{3}{2}\right)^{k-1} u(k-1) \tag{8.39}$$

が得られる。式 (8.36) と異なり，$k \to \infty$ の極限において $y(k) \to \pm\infty$ に発

散するため，このシステムは不安定なシステムである。

システムの安定性は，単位インパルス応答により知ることができる。しかし，システムの単位インパルス応答は，伝達関数を部分分数に展開し，分解したサブシステムの単位インパルス応答を線形結合したものであるから，個々の伝達関数によって安定性を判定することができる。いままでみてきたように，$H(z)$ を部分分数に展開して得られる典型的な項は

$$H_j(z) = \frac{z}{z - \alpha_j}$$

である。この項は，$h_j(k) = \alpha_j{}^k$ ($k=0$, 1, …) の単位インパルス応答を生じるため，$|\alpha_j|<1$ であれば $k \to \infty$ の極限において $h_j(k) \to 0$ となり安定なシステムといえる。すなわち，伝達関数のすべての極が z 平面上の単位円内に存在すれば，そのシステムは安定であると結論できる。

極の位置はシステムの安定性だけでなく，応答特性を決定する要因になっている。そこで，伝達関数 $H(z)$ の極 α_j が存在する z 平面上の典型的な位置を図 8.4 に示し，それぞれの極によって決定される単位インパルス応答の振舞いをみておく。

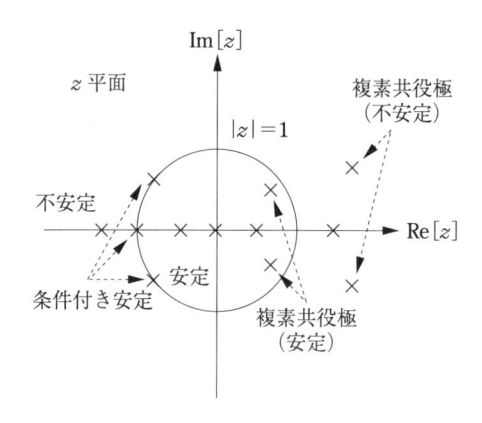

図 8.4 z 平面上の典型的な極の位置

8.5 システムの伝達関数と応答

（1） $H(z)$の極が原点に存在する場合（$\alpha_j=0$）

係数を無視すれば，$H(z)$ が z^{-1} の有限のベキ級数（z^{-1} の多項式）で表される場合で，有限長の単位インパルス応答になる。もちろんシステムは安定で，**FIR**（finite impulse response）型のシステムに分類される。

これに対して極が原点以外の場所に存在する場合（$H(z)$ が z の有理関数），応答は無限に継続し，**IIR**（infinite impulse response）型のシステムに分類される。

（2） 極 α_j が実数で正の場合

単位インパルス応答は $h_j(k) \propto \alpha_j^k$ であるから，極 α_j の値によって図 8.5(a)に示す3通りの応答になる。絶対値 $|\alpha_j|$ が 1 の場合，応答はステップ応答であるが，多重極になると表 8.1 の 3. に示すようにランプ出力になり発散す

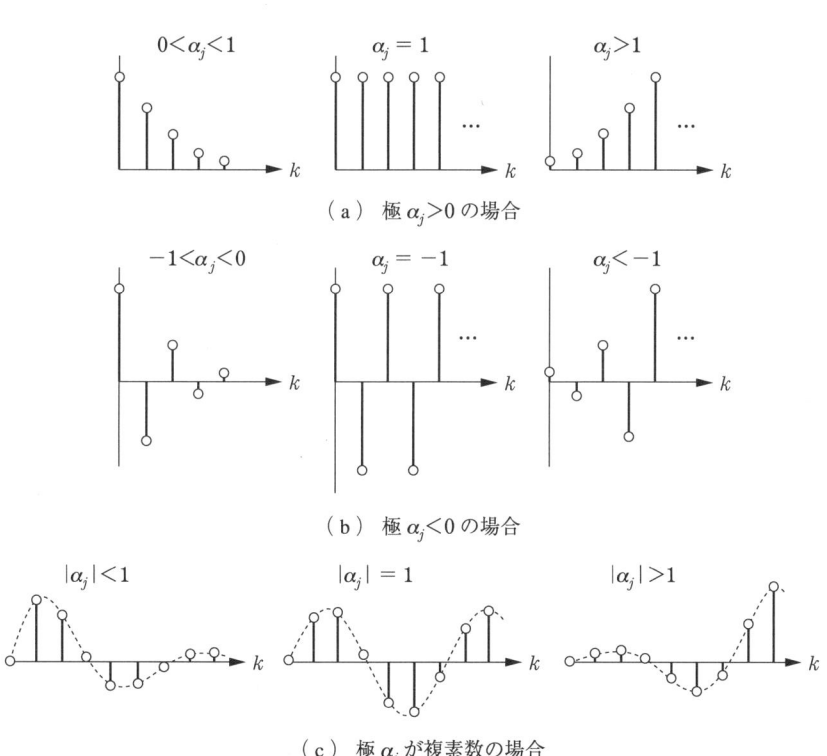

（a） 極 $\alpha_j>0$ の場合

（b） 極 $\alpha_j<0$ の場合

（c） 極 α_j が複素数の場合

図 8.5 単位インパルス応答

る(不安定システム)。

(3) 極 α_j が実数で負の場合

(2)と同様であるが,振幅値は正負を交互に繰り返し,極 α_j の値によって図(b)に示す3通りの応答になる。

(4) 複素共役極の場合

$H(z)$ の分母多項式 $X(z)$ が2次の既約多項式ならば,極 α_j は必ず共役複素数になる。絶対値 $|\alpha_j|$ が1の場合,$X(z)$ は表8.1の7,8の形式で表されるため,応答は一定振幅の正弦波になる。それ以外の場合 $X(z)$ は表8.1の9,10の形式で表されるため,絶対値の大きさによって図(c)に示すような振幅が指数関数的に変化する正弦波応答になる。なお,実数極の場合と同様,絶対値が1の複素共役極は条件付き安定であるが,多重極になると無条件に不安定なシステムとなる。

ゼロの位置はシステムの安定性に影響を与えることはないが,単位インパルス応答,すなわち周波数特性に影響を及ぼす。これはアナログシステムと同様であり,極とゼロの周波数特性に与える影響については付録 A.4 を参照のこと。

8.6 他の変換との関係

8.1節で述べたように,z 変換は離散信号のラプラス変換であるから,両者には密接な関係がある。式(8.3)で定義した変数 $z = e^{sT}$ は,s 平面と z 平面の対応関係(マッピング)を定義していることになる。マッピングの性質を明らかにするため $s = \sigma + j\omega$ とおけば

$$z = e^{\sigma T} e^{j\omega T} \tag{8.40}$$

である。したがって,次式が成立する。

$$|z| = e^{\sigma T} \tag{8.41}$$

この結果,つぎの対応関係が得られる。

① $\sigma < 0$ で $|z| < 1$。すなわち,s 平面の左半平面(LHP)は z 平面の単位円

② $\sigma>0$ で $|z|>1$。すなわち，s 平面の右半平面(RHP)は z 平面の単位円外にマッピングされる。

③ $\sigma=0$ で $|z|=1$。すなわち，s 平面の虚軸 ($j\omega$ 軸) は z 平面の単位円周上にマッピングされる。

ただし，s-z 平面のマッピングは 1 対 1 対応でないことを注意しておく。これは，s 平面上でサンプリング角周波数 $\omega_s=2\pi/T$ の整数倍だけ離れた点の集合 $\{s_k\}$ を

$$s_k = \sigma_0 + jk\omega_s, \quad k=0, \pm 1, \pm 2, \cdots$$

とすれば，z 平面上にマッピングされたそれぞれの点は次式で示される。

$$z_k = e^{s_k T} = e^{(\sigma_0 + jk\omega_s)T} = e^{\sigma_0 T}$$
$$= z_0$$

すなわち，s 平面上の無限個の点 s_k はすべて z 平面上の 1 点 z_0 にマッピングされる。

○○○ **例題 8.10** ○○○

z 平面上の点 $z_1=1$，$z_2=-1$，$z_3=re^{j\theta}$ に対応する s 平面上の点を示せ。

解 s 平面上の点を座標 (σ, ω) で表す。

(a) $z_1 = e^{\sigma_1 T}e^{j\omega_1 T} = 1$ より，$\sigma_1=0$，$\omega_1=2k\pi/T$ ($k=0, \pm 1, \pm 2, \cdots$)

(b) $z_2 = e^{\sigma_2 T}e^{j\omega_2 T} = -1$ より，$\sigma_2=0$，$\omega_2=(2k+1)\pi/T$ ($k=0, \pm 1, \pm 2, \cdots$)

逆に，$j\omega$ 軸 ($\sigma=0$) 上の点は z 平面の単位円周上にマッピングされる。

(c) $z_3 = e^{\sigma_3 T}e^{j\omega_3 T} = re^{j\theta}$ より，$\sigma_3=(\ln r)/T$，$\omega_3=(2k\pi+\theta)/T$ ($k=0, \pm 1, \pm 2, \cdots$)

逆に，$\sigma=\sigma_0$ で $j\omega$ 軸に平行な直線上の点は，z 平面の半径 $e^{\sigma_0 T}$ の円周上にマッピングされる。したがって，$\sigma_0<0$ (LHP) では単位円の内側に，$\sigma_0>0$ (RHP) では単位円の外側にマッピングされる。図 8.6 に，z 平面上の点 z_1, z_2, z_3 と対応する s 平面上の点をそれぞれ「○」,「●」,「×」で示す。

図 8.6 の s 平面図に示すように，$j\omega$ 軸を $2\pi/T$ 間隔で区切った帯状の領域に含まれるすべての点が z 平面上に 1 対 1 でマッピングされる。また，同一

222   8. z 変換

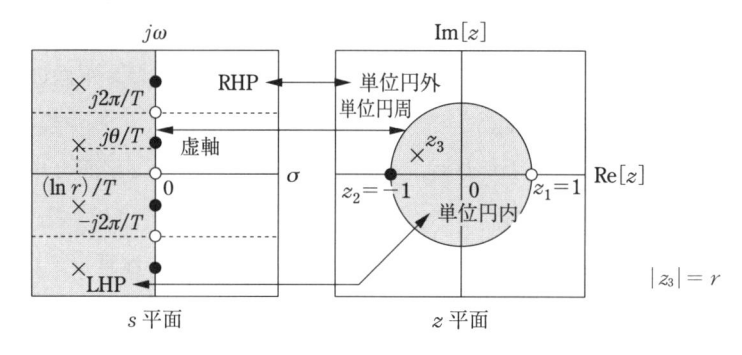

図8.6 s 平面と z 平面の対応

のマッピングがほかの帯状領域でも重複する形で繰り返される。この周期性は，離散信号がサンプリング角周波数の整数倍 $2k\pi/T$ にスペクトル成分（エイリアス）をもつことによる必然的な帰結である。

z 変換は，離散時間フーリエ変換(DTFT)や離散フーリエ変換(DFT)とも密接な関係にある。これは連続信号のラプラス変換とフーリエ変換の関係に似ている。フーリエ変換は，ラプラス変換の $\sigma = 0$，すなわち s 平面の $j\omega$ 軸上で評価したものである。これに対し，DTFT は $z = e^{j2\pi f T_s}$，DFT は $z = e^{j2\pi n/N}$ を代入して得られる。DTFT の定義式 (7.2) において $T_s = 1/f_s$ (f_s：標本化周波数) であるから

$$e^{j2\pi(f+f_s)T_s} = e^{j2\pi f T_s}$$

が成立する。したがって，z 平面の単位円 1 周分が標本化周波数の間隔を表示しており，これによって離散信号や離散システムの周波数特性を知ることができる。

○ ○ ○ **例題 8.11** ○ ○ ○ 。

伝達関数が次式で与えられる離散システムの周波数特性を推定せよ。

$$H(z) = \frac{z+1}{z-0.5}$$

解 周波数特性は z 平面の単位円周上で評価する。表記を簡単にするため

8.6 他の変換との関係

$$\Omega \equiv 2\pi f T_s = \frac{2\pi f}{f_s} \tag{8.42}$$

を定義する。Ω は標本化周波数 f_s で正規化した角周波数である。新たな変数 Ω を用いて，与えられた伝達関数に $z = e^{j\Omega}$ を代入すると次式が得られる。

$$H(e^{j\Omega}) = \frac{e^{j\Omega}+1}{e^{j\Omega}-0.5}$$

周波数特性の周期性から，正規化角周波数 Ω の範囲は $[0, 2\pi]$ であるが，$[\pi, 2\pi]$ は負の周波数を意味している。したがって，$[0, \pi]$ の範囲を調べれば十分である。また，厳密には振幅特性 $|H(e^{j\Omega})|$，位相特性 $\arg[H(e^{j\Omega})]$ を数値計算する必要があるが，ここでは極とゼロの位置から両特性を推定する（付録 A.4）。

単位円周上の点 $e^{j\Omega}$ と極，ゼロを結ぶ線分をベクトル表示して図 8.7 に示す。このとき，与えられた伝達関数の振幅・位相特性はそれぞれ次式で与えられる。

$$|H(e^{j\Omega})| = \frac{|e^{j\Omega}+1|}{|e^{j\Omega}-0.5|} = \frac{d(\Omega)}{r(\Omega)}$$

$$\arg[H(e^{j\Omega})] = \arg[e^{j\Omega}+1] - \arg[e^{j\Omega}-0.5] = \theta(\Omega) - \phi(\Omega)$$

図 8.7 と上式から，$\Omega = 0, \pi$ における振幅・位相特性は以下の値をとる。

$$|H(e^{j0})| = 4, \quad \arg[H(e^{j0})] = 0, \quad |H(e^{j\pi})| = 0, \quad \arg[H(e^{j\pi})] = -\frac{\pi}{2}$$

途中は単調減少し，図 8.8 に示すような低域通過フィルタ（LPF）の特性を示す。

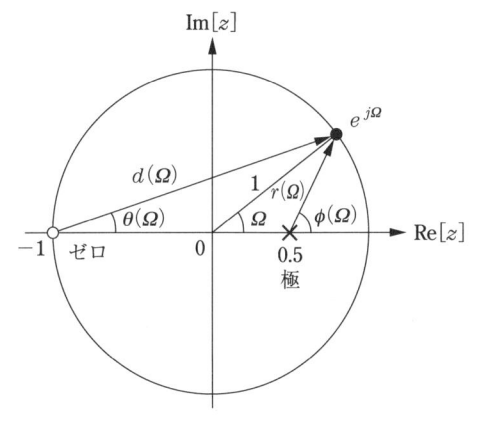

図 8.7 単位円周上の点と極，ゼロを結ぶ線分のベクトル表示

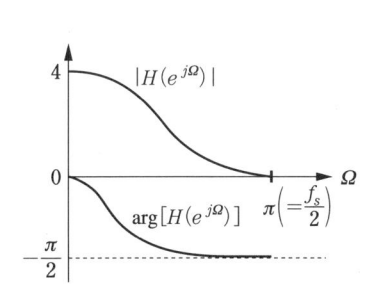

図 8.8 周波数特性

8.7 z 変換の応用

z 変換は線形・時不変な離散システムを解析するツールとして使われており,物理的に実現可能(因果的)なシステムは加算器,乗算器,シフトレジスタ(遅延素子)を用いて構成される。アナログシステムの動作が線形微分方程式により記述され,ラプラス変換により代数的に解析・設計されたのに対し,離散システムの機能は線形差分方程式によって記述され,z 変換により代数的に解析・設計される。離散システムの代表例はディジタルフィルタであり,優れた特性や高い信頼性,柔軟性などの点から,従来のアナログフィルタに代わり幅広い領域で使われている。ここでは,離散システムの構成とディジタルフィルタの設計に関する基本的な事柄について述べる。

8.7.1 因果的システムの実現方法

因果的システムは有限の数の加算器,乗算器,シフトレジスタにより実現されるため,伝達関数は次式に示す有理関数形である。

$$H(z) = \frac{b_0 + b_1 z^{-1} + \cdots + b_n z^{-n}}{1 + a_1 z^{-1} + \cdots + a_n z^{-n}} = \frac{N(z)}{D(z)} \tag{8.43}$$

ここで,z^{-k} ($k=1, 2, \cdots, n$) の係数は実数である。また,上式は本質的に式 (8.27) と同じもので,遅延素子を含む実際の回路構成に合わせるために変形している。具体的な回路の基本形態は,係数の値によって以下の 3 形態に分類できる。

(a) $a_k = 0$ ($k = 1, 2, \cdots, n$) の場合

伝達関数は次式のような z^{-1} の多項式で与えられ,図 8.9 に示す回路構成になる。

$$H(z) = N(z) = b_0 + b_1 z^{-1} + \cdots + b_n z^{-n} \tag{8.44}$$

入力信号を $x(k)$,出力を $y(k)$ とすれば,$y(k)$ は次式で表される。

$$y(k) = b_0 x(k) + b_1 x(k-1) + \cdots + b_n x(k-n)$$

8.7 z 変 換 の 応 用

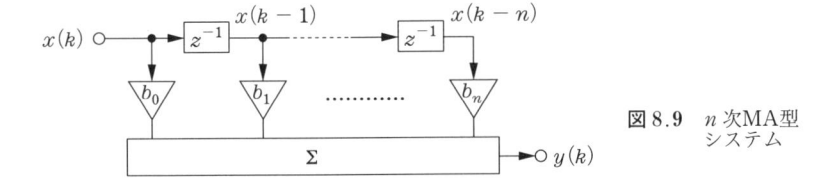

図 8.9 n 次MA型システム

$$= \sum_{l=0}^{n} b_l\, x(k-l) \tag{8.45}$$

この回路形態は次数 n の FIR 型，または**移動平均**(moving average：**MA**)型と呼ばれ，単一パルス応答は有限の継続時間で終了する。

（b） $b_k = 0$ （$k = 1,\ 2,\ \cdots,\ n$）**の場合**

伝達関数は次式のような z の有理関数で与えられ，**図 8.10** に示す回路構成になる。

$$H(z) = \frac{1}{D(z)} = \frac{1}{1 + a_1 z^{-1} + \cdots + a_n z^{-n}} \tag{8.46}$$

入力信号を $x(k)$，出力を $y(k)$ とすれば，$y(k)$ は次式で表される。

$$y(k) = x(k) - a_1 y(k-1) - \cdots - a_n y(k-n)$$

$$= x(k) - \sum_{l=1}^{n} a_l\, y(k-l) \tag{8.47}$$

この回路形態は次数 n の IIR 型，または**自己回帰**(auto-regressive：**AR**)型と呼ばれ，単一パルス応答は無限に継続する。

図 8.10 n 次AR型システム

（c）（a），（b）の従属接続

伝達関数は式（8.43）で与えられ，**図 8.11** に示すような MA 型と AR 型が従属接続された構成になる。出力信号 $y(k)$ は次式で表される。

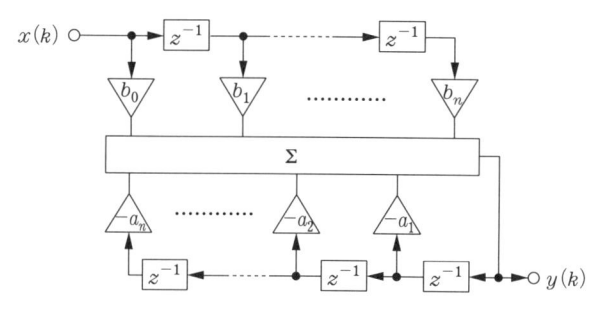

図8.11 n次ARMA型システム

$$y(k) = b_0 x(k) + b_1 x(k-1) + \cdots + b_n x(k-n)$$
$$ - a_1 y(k-1) - \cdots - a_n y(k-n)$$
$$= \sum_{l=0}^{n} b_l\, x(k-l) - \sum_{l=1}^{n} a_l\, y(k-l) \tag{8.48}$$

この回路形態は次数 n の IIR 型に分類されるが，特に**自己回帰移動平均**(auto-regressive moving average: **ARMA**)型と呼ばれ，単一パルス応答は無限に継続する．

8.7.2 ディジタルフィルタ

アナログ信号を帯域制限する際に，従来のアナログフィルタに換えてディジタルフィルタを使用する場合がある．もちろん，ディジタルフィルタへの入力信号は適当な時間間隔で標本化された離散信号である．このとき，ディジタルフィルタは想定したアナログフィルタを変換し，それと等しい特性となるように設計される．アナログフィルタは，有理関数で表現される伝達関数により周波数特性を規定している．したがって，これをディジタル化する際には 8.7.1 項で述べた IIR 型のディジタルフィルタになる．従来のアナログフィルタを IIR 型ディジタルフィルタに変換する代表的な方法として，**インパルス不変変換**(impulse invariance transform)と**双 1 次変換**(bi-linear transform)について述べる．

（a） **インパルス不変変換**

アナログフィルタと等しい特性とは，その周波数特性が等しいということで

あるが，与えられた周波数特性から直接 z 領域の伝達関数を導くことは困難である．したがって，周波数特性と密接な関係にあるインパルス応答を等しくする．具体的には，ディジタルフィルタの単位インパルス応答 $h(k)$ がアナログフィルタのインパルス応答 $h_a(t)$ を標本化したものと等しくなるように設計すればよく，手順は以下のとおりである．いま，アナログフィルタの伝達関数 $H_a(s)$ が与えられているとすれば，まず $H_a(s)$ を部分分数に展開する．

$$H_a(s) = \sum_{n=1}^{N} \frac{A_n}{s - \alpha_n} \tag{8.49}$$

このインパルス応答は次式で与えられる．

$$h_a(t) = \sum_{n=1}^{N} A_n e^{\alpha_n t} \mathrm{u}(t) \tag{8.50}$$

また，ディジタルフィルタの単位インパルス応答 $h(k)$ は，T を標本間隔として次式で与えられる．

$$h(k) = h_a(kT) = \sum_{n=1}^{N} A_n e^{\alpha_n kT} \mathrm{u}(k) \tag{8.51}$$

したがって，ディジタルフィルタの伝達関数は次式により求まる．

$$H(z) = \sum_{k=0}^{\infty} h(k) z^{-k} = \sum_{n=1}^{N} A_n \sum_{k=0}^{\infty} (e^{\alpha_n T} z^{-1})^k$$

$$= \sum_{n=1}^{N} \frac{A_n}{1 - e^{\alpha_n T} z^{-1}} \tag{8.52}$$

この結果，従来のアナログフィルタは IIR 型ディジタルフィルタに変換できることがわかる．

この方法で得たディジタルフィルタの周波数特性は，アナログフィルタのそれをどの程度近似しているか調べておくことは重要である．式（8.52）の周波数特性は，正規化角周波数 $\Omega\ (=\omega T)$ を用いて単位円周上の点 $z = e^{j\Omega}$ で評価され，$H(e^{j\Omega})$ で表される．また，$h(k)$ はアナログフィルタのインパルス応答を標本化したものであるから，そのスペクトルは離散時間フーリエ変換（DTFT）で求まり $H(e^{j\Omega})$ と一致する．アナログフィルタの周波数特性 $H_a(\omega)$ を $H_a(\Omega/T)$ で表すとすれば，つぎの関係が成立する．

$$H(e^{j\varOmega}) = \frac{1}{T}\sum_{l=-\infty}^{\infty} H_a\left(\frac{\varOmega}{T}+\frac{2\pi}{T}l\right) \tag{8.53}$$

すなわち，ディジタルフィルタの周波数特性はエリアスの影響を受けことになる。これについて，つぎの例題 8.12 で具体的に調べてみよう。

○○○ **例題 8.12** ○○○

インパルス不変変換法を用いて，図 8.12 に示す RC 低域通過フィルタ（1次のバタワースフィルタ）をディジタル化せよ。

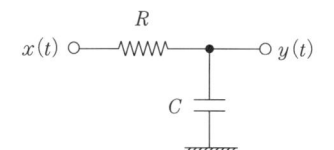

$x(t)$ ○—MM—●—○ $y(t)$
　　　　R　　│
　　　　　　　C
　　　　　　　⏚

図 8.12　RC 低域通過フィルタ

【解】 5章で示したように，図 8.12 の伝達関数は次式で与えられる。

$$H_a(s) = \frac{1/RC}{s+1/RC} = \frac{\omega_c}{s+\omega_c}$$

ここで，ω_c はカットオフ角周波数で，時定数 $\tau(=RC)$ とは逆数の関係にある。

インパルス応答は次式で与えられる。

$$h_a(t) = \omega_c e^{-\omega_c t}\mathrm{u}(t)$$

このインパルス応答を適当な間隔（T）で標本化して得た時系列

$$h(k) = \omega_c e^{-\omega_c kT}\mathrm{u}(k)$$

より，ディジタルフィルタの伝達関数は次式で与えられる。

$$H(z) = \frac{\omega_c}{1-e^{-\omega_c T}z^{-1}} = \frac{\omega_c z}{z-e^{-\omega_c T}}$$

上式を得る過程で実際にはインパルス応答を求めることはせず，ラプラス変換と z 変換の対応表を作っておき（表 8.3），$H_a(s)$ から直接 $H(z)$ を求める。最初の等式から，アナログ RC-LPF と等価なディジタルフィルタは図 8.13 に示す1次の IIR フィルタにより構成することができる。

周波数特性は，$z = e^{j\omega T} = e^{j\varOmega}$ を $H(z)$ に代入して次式で与えられる。

$$H(e^{j\varOmega}) = \frac{\omega_c e^{j\varOmega}}{e^{j\varOmega}-e^{-\varOmega_c}}$$

ただし，$\varOmega_c = \omega_c T$ である。したがって，振幅周波数特性は次式で与えられる。

$$|H(e^{j\varOmega})| = \frac{|\omega_c e^{j\varOmega}|}{|e^{j\varOmega}-e^{-\varOmega_c}|} = \frac{1}{T}\frac{\varOmega_c}{\sqrt{1+e^{-2\varOmega_c}-2e^{-\varOmega_c}\cos\varOmega}}$$

8.7 z 変換の応用

表8.3 ラプラス変換とz変換の対応

$H(s)$	$H(z)$
$\dfrac{1}{s}$	$\dfrac{z}{z-1}$
$\dfrac{1}{s^2}$	$\dfrac{z}{(z-1)^2}$
$\dfrac{1}{s-\alpha}$	$\dfrac{z}{z-e^{\alpha T}}$
$\dfrac{s}{s^2+\omega_0^2}$	$\dfrac{z(z-\cos\omega_0 T)}{z^2-2z\cos\omega_0 T+1}$
$\dfrac{\omega_0}{s^2+\omega_0^2}$	$\dfrac{z\sin\omega_0 T}{z^2-2z\cos\omega_0 T+1}$
$\dfrac{s+\alpha}{(s+\alpha)^2+\omega_0^2}$	$\dfrac{z(z-e^{-\alpha T}\cos\omega_0 T)}{z^2-2ze^{-\alpha T}\cos\omega_0 T+e^{-2\alpha T}}$
$\dfrac{\omega_0}{(s+\alpha)^2+\omega_0^2}$	$\dfrac{ze^{-\alpha T}\sin\omega_0 T}{z^2-2ze^{-\alpha T}\cos\omega_0 T+e^{-2\alpha T}}$

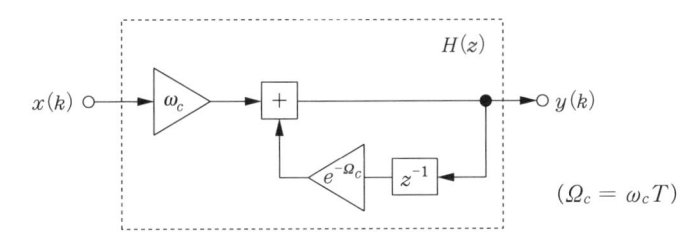

図 8.13 RC 低域通過フィルタ（図8.12）の離散時間モデル

また，アナログフィルタの振幅周波数特性（$s=j\omega$ で評価）は

$$|H_a(\omega)| = \frac{|\omega_c|}{|j\omega+\omega_c|} = \frac{1}{\sqrt{1+(\omega/\omega_c)^2}}$$

であり，$\omega = \omega_c$ における振幅は

$$|H_a(\omega_c)| = \frac{1}{\sqrt{2}}$$

となる．

フィルタの設計パラメータとして

$\omega_c = 2\pi \cdot f_c = 2\pi \cdot 1\,[\text{kHz}]$,

$T = 125\,\mu s$ および $6.25\,\mu s$

の場合についてアナログフィルタと比較してみる．ディジタルフィルタの正規化周波数範囲は $|\Omega| \leq \pi$ であるから，対応するアナログフィルタの周波数範囲は $|\omega| \leq$

$2\pi\cdot 4\,\text{kHz}$ および $|\omega|\leq 2\pi\cdot 8\,\text{kHz}$ になる。また，ディジタルフィルタの振幅周波数特性は $|H(e^{j0})|$ で正規化する（直流成分の振幅を1にするため）。**図8.14** に示すように，高周波帯で両者の特性は一致せず，ディジタルフィルタの振幅特性が大きくなっている。これはエリアス効果によるもので，フィルタの次数を上げて高域の減衰量を大きくするか，または同図（b）のようにサンプリング間隔を小さく（$\omega_s=2\pi/T$ を大きく）することにより誤差を小さくできる。

（a） $\omega_c = 2\pi f_c = 2\pi\cdot 1\,[\text{kHz}]$,
$\omega_s = 2\pi f_s = \dfrac{2\pi}{T} = 2\pi\cdot 8\,[\text{kHz}]$

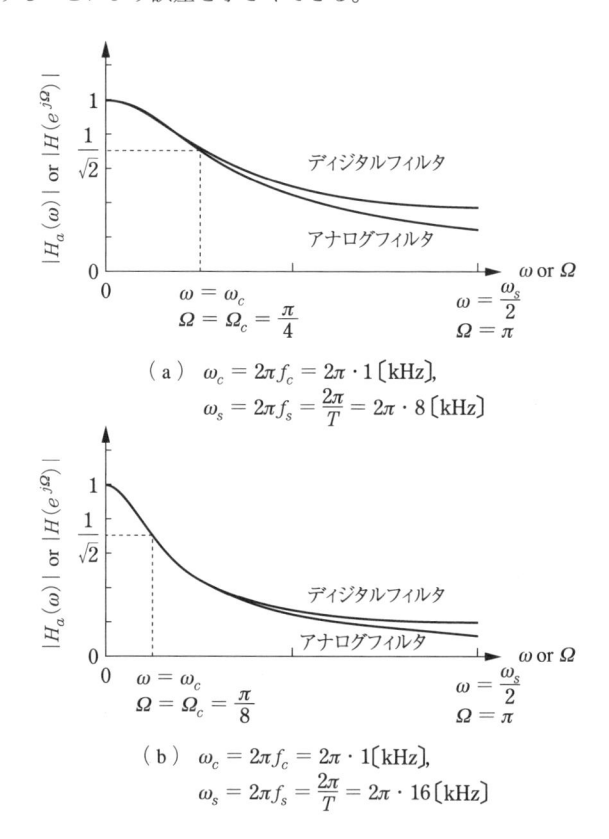

（b） $\omega_c = 2\pi f_c = 2\pi\cdot 1\,[\text{kHz}]$,
$\omega_s = 2\pi f_s = \dfrac{2\pi}{T} = 2\pi\cdot 16\,[\text{kHz}]$

図8.14 振幅周波数特性の比較（インパルス不変変換）

（b） 双1次変換

インパルス不変変換によるエリアスの影響を取り除くため，s 平面から z 平面への等角写像として次式で定義される双1次変換が知られている。

$$s = \frac{2}{T}\frac{z-1}{z+1} \tag{8.54}$$

双1次変換によるマッピングは式（8.54）を z について解くことにより理解できる。

$$z = \frac{(2/T)+s}{(2/T)-s} \tag{8.55}$$

ここで，$s = \sigma + j\omega$ を代入すると

$$z = \frac{(2/T)+\sigma+j\omega}{(2/T)-\sigma-j\omega}. \tag{8.56}$$

より，変数 z の振幅は次式で与えられる。

$$|z| = \sqrt{\frac{\{(2/T)+\sigma\}^2 + \omega^2}{\{(2/T)-\sigma\}^2 + \omega^2}} \tag{8.57}$$

したがって図 **8.15** に示すように，（i）s 平面の LHP（$\sigma<0$）は z 平面の単位円内（$|z|<1$）へ，（ii）RHP（$\sigma>0$）は単位円外（$|z|>1$）へ，（iii）$j\omega$ 軸（$\sigma=0$）は単位円周上（$|z|=1$）へマッピングされる。さらに $j\omega$ 軸上の点は $z=e^{j\Omega}$ と表すことができるから，これを式（8.54）に代入するとオイラーの公式を利用して次式が得られる。

$$s = j\omega = \frac{2}{T}\frac{e^{j\Omega}-1}{e^{j\Omega}+1} = j\frac{2}{T}\tan\left(\frac{\Omega}{2}\right)$$

したがって

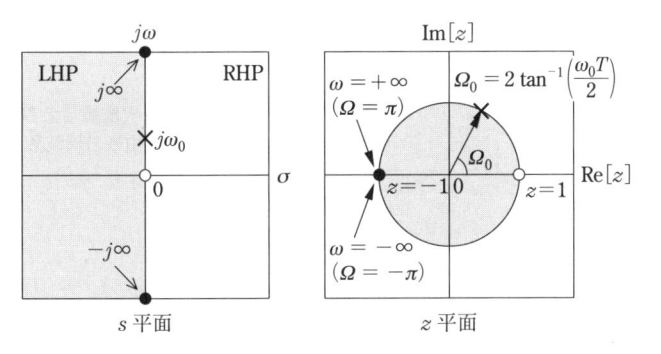

図 **8.15** 双1次変換による s 平面から z 平面へのマッピング

8. z 変換

$$\omega = \frac{2}{T}\tan\left(\frac{\Omega}{2}\right) \tag{8.58}$$

また，Ω について解けば次式が得られる。

$$\Omega = 2\tan^{-1}\left(\frac{\omega T}{2}\right) \tag{8.59}$$

この結果，$j\omega$ 軸上の $\omega = 0$ は $z = 1$ へ，$\omega\pm\infty$ の点は $z = -1$ へマッピングされる。

s 領域の角周波数をアナログ周波数，z 領域の角周波数をディジタル周波数（離散的周波数ではなく，標本化周波数で正規化した角周波数 $\Omega = \omega T$）と呼ぶことにする。インパルス不変変換で用いた s から z への直接的なマッピングでは，図 8.6 で示したように，表すことのできるアナログ周波数 ω は $-\pi/T\sim\pi/T$ の範囲であった。

しかし，双 1 次変換によれば，$j\omega$ 軸全体（$-\infty < \omega < +\infty$）が単位円周上に 1 対 1 でマッピングされる。したがって，エリアスは生じない。また，インパルス不変変換法では不可能であった高域通過フィルタ（HPF）についてもディジタル化することができる。エリアスを考慮しなくてよいという利点は，式 (8.59) による非線形な周波数変換のためであり，その代償としてディジタル周波数には非線形歪みが生じる（図 8.16）。

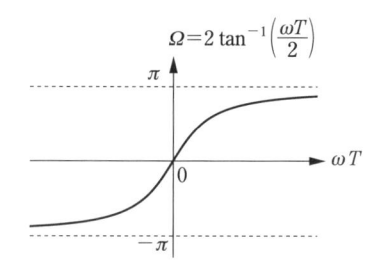

図 8.16 双 1 次変換による s 領域と z 領域の周波数マッピング

例えば，アナログ LPF をディジタル化する場合，ディジタルフィルタの周波数特性は高域（サンプリング周波数に近い）ほど大きく歪み，アナログフィルタに比べ大きな減衰特性になる。したがって，アナログフィルタのカットオ

フ角周波数 ω_c がサンプリング周波数に近いと，その周波数成分はより大きく減衰するため，得られたディジタルフィルタのカットオフ角周波数は ω_c よりも小さくなってしまう．この周波数歪みを防ぐ方法として，アナログフィルタの設計周波数を式 (8.58) に基づき前もって補正しておく，**プリワーピング** (prewarping) という手法が使われる．

双 1 次変換法によるアナログフィルタのディジタル化手順は以下のとおりである．アナログフィルタの伝達関数 $H_a(s)$ が与えられているとすれば，まず特定の設計周波数をプリワーピングして伝達関数を補正する．つぎに，$H_a(s)$ に式 (8.54) を代入して $H(z)$ を得る．後はインパルス不変変換法と同じである．

。○○○ **例題 8.13** ○○○。

例題 8.12 の RC-LPF を双 1 次変換法によりディジタル化せよ．

解 ディジタル化した際にカットオフ角周波数が変化しないように，まず ω_c をプリワーピングして $H_a(s)$ を補正する．

$$\omega_c\left(=\frac{1}{RC}\right) \to \frac{2}{T}\tan\left(\frac{\omega_c T}{2}\right) \quad \text{より} \quad H_a(s) = \frac{(2/T)\tan(\omega_c T/2)}{s+(2/T)\tan(\omega_c T/2)}$$

$\tan\left(\dfrac{\omega_c T}{2}\right) = a$ とおいて，$s = \dfrac{2}{T}\dfrac{z-1}{z+1}$ を $H_a(s)$ に代入すればディジタルフィルタの伝達関数 $H(z)$ が得られる．

$$H(z) = \frac{a(z+1)}{(a+1)z+(a-1)} = \frac{a}{a+1} \cdot \frac{1+z^{-1}}{1-bz^{-1}}$$

ただし，$b = (1-a)/(1+a)$ である．最後の式から，ディジタルフィルタは**図 8.17** により構成できる．

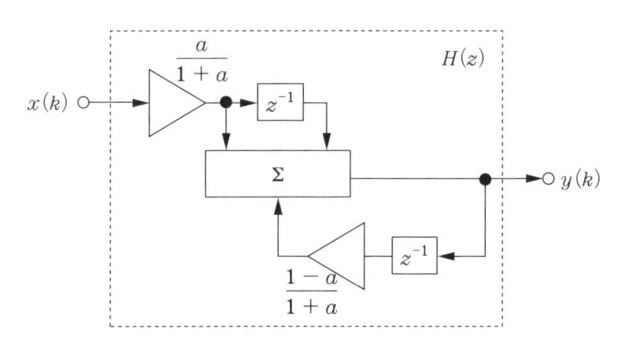

図 8.17 RC 低域通過フィルタ（図8.12）の離散時間モデル（双 1 次変換）

周波数特性は $z = e^{j\Omega}$ として次式により求まる。
$$H(e^{j\Omega}) = \frac{a}{a+1} \cdot \frac{e^{j\Omega} + b}{e^{j\Omega} - b}$$
したがって，振幅特性，位相特性は次式で与えられる。
$$|H(e^{j\Omega})| = \left|\frac{a}{a+1}\right| \cdot \frac{2\cos(\Omega/2)}{\sqrt{1 + b^2 - 2b\cos\Omega}}$$
$$\arg[H(e^{j\Omega})] = \frac{\Omega}{2} - \tan^{-1}\frac{\sin\Omega}{\cos\Omega - b}$$

周波数特性をアナログフィルタと比較して図 8.18 に示す。フィルタの設計パラメータは，$\omega_c = 2\pi \cdot f_c = 1/RC = 2\pi \cdot 1\,[\mathrm{kHz}]$，$T = 125\,\mu s$ である。インパルス不変変換法に比べ，高域における減衰特性が大きくなっており，フィルタの目的からすればアナログフィルタより優れた特性を実現している。これは $j\omega$ 軸全体を単位円周上にマッピングしているためであり，別の言い方をすれば，$H(z)$ のゼロが $z = -1$ に存在するためである。

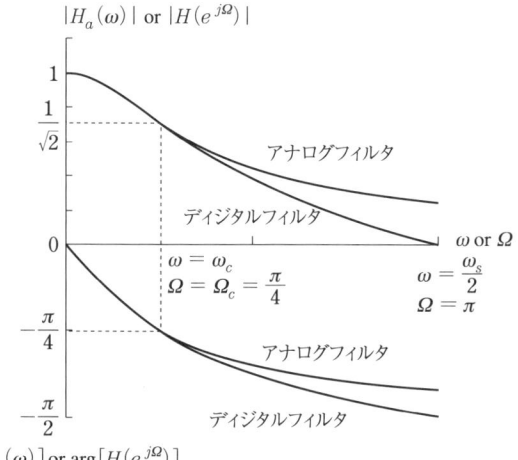

図 8.18 振幅・位相周波数特性の比較
(双 1 次変換)

演 習 問 題

1. 以下に示す離散信号 $g(k)$ の z 変換および収束領域を求めよ．
   - （a） $\{1, 0, 0, 2, 4\}$　（b） $\{1, 1, 1, 1, 1, 0, 0, \cdots\}$
   - （c） $\{0, 1, 2, 3, 4, 5, 0, 0, \cdots\}$　（d） $\delta(k-2)+k\,\mathrm{u}(k)$
   - （e） $k^3\,\mathrm{u}(k)$　（f） $k^2 a^k\,\mathrm{u}(k)$　（g） $k^2 \cos k\omega \cdot \mathrm{u}(k)$
   - （h） $k a^k \sin k\omega \cdot \mathrm{u}(k)$　（i） $a^k/k!\cdot \mathrm{u}(k)$　（j） $\mathrm{u}(k)/(k+1)$

2. $x(k)$ を因果的離散信号とする．
   - （a） $y(k) = x(k)+x(k-m)+x(k-2m)+\cdots\ (m>0)$ のとき
   $$Y(z) = \frac{X(z)}{1-z^{-m}}$$ を証明せよ．
   - （b） $y(k) = k(k+1)(k+2)\cdots(k+m-1)\,x(k)$ のとき
   $$Y(z) = (-z)^m \frac{d^m}{dz^m}X(z)$$ を証明せよ．

   ヒント： $\dfrac{d^m z^{-k}}{dz^m} = (-1)^m k(k+1)(k+2)\cdots(k+m-1) z^{-k-m}$

3. 以下の関数 $G(z)$ について逆 z 変換を求めよ．
   - （a） $\dfrac{1}{z+3}$　（b） $\dfrac{1}{z^2(z-1)}$　（c） $\dfrac{z-4}{z^2-5z+6}$
   - （d） $\dfrac{z(2z+3)}{(z-1)(z^2-5z+6)}$　（e） $\dfrac{z(22-5z)}{(z+1)(z-2)^2}$　（f） $\dfrac{z(z+1)}{(z-1)^3}$
   - （g） $\dfrac{z(z-2)}{z^2-z+1}$　（h） $\dfrac{z(z+1)}{z^2+1}$　（i） $\dfrac{z}{(z-e^{-2})(z-1)}$　（j） $\dfrac{z^2}{(z-2)^2}$

4. つぎの関係が成立することを証明せよ．
$$G(z) = \frac{z^{m+1}}{(z-a)^{m+1}} \leftrightarrow g(k) = \frac{(k+1)(k+2)\cdots(k+m)}{m!}\cdot a^k\,\mathrm{u}(k)$$

5. z 変換を利用して，以下に示す因果的数列の畳み込み和 $y(k)=x_1(k)\otimes x_2(k)$ を求めよ．
   - （a） $x_1(k) = \mathrm{u}(k),\ x_2(k) = 1/2^k\cdot \mathrm{u}(k)$
   - （b） $x_1(k) = \mathrm{u}(k)-\mathrm{u}(k-4),\ x_2(k) = \mathrm{u}(k)-\mathrm{u}(k-6)$

6. 以下の差分方程式で規定される因果的システムについて，伝達関数とインパルス応答を求め，安定性を判別せよ．
   - （a） $y(k)-\dfrac{1}{2}y(k-1) = x(k)+x(k-1)$

(b) $y(k)-2y(k-1)+2y(k-2) = x(k)+\dfrac{1}{2}x(k-1)$

7. 図 8.19 のフィードバックシステムについて以下の問に答えよ。ただし，サブシステム $F(z)$ の伝達関数は次式で与えられ，K は定数とする。

$$F(z) = \dfrac{5Kz/4}{(z-2)(z-1/4)}$$

(a) フィードバックシステムの伝達関数を求めよ。
(b) 定数 K が 1 と 4 の場合についてフィードバックシステムの安定性を判定せよ。

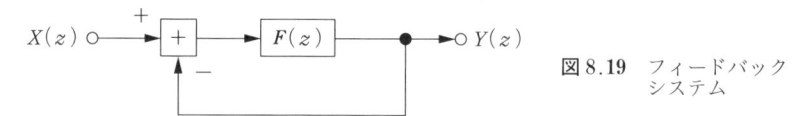

図 8.19 フィードバックシステム

8. 図 8.20 のディジタルフィルタについて以下の問に答えよ。
(a) 出力 $y(k)$ を与える差分方程式を導出せよ。
(b) フィルタの伝達関数を求めよ。
(c) 単位インパルス応答を求めよ。

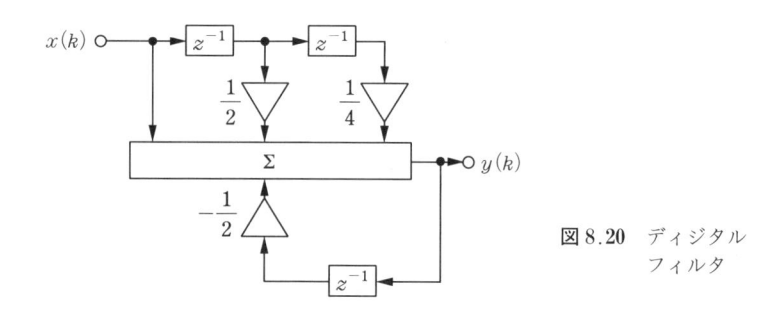

図 8.20 ディジタルフィルタ

9. 3 次バタワースフィルタをインパルス不変変換によりディジタル化し，その振幅特性を求めよ。ただし，標本化周波数 f_s はフィルタのカットオフ周波数 f_c の 4, 8, 16 倍，すなわち $T = 2\pi/(m\omega_c)(m = 4, 8, 16)$ とする。また，アナログフィルタの伝達関数は表 A.1（付録 A.4）に示す $D(x)$ の逆数である。

10. 双 1 次変換を用いて問題 9 を繰り返せ。

付　　　録

A.1　オイラーの公式

電気工学や通信工学に携わる技術者で，知らないものはいないといわれるほど有名な公式がつぎに示す**オイラー**（Euler）**の公式**である．
$$e^{j\theta} = \cos\theta + j\sin\theta \tag{A.1}$$
ただし，$j = \sqrt{-1}$ は虚数単位である．通常，虚数単位は記号 i で表されるが，電気・通信工学では電流を i で表しており，混乱を避けるため j を用いる．

公式の証明は，数学的な厳密さを欠くがオイラーの考え方がわかりやすい．つぎの**マクローリン**（Maclaurin）**の級数展開**
$$f(x) = f(0) + \frac{f'(0)}{1!}x + \frac{f''(0)}{2!}x^2 + \cdots + \frac{f^{(n)}(0)}{n!}x^n + \cdots \tag{A.2}$$
を用いる．式（A.1）の $e^{j\theta}$, $\cos\theta$, $\sin\theta$ をマクローリン級数に展開すると
$$\begin{aligned}
e^{j\theta} &= 1 + j\theta + \frac{(j\theta)^2}{2!} + \frac{(j\theta)^3}{3!} + \frac{(j\theta)^4}{4!} + \frac{(j\theta)^5}{5!} + \cdots \\
&= 1 + j\theta - \frac{\theta^2}{2!} - j\frac{\theta^3}{3!} + \frac{\theta^4}{4!} + j\frac{\theta^5}{5!} + \cdots \\
&= \left(1 - \frac{\theta^2}{2!} + \frac{\theta^4}{4!} - \cdots\right) + j\left(\theta - \frac{\theta^3}{3!} + \frac{\theta^5}{5!} - \cdots\right)
\end{aligned} \tag{A.3}$$

$$\cos\theta = 1 - \frac{\theta^2}{2!} + \frac{\theta^4}{4!} - \cdots \tag{A.4}$$

$$\sin\theta = \theta - \frac{\theta^3}{3!} + \frac{\theta^5}{5!} - \cdots \tag{A.5}$$

が得られる．三つの式を比較すればオイラーの公式が成立することを理解できる．ただし，マクローリン級数は実関数に対し導かれたもので，複素関数へ形式的に適用できるかどうか確かではない．また，式（A.3）の最後の式に変形する過程で和の順序を変更しているが，これは収束の保証されている無限級数の場合にのみ許される演算である．厳密な証明は数学の成書を参照されたい．

電気・通信工学では複素数や三角関数を多用するが，これらの乗除算に対しオイ

ラーの公式は非常に便利な道具となる．複素数 $z = x + jy$ は，図 **A.1** に示すように複素平面（デカルト座標）上の点 $z(x, y)$ として表される．横軸は実数軸，縦軸は虚数軸である．複素数はまた極座標形式でも表すことができる．極座標 r と θ はデカルト座標とつぎの関係で結ばれている．

$$\begin{cases} x = r\cos\theta \\ y = r\sin\theta \end{cases} \tag{A.6}$$

ここで，r は z の振幅 $|z|$ を，θ は z の偏角 $\arg[z]$ を表し，それぞれ次式で与えられる．

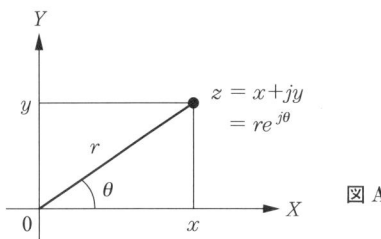

図 **A.1** 複素平面と複素数表示

$$\begin{cases} |z| = r = \sqrt{x^2 + y^2} \\ \arg[z] = \theta = \tan^{-1}\dfrac{y}{x} \end{cases} \tag{A.7}$$

したがって，複素数 z はつぎの形式で表すこともできる．

$$z = r\cos\theta + jr\sin\theta \tag{A.8}$$

上式にオイラーの公式を適用すれば次式が得られる．

$$z = re^{j\theta} \tag{A.9}$$

この複素数表示はシンプルだけでなく，乗除算を容易にする効果がある．例えば，複素数 $z_1 = r_1 e^{j\theta_1}$ と $z_2 = r_2 e^{j\theta_2}$ の乗算は以下のようである．

$$z_1 z_2 = r_1 e^{j\theta_1} r_2 e^{j\theta_2} = r_1 r_2 e^{j(\theta_1 + \theta_2)}$$

すなわち，振幅はそれぞれの振幅の積に，偏角はそれぞれの偏角の和になる．同様に，除算はつぎのように実行される．

$$\frac{z_1}{z_2} = \frac{r_1}{r_2} e^{j(\theta_1 - \theta_2)}$$

すなわち，振幅はそれぞれの振幅の比に，偏角はそれぞれの偏角の差になる．また，次式に示すようにベキ乗演算にも効果を発揮する．

$$z^n = r^n e^{jn\theta} = r^n(\cos n\theta + j\sin n\theta)$$

上式より，おなじみの **ド・モアブル**（De Moivre）**の定理**が導かれる．

$$(\cos\theta + j\sin\theta)^n = \cos n\theta + j\sin n\theta \tag{A.10}$$

この例からもわかるように，オイラーの公式は三角関数と密接な関連がある．式 (A.1) の θ を $-\theta$ とすれば次式が得られる．

$$e^{-j\theta} = \cos\theta - j\sin\theta \tag{A.11}$$

したがって，両式より三角関数は複素指数関数により表すことができる．

$$\cos\theta = \frac{e^{j\theta} + e^{-j\theta}}{2} \tag{A.12}$$

$$\sin\theta = \frac{e^{j\theta} - e^{-j\theta}}{2j} \tag{A.13}$$

オイラーの公式において，$\theta = \pi$ を代入すると次式が得られる．

$$e^{j\pi} + 1 = 0 \tag{A.14}$$

オイラーの公式は，整数論の基本定数 0 と 1，幾何学の基本定数 π，解析学の基本定数 e，複素数の基本定数 j を結びつけるなんとも神秘的な公式である．

A.2 直交関数による信号の表現

信号 $g(t)$ は，区間 $[-T/2, T/2]$ においてフーリエ級数に展開することができる．例えば，3章で述べたように，$g(t)$ は複素指数関数を用いて次式で表される．

$$g(t) = \sum_{n=-\infty}^{\infty} c_n e^{j2\pi nt/T} \tag{A.15}$$

ここで，c_n は信号 $g(t)$ のスペクトルであり，次式で与えられる．

$$c_n = \frac{1}{T} \int_{-T/2}^{T/2} g(t) e^{-j2\pi nt/T} dt \tag{A.16}$$

フーリエ級数は複素指数関数 $e^{j2\pi nt/T}$ を固有関数として用いたが，一般的に任意の直交関数を用いて信号を表すことができる．複素関数の集合 $\{\phi_n(t)\}$ ($n=1, 2, \cdots$) は，任意の自然数 n, m に対し，次式が成立するとき区間 $[-T/2, T/2]$ において直交関数系を構成するという．

$$\int_{-T/2}^{T/2} \phi_n(t)\phi_m^*(t) dt = \begin{cases} \text{const.} \cdots & m = n \\ 0 \cdots & m \neq n \end{cases} \tag{A.17}$$

また，$m = n$ のときの積分値が const.=1 の場合，関数は正規化されて**正規直交関数系** (orthonormal set) になる．複素フーリエ級数は，$e^{j2\pi nt/T}$ ($n = 0, \pm 1, \pm 2, \cdots$) が区間 $[-T/2, T/2]$ において直交関数系を構成する例である．また，対応する正規直交関数系は $\{e^{j2\pi nt/T}/\sqrt{T}\}$ である．ほかの代表的な直交関数には，**ベッセル** (Bessel) **関数**，**ラゲール** (Laguerre) **関数**などがあり，ディジタル通信では 0 と 1 の 2 値をとる**ウォルシュ** (Walsh) **関数**や**ハール** (Haar) **関数**が使われている．直

交関数を何にするかは問題に応じて選択すべきであり，線形・時不変システムを扱う場合は線形演算の固有関数となる指数関数が適している．

信号の直交関数展開は次式で表される．

$$g(t) = \sum_{n=1}^{\infty} a_n \phi_n(t) \tag{A.18}$$

これは一般化フーリエ級数とも呼ばれ，a_n は信号のスペクトルである．添字 n の範囲が式（A.15）のフーリエ級数と異なっているが，重要な問題ではない．直交関数の対応を $\phi_1(t) = 1$, $\phi_2(t) = e^{j2\pi t/T}$, $\phi_3(t) = e^{-j2\pi t/T}$, $\phi_4(t) = e^{j4\pi t/T}$, … とすれば従来のフーリエ級数が得られる．また，フーリエ級数と同様式（A.18）が収束する保証はない．しかし，関数 $\phi_n(t)$ を正規直交関数とすれば，複素係数 a_n はフーリエ係数を求める場合と同様，次式に示すように $g(t)$ に $\phi_m{}^*(t)$ を掛けて項別積分することで求めることができる．

$$\int_{-T/2}^{T/2} g(t)\phi_m{}^*(t)dt = \sum_{n=1}^{\infty} a_n \int_{-T/2}^{T/2} \phi_n(t)\phi_m{}^*(t)dt = a_m \tag{A.19}$$

正規直交関数 $\phi_n(t)$ をベクトル空間の基底ベクトル $\boldsymbol{\phi}_n$ に対応させると，式（A.18）の信号 $g(t)$ は無限次元のベクトル空間（**ヒルベルト空間**）におけるベクトル $\mathbf{g}$ とみなすことができる†．このとき，信号のエネルギーはノルムを用いて次式で与えられる．

$$\int_{-T/2}^{T/2} |g(t)|^2 dt = \int_{-T/2}^{T/2} \left|\sum_{n=1}^{\infty} a_n \phi_n(t)\right|^2 dt = \sum_{n=1}^{\infty}\sum_{m=1}^{\infty} a_n a_m{}^* \int_{-T/2}^{T/2} \phi_n(t)\phi_m{}^*(t)dt$$

$$= \sum_{n=1}^{\infty} |a_n|^2 = \|\mathbf{g}\|^2 \tag{A.20}$$

また，区間 $[-T/2,\ T/2]$ における信号の内積は次式で与えられる．

$$\boldsymbol{v}\boldsymbol{w}^T = \int_{-T/2}^{T/2} v(t)w^*(t)dt = \sum_{n=1}^{\infty}\sum_{m=1}^{\infty} \alpha_n \beta_m{}^* \int_{-T/2}^{T/2} \phi_n(t)\phi_m{}^*(t)dt$$

$$= \sum_{n=1}^{\infty} \alpha_n \beta_n{}^* \tag{A.21}$$

ただし，$\boldsymbol{w}^T$ は $\boldsymbol{w}$ の転置ベクトルである．この解釈により，式（A.19）はベクトル $\mathbf{g}$ と $\boldsymbol{\phi}_m$ の内積を意味することになる．ベクトル $\boldsymbol{\phi}_m$ はヒルベルト空間の基底ベクトルであるから，ベクトル $\mathbf{g}$ の成分 a_m は $\mathbf{g}$ の $\boldsymbol{\phi}_m$ への正射影（$\mathbf{g}$ と $\boldsymbol{\phi}_m$ の内積）によって求めることができる．

3.3 節において，周期信号をフーリエ級数の部分和で近似したが，これを上記ベク

---

† ヒルベルト空間では通常のユークリッド空間の幾何学がそのまま成立し，任意のベクトルを $\boldsymbol{v} = (v_1,\ v_2,\ \cdots)$, $\boldsymbol{w} = (w_1,\ w_2,\ \cdots)$ としたとき，内積 $\boldsymbol{v}\boldsymbol{w}^T = \sum_{n=1}^{\infty} v_n w_n$，有限の**ノルム** (norm) $\|\boldsymbol{v}\| = \sqrt{\sum_{n=1}^{\infty} v_n{}^2}$ を定義できる．

A.2 直交関数による信号の表現

トル空間で考察してみよう．信号 $g(t)$ は式（A.18）に示すようにヒルベルト空間におけるベクトルであるが，部分和で近似した信号 $g_N(t)$ は有限の部分空間に写像されたベクトルであり，次式で与えられる．

$$g_N(t) = \sum_{n=1}^{N} a_n \phi_n(t) \tag{A.22}$$

信号 $g(t)$, $g_N(t)$ をそれぞれベクトル $\mathbf{g}$, $\mathbf{g}_N$ で表すと，誤差信号 $e(t) = g(t) - g_N(t)$ はベクトル $\mathbf{e} = \mathbf{g} - \mathbf{g}_N$ に対応する．近似信号ベクトル $\mathbf{g}_N$ と誤差ベクトル $\mathbf{e}$ の内積は次式で与えられる．

$$\mathbf{g}_N \mathbf{e}^T = \mathbf{g}_N (\mathbf{g} - \mathbf{g}_N)^T = \mathbf{g}_N \mathbf{g}^T - \mathbf{g}_N \mathbf{g}_N^T = 0 \tag{A.23}$$

なぜならば，内積 $\mathbf{g}_N \mathbf{g}^T$ に関し次式が成立することによる．

$$\mathbf{g}_N \mathbf{g}^T = \int_{-T/2}^{T/2} g_N(t) g^*(t) dt = \sum_{n=1}^{N} \sum_{m=1}^{\infty} a_n a_m^* \int_{-T/2}^{T/2} \phi_n(t) \phi_m^*(t) dt$$
$$= \sum_{n=1}^{N} |a_n|^2 = \mathbf{g}_N \mathbf{g}_N^T$$

式（A.23）は $\mathbf{g}_N$ と $\mathbf{e}$ が直交していることを示している．

幾何学的な解釈を行うために，3次元空間のベクトル $\mathbf{v}_3$ を2次元ベクトル $\mathbf{v}_2$ で近似する場合を考える．誤差を最小とする最良の近似は，図 **A.2** に示すように，$\mathbf{v}_2$ を $\mathbf{v}_3$ の正射影ベクトルとすることにより与えられる．このとき，$\mathbf{v}_2$ は誤差ベクトル $\mathbf{e}$ と直交している．同様に，$g_N(t)$ は $g(t)$ の N 次元部分空間への正射影であり，この時誤差は最小になると解釈することができる．

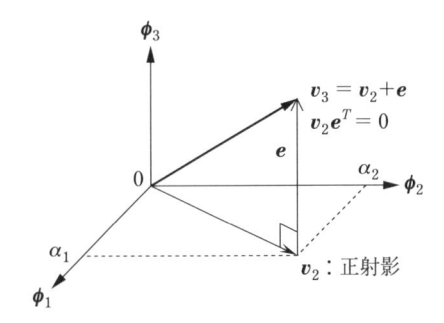

図 **A.2** 3次元ベクトルの2次元ベクトル空間への正射影

○ ○ ○ ○　**例題 A.1**　○ ○ ○ ○

図 **A.3**（a）に示す直交関数を基底関数 $\{\phi_n(t),\ n = 1,\ 2,\ 3,\ 4\}$ とし，4次元ベクトル空間で表される信号を

$$s(t) = \frac{1}{T} \sum_{n=1}^{4} a_n \phi_n(t)$$

とする．信号 $s(t)$ が図（b）で与えられるとき，ベクトル $\mathbf{s} = (a_1,\ a_2,\ a_3,\ a_4)$ を

(a) 基底関数　　　　　　　　(b) 信　号

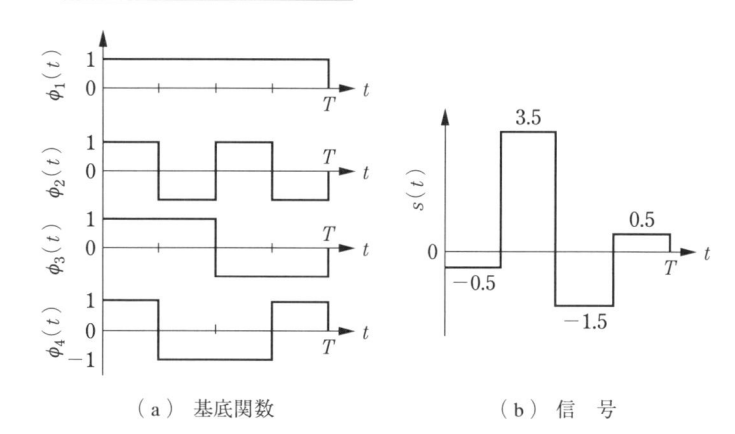

図 A.3　ウォルシュ関数を基底関数とする信号 $s(t)$

求めよ。

解　ベクトル s の成分 a_n は次式で求まる。
$$a_n = \int_0^T \frac{s(t)\phi_n(t)}{T} dt$$

図 A.3 より
$$a_1 = \frac{1}{T}\int_0^T s(t)\phi_1(t)dt = \frac{-0.5+3.5-1.5+0.5}{4} = \frac{1}{2}$$
$$a_2 = \frac{1}{T}\int_0^T s(t)\phi_2(t)dt = \frac{-0.5-3.5-1.5-0.5}{4} = -\frac{3}{2}$$
$$a_3 = \frac{1}{T}\int_0^T s(t)_3\phi(t)dt = \frac{-0.5+3.5+1.5-0.5}{4} = 1$$
$$a_4 = \frac{1}{T}\int_0^T s(t)\phi_4(t)dt = \frac{-0.5-3.5+1.5+0.5}{4} = -\frac{1}{2}$$

この例の基底関数は 4 チップのウォルシュ関数である。信号 $s(t)$ を四つの異なる情報源からの信号を加算したものと考えれば，それぞれの情報信号が何であるか一見してわからないが，上記相関演算によりそれぞれを分離できる。この原理を利用した通信システムは，**CDMA**（code division multiple access）として知られている。

A.3　部分分数展開

有理関数の逆ラプラス変換を求める場合，与えられた有理関数を基本的な有理関

数に分解し，それぞれをラプラス変換対の表に対応させるのが一般的な方法である。5.4節で示した有理関数を以下に再掲する。

$$G(s) = \frac{N(s)}{D(s)} \tag{A.24}$$

ここで，$N(s)$, $D(s)$ は s の多項式で

$$N(s) = b_m s^m + b_{m-1} s^{m-1} + \cdots + b_1 s + b_0 \tag{A.25}$$

$$D(s) = a_n s^n + a_{n-1} s^{n-1} + \cdots + a_1 s + a_0 \tag{A.26}$$

で表される。また，分母の次数は分子の次数より大とする（$n>m$）。

部分分数はその極が特別な極，すなわちラプラス変換対として知られた形の極になるように展開される。5.4節で分類したように，（a）実数の単純極，（b）実数の多重極，（c）共役な複素数の単純極，（d）共役な複素数の多重極の場合があり，それぞれに対し部分分数展開の方法を示す。

（1）実数の単純極

式（A.24）の分母が $D(s) = (s-\alpha)D_1(s)$ と因数分解される場合

$$G(s) = \frac{c_1}{s-\alpha} + \frac{N_1(s)}{D_1(s)} \tag{A.27}$$

の形式に展開し，係数は以下のように求まる。

$$c_1 = \lim_{s \to \alpha}[(s-\alpha)G(s)] \tag{A.28}$$

（2）実数の多重極

$D(s) = (s-\alpha)^k D_1(s)$ と因数分解される場合

$$G(s) = \frac{c_1}{s-\alpha} + \frac{c_2}{(s-\alpha)^2} + \cdots + \frac{c_k}{(s-\alpha)^k} + \frac{N_1(s)}{D_1(s)} \tag{A.29}$$

の形式に展開する。係数 c_k は単純極の場合と同様，$c_k = \lim_{s \to \alpha}[(s-\alpha)^k G(s)]$ である。また，c_{k-1} 以降は以下の工夫が必要である。

$$c_{k-1} = \lim_{s \to \alpha}\left[\frac{d}{ds}(s-\alpha)^k G(s)\right], \quad c_{k-2} = \lim_{s \to \alpha}\left[\frac{1}{2}\frac{d^2}{ds^2}(s-\alpha)^k G(s)\right]$$

一般的に，係数 c_n は次式で求まる。

$$c_n = \lim_{s \to \alpha}\left[\frac{1}{(k-n)!}\frac{d^{k-n}}{ds^{k-n}}(s-\alpha)^k G(s)\right] \tag{A.30}$$

（3）共役な複素数の単純極

$D(s) = (s^2 + as + b)D_1(s)$ と因数分解され，$s^2 + as + b$ が既約多項式の場合

$$G(s) = \frac{As+B}{s^2+as+b} + \frac{N_1(s)}{D_1(s)} = \frac{As+B}{(s+\alpha)^2+\beta^2} + \frac{N_1(s)}{D_1(s)} \tag{A.31}$$

の形式に展開する。つぎに

$$\lim_{s \to -\alpha+j\beta}[(s^2+as+b)G(s)] = g_1 + jg_2 = A(-\alpha+j\beta) + B$$

より A, B を求め，最後につぎの形式に変形する．

$$\frac{As+B}{(s+\alpha)^2+\beta^2} = \frac{c_1(s+\alpha)}{(s+\alpha)^2+\beta^2} + \frac{c_2\beta}{(s+\alpha)^2+\beta^2} \tag{A.32}$$

この形式は式 (5.14 a)，(5.14 b) で示される標準形になっている．

（4） 共役な複素数の多重極

$D(s) = (s^2+as+\beta)^k D_1(s)$ と因数分解され，s^2+as+b が既約多項式の場合，実数多重極の場合と同様つぎの形式に展開する．

$$G(s) = \frac{A_1 s + B_1}{s^2+as+b} + \frac{A_2 s + B_2}{(s^2+as+b)^2} + \cdots + \frac{A_k s + B_k}{(s^2+as+b)^k} + \frac{N_1(s)}{D_1(s)} \tag{A.33}$$

最終的に，$\Phi_1(s) = \dfrac{c_1 s}{\{(s-\alpha)^2+\beta^2\}^n}$，$\Phi_2(s) = \dfrac{c_2}{\{(s-\alpha)^2+\beta^2\}^n}$ の形式に変形されるが，このあと，さらに周波数シフト，s 領域の微分，s の除算などの性質を使って標準形に変形することが必要になる．

A.4　極とゼロが周波数特性に与える影響

5.5 節において，システムの安定性を伝達関数の極の位置から判定した．しかし，あるシステムにより信号を加工しようとする場合，システムの安定性だけでなく周波数特性を知る必要がある．すでに，フィルタなど線形・時不変システムの周波数特性はフーリエ変換により解析できることを示したが，ここではラプラス変換領域で示された伝達関数の極とゼロの位置により周波数特性を理解する方法について述べる．

システムの伝達関数 $H(s)$ は，次式に示すように複数の極 $p_i (i=1, 2, \cdots, n)$ とゼロ $z_j (j=1, 2, \cdots, m)$ からなる有理関数で表されているとしよう．

$$H(s) = \frac{(s-z_1)(s-z_2)\cdots(s-z_m)}{(s-p_1)(s-p_2)\cdots(s-p_n)} \tag{A.34}$$

上式の s, p_i, z_j は一般的に複素数であるから，$s-p_i$, $s-z_j$ は極座標を用いてそれぞれ次式で表される．

$$s - p_i = r_i e^{j\phi_i} \tag{A.35}$$
$$s - z_j = d_j e^{j\varphi_j} \tag{A.36}$$

ここで，r_i, ϕ_i はそれぞれ極 p_i から任意の点 s までの距離および位相角である．同様に，d_j, φ_j はそれぞれゼロ z_j から任意の点 s までの距離および位相角である．周波数特性は $s = j\omega$ として与えられるから，特定の角周波数 ω_0 におけるシステムの周波数特性は次式で与えられる．

$$H(j\omega_0) = \frac{d_1 e^{j\varphi_1} d_2 e^{j\varphi_2} \cdots d_m e^{j\varphi_m}}{r_1 e^{j\phi_1} r_2 e^{j\phi_2} \cdots r_n e^{j\phi_n}} \tag{A.37}$$

A.4 極とゼロが周波数特性に与える影響

$$= \frac{d_1 d_2 \cdots d_m}{r_1 r_2 \cdots r_n} \exp j[(\varphi_1 + \varphi_2 + \cdots + \varphi_m) - (\phi_1 + \phi_2 + \cdots + \phi_n)]$$

したがって，振幅周波数特性および位相周波数特性は次式で与えられる．

$$|H(j\omega_0)| = \frac{d_1 d_2 \cdots d_m}{r_1 r_2 \cdots r_n} \tag{A.38}$$

$$\theta(\omega_0) = (\varphi_1 + \varphi_2 + \cdots + \varphi_m) - (\phi_1 + \phi_2 + \cdots + \phi_n) \tag{A.39}$$

これら二つの式から，極やゼロの位置が周波数特性に及ぼす影響を直感的に知ることができる．図 **A.4** の簡単な例を用いて周波数特性の特徴を調べよう．特定の周波数 ω_0 における振幅特性は極 p_1 から $j\omega_0$ までの距離 r_0 に逆比例し，ゼロ z_1 からの距離 d_0 に比例する．周波数 ω が 0 から ∞ まで変化する途上で，極からの距離は徐々に減少し，$\omega = \omega_1$ で最小値 σ_1 となり，その後増加し続ける．したがって，振幅特性は図（b）に示すように $\omega = \omega_1$ で最大利得 $1/\sigma_1$ をとる．また，ゼロからの距離も同様に，はじめは減少して $\omega = \omega_2$ で最小値 σ_2 となり，その後増加し続ける．しかし極の場合とは逆に，振幅特性は図（d）に示すように $\omega = \omega_2$ で最小利得 σ_2 をとる．まとめると，利得は極に最も近い周波数で増加し，増加度は極が虚軸に近いほど大きい．また，利得はゼロに最も近い周波数で低下し，低下度はゼロが虚軸

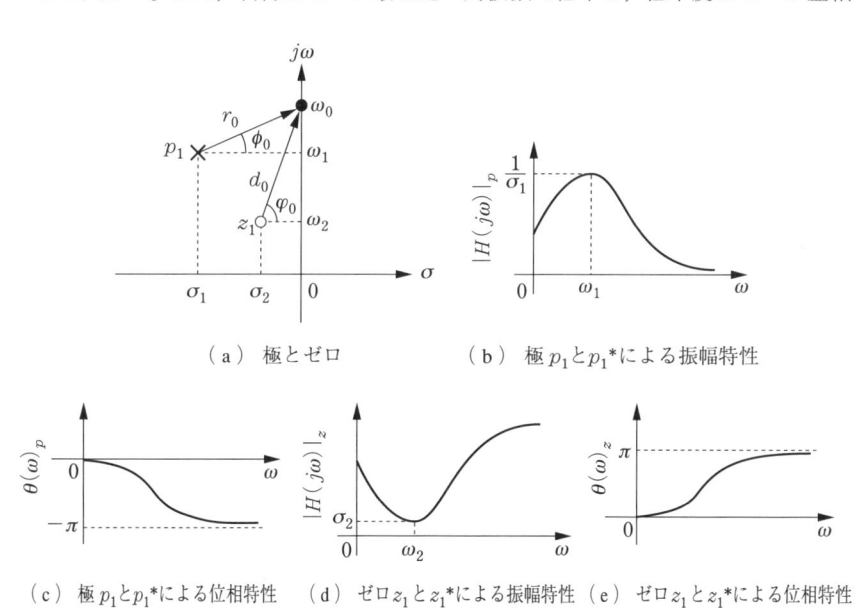

（a）極とゼロ　　（b）極 p_1 と p_1^* による振幅特性

（c）極 p_1 と p_1^* による位相特性　（d）ゼロ z_1 と z_1^* による振幅特性　（e）ゼロ z_1 と z_1^* による位相特性

図 **A.4** 極とゼロが周波数特性に与える影響

に近いほど大きい。この例では簡単のため一つの極，一つのゼロについて議論してきたが，実際には他の複素共役の極やゼロの影響も考慮しなければならない。ただ，振幅特性は最も近傍にある極やゼロに支配的な影響を受け，複素共役関係にある極やゼロにはあまり影響を受けない。

位相特性については複素共役の極やゼロを考慮しなければならない。複素共役の二つの極により作られる位相角は，$\omega = 0$ のときたがいに打ち消しあい $\theta(0) = 0$ である。しかし，$p_1 = \sigma_1 + j\omega_1$ による位相角は ω の増加に伴い負の値から増加し，$\omega = \omega_1$ で 0 になり，$\omega \to \infty$ で $\phi_1 \to \pi/2$ に近づく。一方，複素共役極 $p_2 = \sigma_1 - j\omega_1$ による位相角は正の値から単調に増加し，$\omega \to \infty$ で $\phi_2 \to \pi/2$ に近づく。これら二つの位相角の和は 0 から増加し，$\omega \to \infty$ で π に近づく。この結果，位相角 $\theta(\omega) = -(\phi_1 + \phi_2)$ は図（c）に示すような特性を示す。複素共役の二つのゼロにより作られる位相角も同様にして得られるが，極性の反転した図（e）のような特性になる。

◁▷ **例 A.1**

低域通過フィルタ（LPF）は $\omega = 0$ で最大利得をもつ。したがって，フィルタの伝達関数は負の実数極をもたなければならない（なぜならば，極と虚軸上 $j\omega = 0$ との距離が最小となるのは極が実軸上に存在する場合である）。このとき，伝達関数は次式で与えられる。

$$H(s) = \frac{\omega_c}{s + \omega_c}$$

ここで，分子の ω_c は $H(0) = 1$ となるように正規化するためで，もちろん $\omega_c > 0$ である。また，周波数特性，振幅・位相周波数特性はそれぞれ次式で与えられる。

$$H(j\omega) = \frac{\omega_c}{j\omega + \omega_c} = \frac{1}{1 + j(\omega/\omega_c)}$$

$$|H(j\omega)| = \frac{1}{\sqrt{1 + (\omega/\omega_c)^2}}, \quad \theta(\omega) = -\tan^{-1}\left(\frac{\omega}{\omega_c}\right)$$

振幅周波数特性が $|H(j\omega)| = 1/\sqrt{2}$ となる角周波数は $\omega = \omega_c$ であり，ω_c をカットオフ（遮断）角周波数と呼ぶ。振幅周波数特性は，通常**図 A.5**（a）に示すように両対数グラフで描かれ，単位は dB（デシベル）が使われる。図（b）には位相特性の代わりに**群遅延特性**を示す。群遅延は次式に示すように位相特性の角周波数微分で与えられ，周波数成分の相対的な遅延時間を知ることができる。

$$\tau_\theta(\omega) = -\frac{d\theta(\omega)}{d\omega}$$

4.4 節で示した理想低域通過フィルタ（図 4.16（a））は，カットオフ周波数 $\left(\dfrac{1}{2T}\right)$ までの振幅特性は一定である。また，位相特性は $\theta(\omega) = -\omega\tau$ であるから，

A.4 極とゼロが周波数特性に与える影響

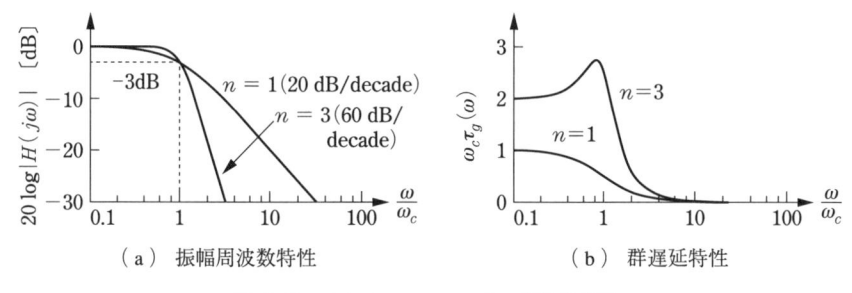

（a）振幅周波数特性

（b）群遅延特性

図 A.5　バタワースフィルタの周波数特性

群遅延特性は $\tau_g(\omega) = \tau$（一定）であり，どの周波数成分も一定の遅延を生じる。したがって，この帯域内に存在する信号は無ひずみの応答が得られる。本例でとりあげた LPF は，カットオフ周波数 ω_c まで利得が徐々に減少し，ω_c を超えても利得はゼロにならない。理想フィルタに近づけるためには，ω_c 近傍に極を配置し，ω_c より低い周波数での利得低下を防ぐことが考えられる。回路網理論の分野では，古くから理想フィルタの設計技術が研究されていた。

図 A.6 は**バタワース**（Butterworth）**フィルタ**の極配置の例である。バタワースフィルタは，通過帯域内の振幅特性ができる限り平坦になるよう設計されている。$2n$ 個の極は半径 ω_c の円周上に等間隔に配置され，安定性を考慮してその中から左半平面（LHP）の n 個の極が選択される。極 p_k $(k = 1 \sim 2n)$ は次式で与えられる。

$$p_k = \begin{cases} \omega_c\, e^{j2k\pi/2n} & \cdots\cdots \quad n:\text{odd} \\ \omega_c\, e^{j(2k-1)\pi/2n} & \cdots\cdots \quad n:\text{even} \end{cases}$$

参考のために，**バタワース多項式**（伝達関数の分母多項式）を**表 A.1** に示す。なお，振幅特性は次式で与えられる。

$$|H(j\omega)| = \frac{1}{\sqrt{1 + (\omega/\omega_c)^{2n}}}$$

$p_2 = \omega_c e^{j\frac{2\pi}{3}}$

$p_3 = -\omega_c$

$p_4 = \omega_c e^{-j\frac{2\pi}{3}}$

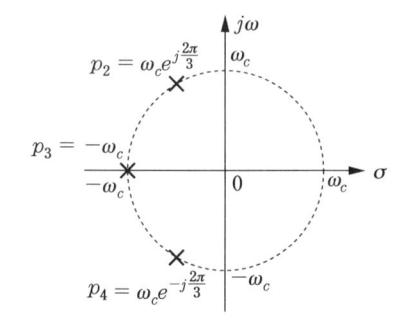

図 A.6　3 次バタワースフィルタの極

表 A.1 バタワース多項式 ($x = s/\omega_c$)

n	$D(x)$
1	$x+1$
2	$x^2+\sqrt{2}\,x+1$
3	$(x+1)(x^2+x+1)$
4	$(x^2-2x\cos 5\pi/8+1)(x^2-2x\cos 7\pi/8+1)$
5	$(x+1)(x^2-2x\cos 3\pi/5+1)(x^2-2x\cos 4\pi/5+1)$

これより，$\omega \ll \omega_c$ で $|H(j\omega)| \approx 1$，$\omega \gg \omega_c$，で $|H(j\omega)| \approx (\omega_c/\omega)^n$ であるから，帯域内では振幅平坦，帯域外では ω^n に比例した減衰特性（$20n$ dB/decade；1桁当り $20n$ dB）になる．フィルタの次数 n を大きくすることにより，理想フィルタの特性に近づけることができる（円周上に無限の数の極を配置したときが理想フィルタである）．例として，図 A.5 に $n = 3$ の場合の特性をあわせて示す．

A.5 ラプラス変換と特殊関数

(1) ガンマ関数

実数 $p>0$ のとき，つぎの定積分

$$\Gamma(p) = \int_0^\infty e^{-x} x^{p-1} dx \tag{A.40}$$

は一様に収束する p の関数であり，$\Gamma(p)$ をオイラーの**ガンマ関数**（gamma function）と呼ぶ．ガンマ関数は以下に示す基本的な性質をもつ．

$$\Gamma(1) = 1 \tag{A.41}$$

$$\Gamma(p+1) = p\Gamma(p) \tag{A.42}$$

式 (A.41) は (A.40) より明らかである．式 (A.42) は部分積分により，以下のように求まる．

$$\Gamma(p+1) = \int_0^\infty e^{-x} x^p dx = \left[-e^{-x} x^p\right]_0^\infty + p\int_0^\infty e^{-x} x^{p-1} dx = p\Gamma(p)$$

また，p を正の整数とすれば，式 (A.42)，(A.41) より

$$\Gamma(p+1) = p\Gamma(p) = p(p-1)\Gamma(p-1) = \cdots = p(p-1)\cdots 2\cdot 1\cdot \Gamma(1)$$
$$= p! \tag{A.43}$$

が成立する．すなわち，ガンマ関数は階乗を表す関数である．

つぎに，変数 p をすべての実数に拡張するため，式 (A.42) を次式で表す．

$$\Gamma(p) = \frac{\Gamma(p+1)}{p} \tag{A.44}$$

いま，変数 p が $-1<p<0$ の範囲にあるとすれば，$0<p+1<1$ であるから，式 (A.44) の右辺は意味のある値になる．したがって，式 (A.44) は $-1<p<0$ の範囲で $\Gamma(p)$ を定義できる．

なお，$p=0$ では
$$\Gamma(0) = \lim_{p \to 0} \frac{\Gamma(p+1)}{p} \to \infty$$
また，変数 p を $-2<p<-1$ の範囲に拡張すれば $-1<p+1<0$ となり，前と同様に式 (A.44) の右辺は意味のある値になる．なお，$p=-1$ では
$$\Gamma(-1) = \lim_{p \to -1} \frac{\Gamma(p+1)}{p} \to -\infty$$
この拡張を続けることにより，式 (A.44) はすべての実数に対し定義できることになる．ただし，$\Gamma(p)$ は $p=0,\ -1,\ -2,\ \cdots$ (0 および負の整数) において無限大に発散する．さらに，変数 p を複素数の領域まで拡張することにより，$\Gamma(p)$ は $p=0$ と負の整数を除いたすべての複素平面上で正則な解析関数として定義できる．

特別な有理数 p についての $\Gamma(p)$ は以下のように求まる．

例えば，$\Gamma(1/2) = \int_0^\infty e^{-x} x^{-1/2} dx$ で，$x = z^2$ により積分変数を変換して次式を得る．
$$\Gamma\left(\frac{1}{2}\right) = 2\int_0^\infty e^{-z^2} dz = 2\left(\frac{\sqrt{\pi}}{2}\right) = \sqrt{\pi} \tag{A.45}$$
また，上式と式 (A.44) よりつぎの関係が得られる．
$$\Gamma\left(-\frac{1}{2}\right) = \frac{\Gamma(1/2)}{-1/2} = -2\sqrt{\pi} \tag{A.46}$$
そのほか，$\Gamma\left(\dfrac{3}{2}\right) = \dfrac{1}{2}\Gamma\left(\dfrac{1}{2}\right) = \dfrac{\sqrt{\pi}}{2}$ などから，$n \geqq 0$ の整数として次式が成立する．
$$\Gamma\left(n+\frac{1}{2}\right) = \frac{(2n-1)!!}{2^n}\sqrt{\pi} \tag{A.47}$$
ただし，$(2n-1)!! = (2n-1)(2n-3)\cdots 3\cdot 1$，$(-1)!! = 1$ である．また
$$\Gamma\left(-\frac{3}{2}\right) = \frac{\Gamma(-1/2)}{-3/2} = \frac{4\sqrt{\pi}}{3}$$
などから次式が成立する．
$$\Gamma\left(-n+\frac{1}{2}\right) = \frac{(-1)^n 2^n}{(2n-1)!!}\sqrt{\pi} \tag{A.48}$$

(2) 誤差関数

次式で示される定積分は**誤差関数** (error function) と呼ばれ，ディジタル通信システムのビット誤り率を評価する際に使われる．

$$\mathrm{erf}(t) = \frac{2}{\sqrt{\pi}} \int_0^t \exp(-x^2) dx \tag{A.49}$$

また

$$\mathrm{erfc}(t) = 1 - \mathrm{erf}(t) = \frac{2}{\sqrt{\pi}} \int_t^\infty \exp(-x^2) dx \tag{A.50}$$

は**誤差補関数** (error co-function) である。

　ベキ乗関数のラプラス変換は，ガンマ関数を用いて次式のように表すことができた（式 (5.12)′）。

$$\mathscr{L}\left[t^n \mathrm{u}(t)\right] = \frac{\Gamma(n+1)}{s^{n+1}}$$

ここで，$n = -1/2$ とすれば，$\mathscr{L}\left[\dfrac{\mathrm{u}(t)}{\sqrt{t}}\right] = \dfrac{\Gamma(1/2)}{\sqrt{s}} = \sqrt{\dfrac{\pi}{s}}$ より，$\mathscr{L}^{-1}\left[\dfrac{1}{\sqrt{s}}\right] = \dfrac{1}{\sqrt{\pi t}}\mathrm{u}(t)$ が得られる。また，$\mathscr{L}^{-1}\left[\dfrac{1}{s-1}\right] = e^t \mathrm{u}(t)$ であるから，畳み込みの性質より次式が成立する。

$$\mathscr{L}^{-1}\left[\frac{1}{\sqrt{s}(s-1)}\right] = \int_0^\infty \frac{\mathrm{u}(x)}{\sqrt{\pi x}} e^{t-x} \mathrm{u}(t-x) dx = \frac{e^t}{\sqrt{\pi}} \int_0^t \frac{e^{-x}}{\sqrt{x}} dx$$

ここで，$x = z^2$ とおけば，$dx = 2zdz = 2\sqrt{x}\, dz$ より次式が得られる。

$$\mathscr{L}^{-1}\left[\frac{1}{\sqrt{s}(s-1)}\right] = \frac{2e^t}{\sqrt{\pi}} \int_0^{\sqrt{t}} \exp(-z^2) dz = e^t \cdot \mathrm{erf}(\sqrt{t}) \tag{A.51}$$

関数 $g(t)$ のラプラス変換を $G(s)$ とすれば，$G(s+1)$ は

$$G(s+1) = \int_0^\infty g(t) e^{-(s+1)t} dt = \mathscr{L}[g(t) \cdot e^{-t}] \tag{A.52}$$

で表すことができる。すなわち，$G(s+1)$ は $g(t) \cdot e^{-t}$ のラプラス変換である。

　したがって，式 (A.51) の s に $s+1$ を代入することにより，誤差関数のラプラス変換は次式で求まる。

$$\mathscr{L}[\mathrm{erf}(\sqrt{t})] = \frac{1}{s\sqrt{s+1}} \tag{A.53}$$

また，誤差補関数のラプラス変換は次式で与えられる。

$$\mathscr{L}[\mathrm{erfc}(\sqrt{t})] = \mathscr{L}[1 - \mathrm{erf}(\sqrt{t})] = \frac{1}{s} - \frac{1}{s\sqrt{s+1}} \tag{A.54}$$

　ガンマ関数の $p>0$ における一様収束性についての議論は省略しているが，興味ある読者は以下の文献を参照されたい。
高木貞治：解析概論（改訂第三版），岩波書店 (1983)
森口繁一，他：数学公式 III，岩波書店 (1960)

A.6 オーバーサンプリングとデシメーションおよびインターポレーション

(1) オーバーサンプリングとデシメーション

　低域通過信号を標本化する前段階として，折返し周波数（標本化周波数 f_s の1/2）以上の周波数成分を十分に減衰させるアンチエリアスフィルタ（アナログフィルタ）が必要なことは6章で述べた。標本化周波数がナイキスト周波数に比べわずかに高い場合のアンチエリアスフィルタには，信号の最大周波数 f_m ($<f_s/2$) までは一定で，f_m 以上を大きく減衰させる理想フィルタのような特性（急峻なロールオフ特性）が要求される。しかし，現実問題としてそのような特性のアナログフィルタを作ることは困難である。アンチエリアスフィルタへの要求条件を緩和するため，ナイキスト周波数の数倍以上で標本化するオーバーサンプリング技術が使われる。

　図A.7（a）は，アナログ信号の正の周波数スペクトルを示している。最大周波数は f_m であり，周波数 $2.5f_m$ の正弦波干渉が加わっている。この信号を標本化周波数 $f_s = 3f_m$ で離散化する。離散化すると f_s の整数倍の間隔で源信号のスペクトルが生じるため，図（b）に示すように，源信号の帯域内 $f_s-2.5f_m = 0.5f_m$ に干渉成分が現れる。これはアンチエリアスフィルタが理想フィルタでない限り生じる現象であり，もとの信号を復元する際に特性が劣化する。しかし，例えばもとの標本化周波数の3倍でオーバーサンプリングしてやれば，図（c）に示すようにエリアスのオーバーラップは生じない。したがって，アンチエリアスフィルタIIのような緩やかなロールオフ特性で十分である。さらに，ディジタルフィルタはアナログフィルタに比べ急峻なロールオフ特性を作りやすい（8章）ため，離散化後のディジタルフィルタ（ポストフィルタ）により干渉成分を取り除くことが可能となり，スペクトル特性を改善できる。

　オーバーサンプリングは，ここで述べたようにアンチエリアスフィルタへの要求条件を緩和できる利点があるとともに，実際の標本パルス列を矩形パルス列とした場合に生じるアパーチャ効果（6章）を低減できる。さらに，A/D変換器の実現法として Σ-Δ 変調を利用した1ビットA/D変換器が知られているが，そこではナイキスト周波数の数百倍で高速サンプリングを行い，1ビットの量子化器で実質的に高分解能のA/D変換特性を実現している。

　オーバーサンプリングはよいことづくしのように思われるが，標本化後の離散データの処理に高速の演算が必要になるため，回路規模や消費電力の点で問題がある。また，他のディジタル信号処理回路とインタフェース速度を一致させる必要もあり，

$|G_a(f)|$

干渉
アンチエリアスフィルタ I
アンチエリアスフィルタ II
$|G(f)|$

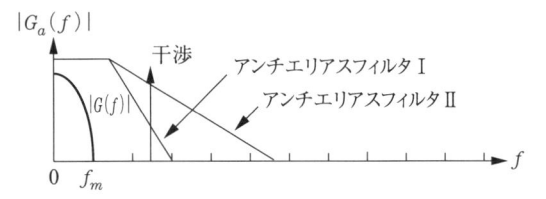

0　f_m　　　　　　　　　　　　　f

（a）干渉を含む源信号のスペクトルとアンチエリアスフィルタの振幅特性

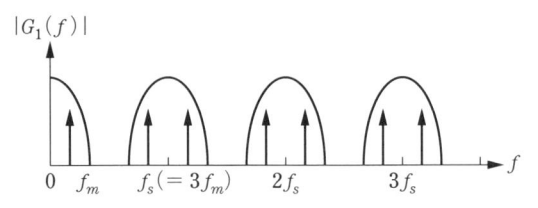

$|G_1(f)|$

0　f_m　$f_s(=3f_m)$　$2f_s$　$3f_s$　f

（b）$f_s = 3f_m$ の場合の離散信号スペクトル

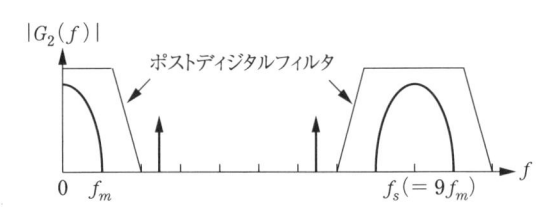

$|G_2(f)|$

ポストディジタルフィルタ

0　f_m　　　　　　　$f_s(=9f_m)$　f

（c）$f_s = 9f_m$ の場合の離散信号スペクトル

図 A.7　オーバーサンプリングによる離散信号スペクトルの特性改善

オーバーサンプリングした後でシステムの標準的な標本化周波数に戻さなければならない。

　オーバーサンプリングはデシメーションと組み合わせて使われることが多い。デシメーションのもともとの意味は 1/10 にすることであるが，ディジタル信号処理の分野では標本化周波数を $1/N$（$N \geqq 2$ の整数）にする意味で使われている。すなわち，もとのデータ列から N 個ごとに取り出して得た新たなデータ列を $1/N$ にデシメーションされたデータ列，またはダウンサンプリングされたデータ列と呼ぶ。もちろん，この操作によってエリアスとのオーバーラップを生じてはならないため，信号の最大周波数を f_m，標本化周波数を f_s とすれば，$f_s/N \geqq 2f_m$ より N の上限は次式で与えられる。

A.6 オーバーサンプリングとデシメーションおよびインターポレーション

$$N \leqq \frac{f_s}{2f_m} \tag{A.55}$$

図A.7の例についてデシメーションの操作を考えてみよう。同図（c）のように $f_s = 9f_m$ で標本化して得られた信号系列を $g_2(k)$ とする。この離散データ列を $1/N$ にデシメーションしてそれを $g_D(k)$ とすれば，$g_D(k)$ は次式で表される。

$$g_D(k) = g_2(Nk) \tag{A.56}$$

$g_2(Nk)$ はもとのアナログ信号 $g(t)$ を標本間隔 $NT (T = 1/f_s)$ で離散化した系列であるから，その周波数スペクトルは次式で与えられる。

$$G_D(f) = G(f) \otimes \frac{1}{NT} \sum_{n=-\infty}^{\infty} \delta\left(f - \frac{nf_s}{N}\right) = \frac{1}{NT} \sum_{n=-\infty}^{\infty} G\left(f - \frac{nf_s}{N}\right) \tag{A.57}$$

すなわち，$G_2(f)$ の形は変化せずに，エリアスの間隔が $1/N$ に圧縮される（振幅も減少するがここでは考慮しない）。図A.7（c）のポストディジタルフィルタ出力を $1/3$ にデシメーションしたデータ列の振幅スペクトルは，**図A.8** に示すようにオーバーサンプリングする前のスペクトルに戻る（ただし，帯域内に生じた正弦波干渉は除去される）。

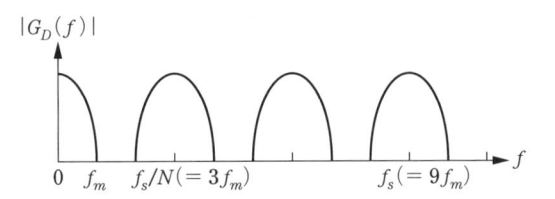

図 **A**.8 デシメーション $(N = 3)$ により得られる振幅スペクトル

（2）インターポレーション

インターポレーションは，離散データ列から低域通過フィルタ（LPF）または帯域通過フィルタ（BPF）を介してもとのアナログ信号を復元する意味に使われるが，ここではディジタル信号処理の**標本化速度（レート）変換技術**としての意味で用いる。

標本化周波数 f_s で離散化したデータ列を新たなインタフェース速度（Nf_s〔sample/s〕）に変換したい場合，一度アナログ信号に戻し，再度 Nf_s の標本化周波数で離散化する方法が考えられる。しかし，D/A変換とA/D変換の2度の変換により信号スペクトルが歪み，特性の劣化が避けられない。そこで，ディジタル信号のままレート変換できれば好都合である。もとの離散データ列 $\{g(k)\}$ を N 倍の標本化速度にインターポレーションする操作は，まず離散データの間に $N-1$ 個の0を挿入し，次式で示される新たな離散データ列を作る。

$$g_I(k) = \begin{cases} g(k/N) & \cdots\cdots \quad k = 0,\ \pm N,\ \pm 2N,\ \cdots \\ 0 & \cdots\cdots \quad \text{elsewhere} \end{cases} \tag{A.58}$$

この操作は**ゼロパディング**（zero-padding），または**ゼロスタッフィング**（zero-stuffing）と呼ばれる（7.3.2項）．

もとの信号 $\{g(k)\}$ の標本間隔を $T_s(=1/f_s)$ とすれば，信号スペクトルは離散時間フーリエ変換（DTFT）により次式で与えられる．

$$G(f) = \sum_{k=-\infty}^{\infty} g(kT_s) e^{-j2\pi f k T_s} \tag{A.59}$$

一方，N 倍の速度にインターポレーションされた離散データ列 $\{g_I(k)\}$ の信号スペクトルは次式により求まる．

$$\begin{aligned} G_I(f) &= \sum_{k=-\infty}^{\infty} g_I(k) e^{-j2\pi f k T_s/N} \\ &= \cdots + g(0) + 0 \cdot e^{-j2\pi f T_s/N} + \cdots + 0 \cdot e^{-2\pi f(N-1)T_s/N} + g(1)e^{-j2\pi f T_s} + \cdots \\ &= G(f) \end{aligned} \tag{A.60}$$

すなわち，インターポレーション操作により信号スペクトルは変化せず，標本化周波数が N 倍になる．このため，インターポレーションはアップサンプリングとも呼ばれる．

通常インターポレーション操作は，ゼロパディングの後でポストフィルタ（インターポレーションフィルタともいう）を用いてエリアスを除去する．ポストフィルタには，デシメーションフィルタと同様，位相特性が線形な **FIR**（finite impulse response）型のディジタルフィルタ（8.7.1項参照）が使われる．このフィルタリングにより図 **A.9** の点線で示すエリアスは無視できる程度に抑圧され，もとのアナログ信号を復元するためのアナログフィルタの特性仕様が大幅に緩和される．

デシメーションやインターポレーションにより，標本化周波数を整数分の1または整数倍に変えることができるが，さらに両方を組み合わせることにより任意の有理数倍に変換することができる．図 **A.10** は標本化速度変換の機能ブロックを示している．アップサンプリングとダウンサンプリングを適当に組み合わせて，標本化周

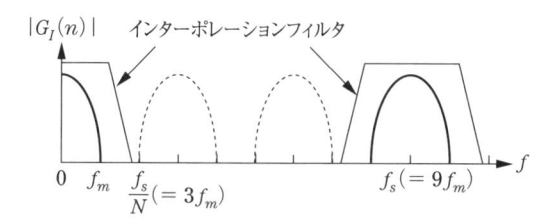

図 **A.9** インターポレーション $(N=3)$ により得られる振幅スペクトル

```
 g_old(k)           g'_new(k')              g_new(k'')
   ──○──▶[ U ↑ ]──▶[ディジタル]──▶[ D ↓ ]──○──▶
                    LPF
         └────┬────┘         └────┬────┘
      インターポレーション    デシメーション
     （アップサンプリング）（ダウンサンプリング）
```
（標本化周波数 f_s を Uf_s/D に変換）

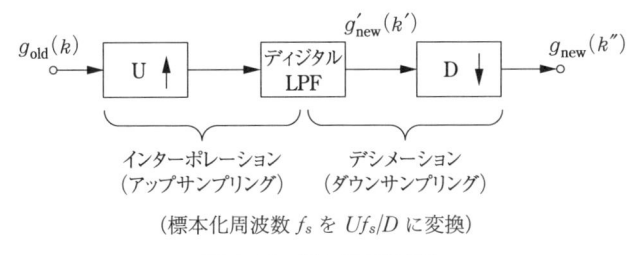

図 A.10 標本化速度変換

波数 f_s の離散信号 $g_{old}(k)$ を新たな標本化周波数 f_sU/D の離散信号 $g_{new}(k'')$ に変換することができる。

A.7　量子化雑音の低減法

6 章で A/D 変換器の量子化ビット数 B を増加させることにより，量子化雑音を $6.02B$ [dB] 低減できることを示した．ここでは量子化ビット以外の手段で量子化雑音を低減する手法を議論する．

式 (6.24) で示したように，量子化は 2 入力 1 出力の線形システムでモデル化できる．また，量子化雑音は量子化幅 $\pm Q/2$ の範囲に一様に分布するランダムプロセスであり，量子レベル数 $(N=2^B)$ が十分大きい場合ランダム変数は無相関，すなわち白色雑音と考えられる．したがって，ベースバンド信号の帯域幅を $w/2$ [Hz] として，**ナイキストサンプリング** $(f_s=w)$ したときの量子化雑音の平均電力を σ_e^2 [W] とすれば，電力密度スペクトルは次式で与えられる．

$$P_e(f) = \frac{\sigma_e^2}{w} \quad [\text{W/Hz}] \tag{A.61}$$

ここで，標本化周波数を $f_s \gg w$ としたオーバーサンプリングの場合，**図 A.11** に示すように電力スペクトル密度は σ_e^2/f_s となる．A/D 変換後ディジタルフィルタにより帯域制限することにより，理想的には $\sigma_e^2 w/f_s$ の量子化雑音電力が得られる．すなわち，ナイキストサンプリングの場合に比べ量子化雑音電力は w/f_s 倍に低減する．信号電力を S として，信号対量子化雑音電力比で示せば

$$\gamma = 10\log\frac{S}{\sigma_e^2} + 10\log\frac{f_s}{w} \quad [\text{dB}] \tag{A.62}$$

となり，SNR_Q は $10\log(f_s/w)$ [dB] 改善する．すなわち，ナイキスト周波数に対するオーバーサンプリング比 (f_s/w) を倍増するごとに SNR_Q は 3 dB 増加する．量子化分解能に換算すると，0.5 bit 向上することになる．

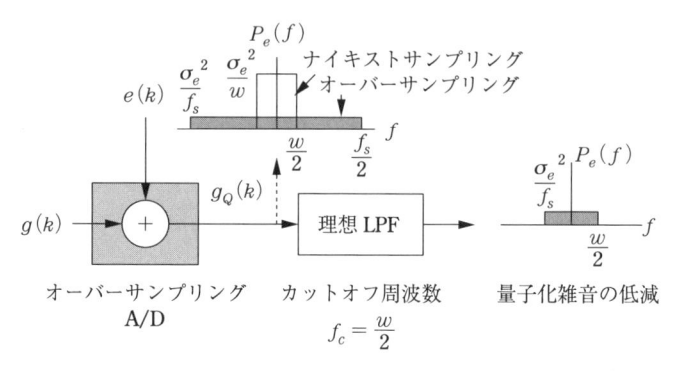

図 A.11 オーバーサンプリングの効果

　オーバーサンプリングにより量子化分解能を向上できることがわかったが，あまり効率的ではない．例えば，現在のCD-DAは$f_s = 44.1\,\text{kHz}$，$B = 16\,\text{bit}$の線形PCMであるが，同じSNR_Qを確保して$B = 8\,\text{bit}$とするためには，$f_s = 2^{16} \cdot 44.1\,\text{kHz} = 2.89\,\text{GHz}$となってしまい現実的でない．そこで，信号と雑音の応答は独立であることを考慮して，信号はそのまま雑音の形を変える**$\Sigma\text{-}\Delta$変調**が考案された[†]．

　図 A.12 は 1 次の $\Sigma\text{-}\Delta$ 変調機能付き A/D 変換器ブロック図である．標本化された信号 $g(k)$ を直接量子化するのではなく，量子化された信号を D/A 変換器を介し

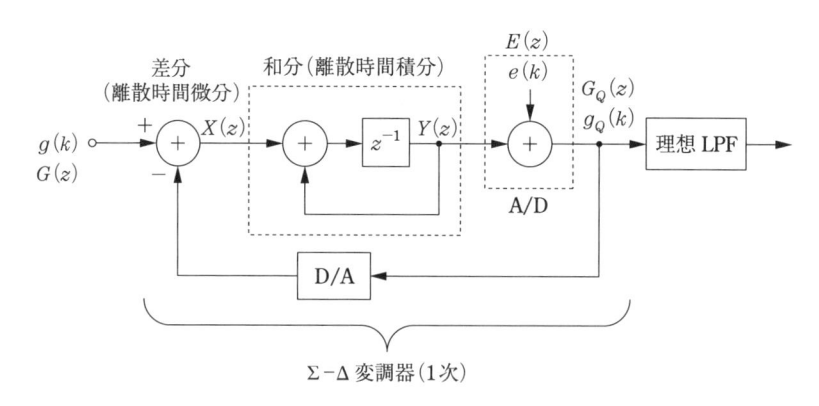

図 A.12　1 次 $\Sigma\text{-}\Delta$ 変調器付き A/D 変換器

[†] わが国の誇るべき発明の一つで，1 bit A/D, D/A 変換器に使われている．最初の文献は，H. Inose and Y. Yasuda : A unity bit coding method by negative feedback, Proc. IEEE, pp. 1524-1535 (Nov., 1963)

A.7 量子化雑音の低減法

てフィードバックし，入力信号との差分を量子化する構成になっている。システムの動作特性を明らかにするため，量子化器出力 $g_Q(k)$ を z 領域で求めてみよう。まず入力信号 $g(k)$，量子化雑音 $e(k)$ および出力 $g_Q(k)$ の z 変換対をそれぞれ $G(z)$，$E(z)$ および $G_Q(z)$ とする。理想的な D/A 変換器（線形で利得は 1）を想定すると，その伝達関数は 1 であるから差分出力は次式で与えられる。

$$X(z) = G(z) - G_Q(z) \tag{A.63}$$

和分出力は，$Y(z)=\{X(z)+Y(z)\}z^{-1}$ より式（A.63）を用いて次式で与えられる。

$$Y(z) = \frac{z^{-1}}{1-z^{-1}}X(z) = \frac{z^{-1}}{1-z^{-1}}\left\{G(z) - G_Q(z)\right\} \tag{A.64}$$

量子化出力は，$G_Q(z)=Y(z)+E(z)$ より式（A.64）を用いて次式で与えられる。

$$G_Q(z) = z^{-1}G(z) + (1-z^{-1})E(z) \tag{A.65}$$

この結果，入力信号には 1 サンプルの時間遅れ（z^{-1}）が生じ，量子化雑音にはそれと異なる $H_n(z)=1-z^{-1}$ の伝達関数が乗算される。このように，雑音のみの周波数特性を変形でき，これを**ノイズシェーピング**と呼ぶ。

伝達関数 $H_n(z)$ の周波数特性は $z=\exp(j2\pi fT_s)$ で評価でき（8 章参照），その振幅特性は次式で与えられる。

$$|H(e^{j2\pi fT_s})| = |1 - e^{-j2\pi fT_s}| = 2|\sin \pi fT_s| \tag{A.66}$$

以上より，1 次 Σ-Δ 変調オーバーサンプリング A/D 変換器で得られる量子化雑音電力は次式で与えられる（$T_s=1f_s$ に置換している）。

$$N_{\Sigma\Delta 1} = \int_{-w/2}^{w/2} P_e(f)|H(e^{j2\pi fT_s})|^2 df \fallingdotseq \sigma_e^2 \cdot \frac{\pi^2}{3} \cdot \left(\frac{w}{f_s}\right)^3 \tag{A.67}$$

したがって，SNR_Q は次式で表される。

$$\gamma \fallingdotseq 10\log\frac{S}{\sigma_e^2} - 10\log\frac{\pi^2}{3} + 30\log\frac{f_s}{w} \quad \text{[dB]} \tag{A.68}$$

すなわち，ナイキスト周波数に対するオーバーサンプリング比を倍増するごとに SNR_Q は 9 dB 増加する。量子化分解能に換算すると，1.5 bit 向上することになる。

図 A.12 は 1 次の Σ-Δ 変調を用いた例であるが，2 次，3 次と高次の Σ-Δ 変調を用いることにより，**図 A.13** に示すようにノイズシェーピングの効果をさらに高めることができる。一般的に L 次 Σ-Δ 変調の SNR_Q は

$$\gamma \fallingdotseq 10\log\frac{S}{\sigma_e^2} - 10\log\frac{\pi^{2L}}{2L+1} + (2L+10)\log\frac{f_s}{w} \quad \text{[dB]} \tag{A.69}$$

となる。

いままで A/D 変換の量子化雑音低減法を述べたが，この技術を用いて 1 bit A/D，D/A 変換器が実用化され，CD プレーヤに使われている。理論的には，$f_s=1.92$ MHz で 3 次の Σ-Δ 変調を用いることにより，1 bit D/A 変換器で 16 bit 相当の精

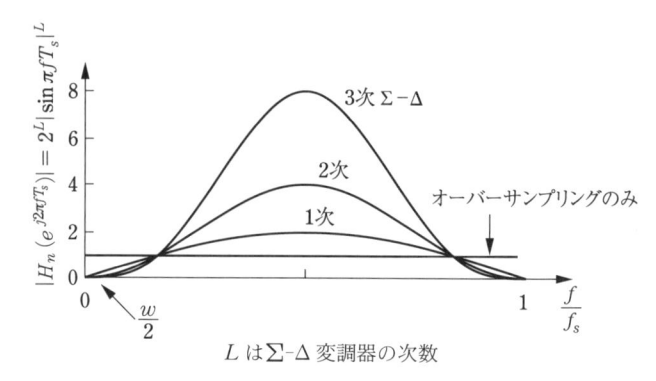

図 A.13 ノイズシェーピング効果

度を実現できる．3次以上の高次のループでは安定性が保証されないことに注意が必要であるが，安定性を保証した3次 Σ-Δ 変調 A/D，D/A 変換器として **MASH 方式** が知られている．

演習問題略解

1章

1. $g(t) = \exp\{(0.7+j\,2\pi)\} = e^{0.7t} \cdot e^{j2\pi t}$

$= e^{0.7t}(\cos 2\pi t + j\sin 2\pi t)$

より，$\mathrm{Re}[g(t)] = e^{0.7t}\cos 2\pi t$，$\pm|g(t)| = \pm e^{0.7t}$ となる（**解図1**）。

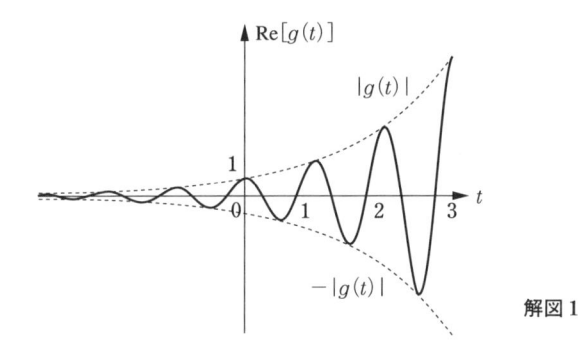

解図1

2. （a） 周期関数で $T=2$。（b） 周期関数で $T=2\pi/3$。
（c） 周期関数で $T=2$。$e^{j\{\pi(t+T)-1\}} = e^{j(\pi t-1)} \cdot e^{j\pi T} = e^{j(\pi t-1)}$ は $T=2$ のときに成立する。

3. （a） 周期関数。$\cos(8\pi n/7+2) = \cos(8\pi n/7+8\pi N/7+2)$ が成立する最小の整数は $N=7$。
（b） 周期関数。すべての整数 n に対して，$\cos(\pi n^2/8) = \cos(\pi n^2/8 + 2\pi nN/8 + \pi N^2/8)$ が成立する最小の整数は $N=8$。
（c） 非周期関数。$e^{j(n/8-\pi)} = e^{j(n/8-\pi)} \cdot e^{jN/8}$ が成立するためには，$N=16k\pi$（k：整数）でなければならず，N が整数という条件に反する。

4. $x(t)$ と $y(t)$ はそれぞれ T_1，T_2 を周期とする周期関数である。
T_1，T_2 をそれぞれ基本周期とすれば，$T=mT_1=nT_2$ の成立する0でない整

数 m, n が存在するとき,$z(t)=Ax(t)+By(t)$ は周期関数となる.すなわち,T_1/T_2 が有理数であることが条件となる.そのときの基本周期 T は T_1 と T_2 の最小公倍数 LCM $[T_1, T_2]$.

5. $g(n+N)=\cos(2\pi f_c n+2\pi f_c N+\theta)=g(n)$ が成立するためには,$f_c N$ が 0 でない整数,すなわち f_c は有理数 k/m(k/m は既約)でなければならない.そのときの基本周期は $N=m$.

6. $k/m=k'/m'$(既約有理数)とすれば,$2\pi Nk/m=2\pi Nk'/m'=2\pi k'$ でなければならない.したがって,$N=m'=m/\text{GCD}[k, m]$.

7. 偶関数を $g_e(t)$,奇関数を $g_o(t)$ とする.
$g(t)=g_e(t)\cdot g_e(t)$ のとき,$g(-t)=g_e(-t)\cdot g_e(-t)=g_e(t)\cdot g_e(t)=g(t)$ より $g(t)$ は偶関数.
$g(t)=g_o(t)\cdot g_o(t)$ のとき,$g(-t)=g_o(-t)\cdot g_o(-t)=g_o(t)\cdot g_o(t)=g(t)$ より $g(t)$ は偶関数.
$g(t)=g_e(t)\cdot g_o(t)$ のとき,$g(-t)=g_e(-t)\cdot g_o(-t)=-g_e(t)\cdot g_o(t)=-g(t)$ より $g(t)$ は奇関数.

8. $g_e(-t)=\{g(-t)+g(t)\}/2=g_e(t)$ より $g_e(t)$ は偶関数.
$g_o(-t)=\{g(-t)-g(t)\}/2=-g_o(t)$ より $g_o(t)$ は奇関数.

9. $g_e(t)=\dfrac{1}{2}\{g(t)+g(-t)\}=\dfrac{a_0}{2}\{e^{-at}\mathrm{u}(t)+e^{at}\mathrm{u}(-t)\}$

$g_o(t)=\dfrac{1}{2}\{g(t)-g(-t)\}=\dfrac{a_0}{2}\{e^{-at}\mathrm{u}(t)-e^{at}\mathrm{u}(-t)\}$

$g_e(t)$ および $g_o(t)$ を**解図 2** に示す.

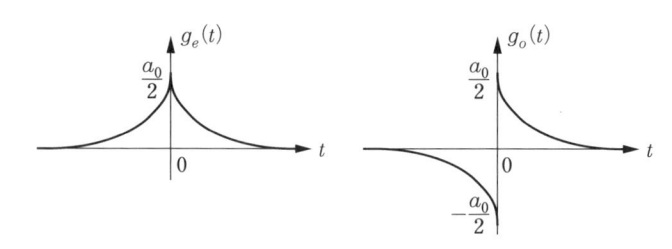

解図 2

10. $g_e(n)=\{\mathrm{u}(n)+\mathrm{u}(-n)\}/2=\begin{cases} 1 & \cdots\cdots \quad n=0 \\ 1/2 & \cdots\cdots \quad n\neq 0 \end{cases}$

$g_o(n)=\{\mathrm{u}(n)-\mathrm{u}(-n)\}/2=\begin{cases} 1/2 & \cdots\cdots \quad n>0 \\ 0 & \cdots\cdots \quad n=0 \\ -1/2 & \cdots\cdots \quad n<0 \end{cases}$

演 習 問 題 略 解 　　*261*

$g_e(n)$ および $g_o(n)$ を**解図 3** に示す。

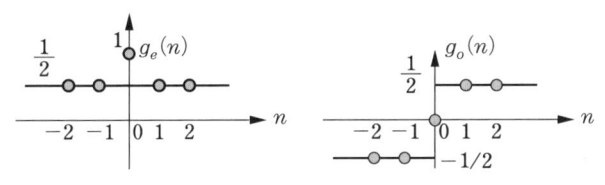

解図 3

11. （a） $E = \lim\limits_{L \to \infty}\int_{-L/2}^{L/2}\left|e^{-t}\mathrm{u}(t)\right|^2 dt = \lim\limits_{L \to \infty}\int_0^{L/2} e^{-2t}dt = 1/2$

    （b） 基本周期は $T = 2\pi$ である。
    $$P = \frac{1}{2\pi}\int_0^{2\pi}|A\sin 2t + B\cos 3t|^2 dt = \frac{1}{2}(|A|^2+|B|^2)$$

    （c） $E = \lim\limits_{N \to \infty}\sum\limits_{n=-N}^{N}|2^{-n}\mathrm{u}(n)|^2 = \lim\limits_{N \to \infty}\sum\limits_{n=0}^{N}2^{-4n} = 16/15$

    （d） $P = \lim\limits_{M \to \infty}\frac{1}{2M+1}\sum\limits_{n=-M}^{M}|\cos(n/N)+\sin(n/N)|^2$
    $= \lim\limits_{M \to \infty}\frac{1}{2M+1}\sum\limits_{n=-M}^{M}\{1+\sin(2n/N)\} = 1$

12. （a） $x(t)\otimes y(t) = \int_{-\infty}^{\infty}x(\tau)y(t-\tau)d\tau = \int_{+\infty}^{-\infty}y(u)x(t-u)(-du)$
    $= \int_{-\infty}^{\infty}y(u)x(t-u)du = y(t)\otimes x(t)$

    （b） $x(t)\otimes y(t)\otimes z(t) = \int_{-\infty}^{\infty}\int_{-\infty}^{\infty}x(\tau)y(u-\tau)z(t-u)d\tau du$
    $= \int_{-\infty}^{\infty}[x(u)\otimes y(u)]z(t-u)du = [x(t)\otimes y(t)]\otimes z(t)$

    上式で $u-\tau = v$ とおけば
    $$\int_{-\infty}^{\infty}\int_{-\infty}^{\infty}x(\tau)y(u-\tau)z(t-u)d\tau du = \int_{-\infty}^{\infty}x(\tau)\int_{-\infty}^{\infty}y(v)z(t-\tau-v)dvd\tau$$
    $= \int_{-\infty}^{\infty}x(\tau)[y(t-\tau)\otimes z(t-\tau)]d\tau$
    $= x(t)\otimes[y(t)\otimes z(t)]$

    （c） $x(t)\otimes[y(t)+z(t)] = \int_{-\infty}^{\infty}x(\tau)[y(t-\tau)+z(t-\tau)]d\tau$
    $= \int_{-\infty}^{\infty}x(\tau)y(t-\tau)d\tau + \int_{-\infty}^{\infty}x(\tau)z(t-\tau)d\tau$
    $= x(t)\otimes y(t) + x(t)\otimes z(t)$

13. $x(t), y(t)$ をエネルギー信号とすれば，相互相関関数の定義より

$$R_{xy}(\tau) = \int_{-\infty}^{\infty} x(t)y(t+\tau)dt$$

ここで，$t+\tau = u$ とおけば

$$R_{xy}(\tau) = \int_{-\infty}^{\infty} y(u)x(u-\tau)du = R_{yx}(-\tau)$$

14. エネルギー信号を仮定する（電力信号でも同じ）。

一般的に $I = \int_{-\infty}^{\infty} [x(t)-x(t+\tau)]^2 dt \geqq 0$ が成立する。したがって

$$I = \int_{-\infty}^{\infty} [x^2(t)-2x(t)x(t+\tau)+x^2(t+\tau)]dt = 2\{R_{xx}(0)-R_{xx}(\tau)\} \geqq 0$$

より

$$R_{xx}(0) \geqq R_{xx}(\tau)$$

また，$R_{xx}(-\tau) = \int_{-\infty}^{\infty} x(t)x(t-\tau)dt = \int_{-\infty}^{\infty} x(u+\tau)x(u)du = R_{xx}(\tau)$。

15. $z(t) = x(t)+y(t)$ のとき

$$R_{zz}(\tau) = \int_{-\infty}^{\infty} \{x(t)+y(t)\}\{x(t+\tau)+y(t+\tau)\}dt$$

$$= \int_{-\infty}^{\infty} x(t)x(t+\tau)dt + \int_{-\infty}^{\infty} y(t)y(t+\tau)dt + \int_{-\infty}^{\infty} x(t)y(t+\tau)dt$$

$$+ \int_{-\infty}^{\infty} y(t)x(t+\tau)dt$$

$$= R_{xx}(\tau) + R_{yy}(\tau) + R_{xy}(\tau) + R_{yx}(\tau)$$

16. $R_{xy}(-\tau) = \int_{-\infty}^{\infty} x^*(t)y(t-\tau)dt = \int_{-\infty}^{\infty} y(u)x^*(u+\tau)du$

$$= \left[\int_{-\infty}^{\infty} y^*(u)x(u+\tau)du\right]^* = R_{yx}{}^*(\tau)$$

したがって

$$R_{xy}(\tau) = R_{yx}{}^*(-\tau)$$

2章

1. 解表1
2. 解表2
3. （a） $y(t) = x(t) \otimes h(t) = \int_{-\infty}^{\infty} e^{-2\tau}\mathrm{u}(\tau)e^{-(t-\tau)}\mathrm{u}(t-\tau)d\tau$。

$t \geqq 0$ のとき，$y(t) = \int_0^t e^{-(\tau+t)}d\tau = e^{-t}(1-e^{-t})$。$t < 0$ のとき，$y(t) = 0$。したがって，$y(t) = e^{-t}(1-e^{-t})\mathrm{u}(t)$。

（b） （a）と同様に，$y(t) = \int_0^t \tau e^{-(\tau+t)}d\tau = e^{-t}\{1-(t+1)e^{-t}\}\mathrm{u}(t)$。

演習問題略解　　263

解表1

システム		線形性	時不変性	記憶性	因果性
(a)	$y(t) = 2x(t)+3$	非線形	時不変	無記憶	因果的
(b)	$y(t) = 2x^2(t)+3x(t)$	非線形	時不変	無記憶	因果的
(c)	$y(t) = Ax(t)$	線形	時不変	無記憶	因果的
(d)	$y(t) = A \cdot t \cdot x(t)$	線形	時変	無記憶	因果的
(e)	$y(t) = x(t+5)$	線形	時不変	記憶	非因果的
(f)	$y(t) = \begin{cases} x(t) & \cdots\cdots t \geq 0 \\ -x(t) & \cdots\cdots t < 0 \end{cases}$	線形	時不変	無記憶	因果的
(g)	$y(t) = \int_{-\infty}^{t} x(\tau)d\tau$	線形	時不変	記憶	因果的
(h)	$y(t) = \int_{0}^{t} x(\tau)d\tau$	線形	時変	記憶	因果的
(i)	$y(t) = e^{x(t)}$	非線形	時不変	無記憶	因果的
(j)	$y(t) = x(t)x(t-2)$	非線形	時不変	記憶	因果的

解表2

システム		線形性	時不変性	記憶性	因果性
(a)	$y(n) = n \cdot x(n)$	線形	時変	無記憶	因果的
(b)	$y(n) = n \cdot x(n)+1$	非線形	時変	無記憶	因果的
(c)	$y(n) = x(n-1)$	線形	時不変	記憶	因果的
(d)	$y(n) = x(n) \cdot x(n-1)$	非線形	時不変	記憶	因果的
(e)	$y(n) = x(n)+2x(n+1)$	線形	時不変	記憶	非因果的
(f)	$y(n) = \log x(n)$	非線形	時不変	無記憶	因果的
(g)	$y(n) = \exp[-x(n)]$	非線形	時不変	無記憶	因果的
(h)	$y(n) = \cos[x(n)]$	非線形	時不変	無記憶	因果的
(i)	$y(n) = \sum_{k=0}^{\infty} x(k)$	線形	時変	記憶	因果的
(j)	$y(n) = \sum_{k=0}^{n} x(k)$	線形	時変	記憶	因果的

(c) $y(t) = \int_{-\infty}^{\infty} \sin \tau \cdot e^{-(t-\tau)} \mathrm{u}(t-\tau)d\tau = e^{-t} \int_{-\infty}^{t} e^{\tau} \sin \tau \, d\tau$

$= (\sin t - \cos t)/2$

(d) $t \geq 0$ のとき，$y(t) = \int_{0}^{t} e^{-\tau}d\tau = 1-e^{-t}$．$t<0$ のとき，$y(t) = 0$。
したがって，$y(t) = (1-e^{-t})\mathrm{u}(t)$。

(e) $y(t) = \int_{-\infty}^{\infty} \mathrm{rect}(\tau)\mathrm{rect}(t-\tau)d\tau = \begin{cases} 1-|t| & \cdots\cdots |t| \leq 1 \\ 0 & \cdots\cdots |t| > 1 \end{cases}$

4. (a) $y(n) = x(n) \otimes h(n) = \sum_{k=-\infty}^{\infty} \{\delta(k)+\delta(k-1)\}2^{-(n-k)}\mathrm{u}(n-k)$

$$= \sum_{k=-\infty}^{n} \{\delta(k)+\delta(k-1)\}\, 2^{-(n-k)} = \begin{cases} 2^{-n}+2^{-n+1} & \cdots\cdots \quad n \geq 1 \\ 1 & \cdots\cdots \quad n = 0 \\ 0 & \cdots\cdots \quad n \leq -1 \end{cases}$$

（b） $y(n) = \sum_{k=-\infty}^{\infty} \{\delta(k)+2^{-k}\mathrm{u}(k)\}\mathrm{u}(n-k) = \mathrm{u}(n) + \sum_{k=0}^{n} 2^{-k}$

$$= \begin{cases} 3-2^{-n} & \cdots\cdots \quad n \geq 0 \\ 0 & \cdots\cdots \quad n \leq -1 \end{cases}$$

（c） $y(n) = \sum_{k=-\infty}^{\infty} x(k)\mathrm{u}(n-k) = \begin{cases} 0 & \cdots\cdots \quad n \leq -1 \\ n+1 & \cdots\cdots \quad 0 \leq n \leq 4 \\ 5 & \cdots\cdots \quad n \geq 5 \end{cases}$

（d） $h(n) = \mathrm{u}(n) - \mathrm{u}(n-3) = \mathrm{rect}\left(\dfrac{n-1}{3}\right)$ である。

$n \leq 0$ のとき，$y(n) = 0$。$0 \leq n \leq 2$ のとき，$y(n) = \sum_{k=0}^{n} k = n(n+1)/2$。

$n \geq 2$ のとき，$y(n) = \sum_{k=n-2}^{n} k = 3(n-1)$。まとめると

$$y(n) = \begin{cases} 0 & \cdots\cdots \quad n \leq 0 \\ 1 & \cdots\cdots \quad n = 1 \\ 3(n-1) & \cdots\cdots \quad n \geq 2 \end{cases}$$

（e） $n \leq 1$，$n \geq 7$ で $y(n) = 0$。$y(0) = y(6) = 1$，$y(1) = y(5) = -2$，$y(2) = y(4) = 3$，$y(3) = -4$。

5．（a） サブシステム $h_1(t)$ の出力：$z_1(t) = x(t) \otimes h_1(t)$
サブシステム $h_3(t)$ の出力：$z_2(t) = y(t) \otimes h_3(t)$。また，$y(t) = \{z_1(t) - z_2(t)\} \otimes h_2(t)$。
したがって，$y(t) = \{x(t) \otimes h_1(t) - y(t) \otimes h_3(t)\} \otimes h_2(t)$ より

$$y(t) = \frac{x(t) \otimes h_1(t) \otimes h_2(t)}{1 + h_2(t) \otimes h_3(t)}, \quad h(t) = \frac{h_1(t) \otimes h_2(t)}{1 + h_2(t) \otimes h_3(t)}$$

（b） $t \geq 0$ において

$$h_1(t) \otimes h_2(t) = \int_{-\infty}^{\infty} e^{-\tau} \mathrm{u}(\tau) e^{-2(t-\tau)} \mathrm{u}(t-\tau) d\tau = e^{-2t} \int_{0}^{t} e^{\tau} d\tau$$
$$= e^{-2t}(e^t - 1)$$

同様に，$h_2(t) \otimes h_3(t) = \int_{-\infty}^{\infty} e^{-2\tau} \mathrm{u}(\tau) e^{-3(t-\tau)} d\tau = e^{-3t} \int_{0}^{t} e^{\tau} d\tau$
$$= e^{-3t}(e^t - 1)$$

したがって，$y(t) = h(t) = \dfrac{e^{-2t}(e^t - 1)}{1 + e^{-3t}(e^t - 1)}$。

6．（a） $h(n) = \{h_1(n) \otimes h_2(n) - h_3(n)\} \otimes h_4(n)$

演習問題略解 265

$$h_1(n) \otimes h_2(n) = \sum_{k=-\infty}^{\infty} 2^{-k} \mathrm{u}(k) 2^{-(n-k)} \mathrm{u}(n-k) = 2^{-n} \sum_{k=0}^{n} 1 = (n+1) 2^{-n} \mathrm{u}(n)$$

$$h(n) = \{(n+1)2^{-n} \mathrm{u}(n) - 3 \cdot 2^{-2n} \mathrm{u}(n)\} \otimes \mathrm{u}(n)$$
$$= \sum_{k=-\infty}^{\infty} \{(k+1)2^{-k} - 3 \cdot 2^{-2k}\} \mathrm{u}(k) \mathrm{u}(n-k) = \sum_{k=0}^{n} \{(k+1)2^{-k} - 3 \cdot 2^{-2k}\}$$
$$= \{2^{-2n} - (n+3)2^{-n}\} \mathrm{u}(n)$$

(b) $y(n) = \mathrm{u}(n) \otimes h(n) = \sum_{k=-\infty}^{\infty} \{2^{-2k} - (k+3)2^{-k}\} \mathrm{u}(k) \mathrm{u}(n-k)$

$$= \sum_{k=0}^{n} \{2^{-2k} - (k+3)2^{-k}\} = (n+5)2^{-n} - (2^{-2n} + 20)/3 \quad (n \geqq 0)$$

3章

1. $a_n = \dfrac{2}{T} \displaystyle\int_{-T/2}^{T/2} \sin 2\pi f_0 t \cdot \cos 2\pi n f_0 t \, dt = 0$

$b_n = \dfrac{2}{T} \displaystyle\int_{-T/2}^{T/2} \sin 2\pi f_0 t \cdot \sin 2\pi n f_0 t \, dt = \begin{cases} 1 & \cdots\cdots \quad n = 1 \\ 0 & \cdots\cdots \quad n \neq 1 \end{cases}$

したがって

$|c_n| = |c_{-n}| = \dfrac{\sqrt{a_n^2 + b_n^2}}{2} = \begin{cases} 1/2 & \cdots\cdots \quad n = 1 \\ 0 & \cdots\cdots \quad n \neq 1 \end{cases}$

$\arg[c_n] = -\arg[c_{-n}] = -\tan^{-1}(b_n/a_n)$ より　$\arg[c_n] = \pm \pi/2 \, (n = \mp 1)$

複素周波数スペクトル，振幅スペクトルおよび位相スペクトルを**解図4**に示す。

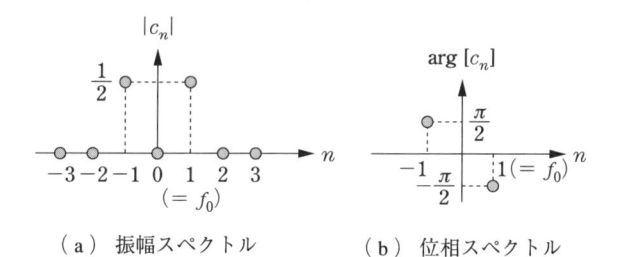

（a）振幅スペクトル　　　（b）位相スペクトル

解図4

2. $c_n = \dfrac{1}{T} \displaystyle\int_0^{T/2} \sin 2\pi f_0 t \cdot e^{-j2\pi n f_0 t} dt = \dfrac{\cos(n\pi/2)}{(1-n^2)\pi} e^{-jn\pi/2}$ より

$|c_n| = \left| \dfrac{\cos(n\pi/2)}{(1-n^2)\pi} \right| = \begin{cases} |1/(1-n^2)\pi| & \cdots\cdots \quad n : \text{even} \\ 0 & \cdots\cdots \quad n : \text{odd}, \, n \neq \pm 1 \\ 1/4 & \cdots\cdots \quad n = \pm 1 \end{cases}$

$$\arg[c_n] = \begin{cases} -n\pi/2 & \cdots\cdots \quad n : \text{even}, \ n = \pm 1 \\ 不定 & \cdots\cdots \quad n : \text{odd}, \ n \neq \pm 1 \end{cases}$$

3. 図 3.9（a）の信号は

$g(t) = 1 - 4|t|/T \ (|t| \leq T/2)$ より

$$c_n = \frac{1}{T}\int_{-T/2}^{T/2} g(t) e^{-j2\pi nt/T} dt = \begin{cases} 0 & \cdots\cdots \quad n : \text{even} \\ 4/(n\pi)^2 & \cdots\cdots \quad n : \text{odd} \end{cases}$$

したがって, $g(t) = \sum\limits_{\substack{n=1 \\ n:\text{odd}}}^{\infty} \dfrac{8}{(n\pi)^2} \cos 2\pi nt/T$。また, $|c_n| = c_n,\ \arg[c_n] = \begin{cases} 不定 & \cdots\cdots \ n : \text{even} \\ 0 & \cdots\cdots \ n : \text{odd} \end{cases}$ である。

図 3.9（b）の信号は, 図 3.9（a）の信号を $T/4$ シフトした信号で, $g(t - T/4)$ で表される。したがって, 複素フーリエ係数 d_n は次式で与えられる。

$$d_n = c_n e^{-j2\pi n f_0 T/4} = c_n e^{-jn\pi/2} = (-j)^n c_n$$

したがって, $g(t - T/4) = \sum\limits_{\substack{n=1 \\ n:\text{odd}}}^{\infty} \dfrac{(-1)^{(n+1)/2} \cdot 8}{(n\pi)^2} \sin 2\pi nt/T$

また, $|d_n| = c_n,\ \arg[d_n] = \begin{cases} 不定 & \cdots\cdots \quad n : \text{even} \\ \mathrm{sgn}(n)(-1)^{(n+1)/2}\pi/2 & \cdots\cdots \quad n : \text{odd} \end{cases}$ である。

4. $g(t)$ は偶関数であるから $b_n = 0$。

$$a_0 = \frac{1}{\pi}\int_{-\pi}^{\pi} t^2 dt = \frac{2\pi^2}{3} \qquad a_n = \frac{1}{\pi}\int_{-\pi}^{\pi} t^2 \cos nt \, dt = \frac{(-1)^n 4}{n^2} \ (n \neq 0)$$

したがって, $g(t) = \dfrac{\pi^2}{3} + 4\sum\limits_{n=1}^{\infty} \dfrac{(-1)^n}{n^2} \cos nt$。

上式に $t = \pi$ を代入して, $\pi^2 = \dfrac{\pi^2}{3} + 4\sum\limits_{n=1}^{\infty} \dfrac{1}{n^2}$ より $\sum\limits_{n=1}^{\infty} \dfrac{1}{n^2} = \dfrac{\pi^2}{6}$。

また, $t = 0$ を代入すると, $0 = \dfrac{\pi^2}{3} + 4\sum\limits_{n=1}^{\infty} \dfrac{(-1)^n}{n^2}$ より $\sum\limits_{n=1}^{\infty} \dfrac{(-1)^{n+1}}{n^2} = \dfrac{\pi^2}{12}$。

5. 式（3.25）より, $\tau/T = 1/2$ のとき, 矩形パルス列 $g(t)$ の複素フーリエ係数は

$$c_n = \frac{\sin n\pi/2}{n\pi}$$

したがって

$$\sum_{n=-\infty}^{\infty} |c_n|^2 = \frac{1}{4} + \sum_{\substack{n=-\infty \\ n \neq 0}}^{\infty} \left(\frac{1}{n\pi}\right)^2 = \frac{1}{4} + \frac{2}{\pi^2}\sum_{n=1}^{\infty} \frac{1}{(2n-1)^2}$$

これと, $\dfrac{1}{T}\int_{-T/2}^{T/2} |g(t)|^2 dt = \tau/T = 1/2$ が等しいことから, $\sum\limits_{n=1}^{\infty} \dfrac{1}{(2n-1)^2} = \dfrac{\pi^2}{8}$。

6. （a） $c_n = \dfrac{1}{T}\int_{-T/2}^{T/2} \delta(t) e^{-j2\pi nt/T} dt = \dfrac{1}{T}$ より

$$g_1(t) = \frac{1}{T}\sum_{n=-\infty}^{\infty} e^{j2\pi nt/T} = \frac{1}{T} + \frac{2}{T}\sum_{n=1}^{\infty} \cos \frac{2\pi nt}{T}$$

（b）　$c_n = \dfrac{1}{T}\displaystyle\int_{-T/2}^{T/2}\{\delta(t+T/4)-\delta(t-T/4)\}e^{-j2\pi nt/T}dt$

$= \dfrac{1}{T}(e^{jn\pi/2}-e^{-jn\pi/2}) = j\dfrac{2}{T}\sin\dfrac{n\pi}{2}$

より　$g_2(t) = j\dfrac{2}{T}\displaystyle\sum_{n=-\infty}^{\infty}\sin\dfrac{n\pi}{2}e^{j2\pi nt/T} = \dfrac{4}{T}\sum_{\substack{n=1\\n:\text{odd}}}^{\infty}(-1)^{(n+1)/2}\sin\dfrac{2\pi nt}{T}$ 。

7．式 (3.26) を t で微分すると，$g'(t) = -\dfrac{2n\pi}{T}\cdot\dfrac{2\tau}{T}\displaystyle\sum_{n=1}^{\infty}\dfrac{\sin \pi n\tau/T}{\pi n\tau/T}\sin\dfrac{2\pi nt}{T}$ 。

$\tau/T = 1/2$ のとき

$$g'(t) = -\dfrac{4}{T}\sum_{n=1}^{\infty}\sin\dfrac{n\pi}{2}\cdot\sin\dfrac{2\pi nt}{T} = \dfrac{4}{T}\sum_{\substack{n=1\\n:\text{odd}}}^{\infty}(-1)^{(n+1)/2}\sin\dfrac{2\pi nt}{T} = g_2(t)$$

$g'(t)$ の複素フーリエ係数を d_n とする。$g(t)$ は区分的に連続であるから

$g(-T/2) = g(T/2)$

これより

$$d_n = \dfrac{1}{T}\int_{-T/2}^{T/2}g'(t)e^{-j2\pi nf_0 t}\,dt = \dfrac{1}{T}[g(t)e^{-j2\pi nf_0 t}]_{-T/2}^{T/2}$$

$$+ j2\pi nf_0\cdot\dfrac{1}{T}\int_{-T/2}^{T/2}g(t)e^{-j2\pi nf_0 t}dt = j2\pi nf_0\cdot c_n$$

すなわち，$g'(t)$ の複素フーリエ係数は，$g(t)$ の複素フーリエ係数 c_n に $j2\pi nf_0$ を乗算したものとなる。これより

$$g'(t) = \sum_{n=-\infty}^{\infty}d_n e^{j2\pi nf_0 t} = j2\pi f_0\sum_{n=-\infty}^{\infty}nc_n e^{j2\pi nf_0 t}$$

が成立する。

8．周期 2π の鋸歯状波 $g_1(t)$ の複素フーリエ係数 c_n は，3.2 節の例題 3.2 の結果から

$$c_n = \begin{cases} 0 & \cdots\cdots \quad n=0 \\ j\dfrac{2\cos n\pi}{n} & \cdots\cdots \quad n\neq 0 \end{cases}$$

したがって，$g_1(t) = j2\displaystyle\sum_{\substack{n=-\infty\\n\neq 0}}^{\infty}\dfrac{\cos n\pi}{n}e^{jnt} = 4\sum_{n=1}^{\infty}\dfrac{(-1)^{n+1}}{n}\sin nt$ 。

上式より

$$g_2(t) = \int_0^t g_1(\tau)d\tau = 4\sum_{n=1}^{\infty}\dfrac{(-1)^{n+1}}{n}\int_0^t \sin n\tau\,d\tau = 4\sum_{n=1}^{\infty}\dfrac{(-1)^{n+1}}{n}\left(\dfrac{1}{n}-\dfrac{\cos nt}{n}\right)$$

ここで，$\displaystyle\sum_{n=1}^{\infty}\dfrac{(-1)^{n+1}}{n^2} = \dfrac{\pi^2}{12}$ より，上式は $g_2(t) = \dfrac{\pi^2}{3} + 4\displaystyle\sum_{n=1}^{\infty}\dfrac{(-1)^n}{n^2}\cos nt$ となり，問題 4 の結果と一致する。

$g_1(t) = \sum_{n=-\infty}^{\infty} c_n e^{j2\pi n f_0 t}$ が基本周期 $T\ (=1/f_0)$ のとき，$g_2(t) = \int_0^t g_1(x)dx - c_0 t$ も T を基本周期とする周期関数である。なぜならば

$$g_2(t+T) = \int_0^{t+T} g_1(x)dx - c_0(t+T) = \int_0^T g_1(x)dx + \int_T^{t+T} g_1(x)dx$$
$$- c_0(t+T)$$
$$= c_0 T + \int_0^t g_1(x)dx - c_0(t+T) = g_2(t)$$

したがって，$g_2(t) = \sum_{n=-\infty}^{\infty} d_n e^{j2\pi n f_0 t}$ と表すことができる。

ここで，$\dfrac{dg_2(t)}{dt} = g_1(t) - c_0 = \sum_{\substack{n=-\infty \\ n\neq 0}}^{\infty} c_n e^{j2\pi n f_0 t}$ である。一方，問題 7. で示した微分の性質から $\dfrac{dg_2(t)}{dt} = j2\pi f_0 \sum_{n=-\infty}^{\infty} n \cdot d_n e^{j2\pi n f_0 t}$ が成立する。したがって，$d_n = \dfrac{c_n}{j2\pi n f_0}\ (n\neq 0)$ である。これより題意が成立する。

9. $g_1(t)$ の信号を N 次までの高調波で近似したときの MSE は

$$\overline{\varepsilon_N^2} = \sum_{|n|>N}^{\infty} |c_n|^2 = 8\sum_{n>N}^{\infty} \frac{\cos^2 n\pi}{n^2} = 8\sum_{n>N}^{\infty} \frac{1}{n^2}$$

したがって

$$\overline{\varepsilon_3^2} = 8\left(\sum_{n=1}^{\infty} \frac{1}{n^2} - \sum_{n=1}^{3} \frac{1}{n^2}\right) = 8\left(\frac{\pi^2}{6} - 1 - \frac{1}{2^2} - \frac{1}{3^2}\right) \approx 2.27$$

同様にして，$\overline{\varepsilon_5^2} \approx 1.45$。一方，$g_2(t)$ のフーリエ係数は，$d_n = \dfrac{2\cos n\pi}{n^2}$。$N$ 次までの高調波で近似したときの MSE は，$\overline{\varepsilon_N^2} = \sum_{|n|>N}^{\infty} |d_n|^2 = 8\sum_{n>N}^{\infty} \dfrac{1}{n^4}$。

したがって

$$\overline{\varepsilon_3^2} = 8\left(\sum_{n=1}^{\infty} \frac{1}{n^4} - \sum_{n=1}^{3} \frac{1}{n^4}\right) = 8\left(\frac{\pi^4}{90} - 1 - \frac{1}{2^4} - \frac{1}{3^4}\right) \approx 0.0598$$

同様にして，$\overline{\varepsilon_5^2} \approx 0.0158$。

10. 回路に流れる電流を $i(t)$ とすれば，キルヒホッフの電圧則から

$$g(t) = L\frac{di(t)}{dt} + Ri(t)$$

ここで，入力信号を $g(t) = e^{j2\pi ft}$，伝達関数を $H(f)$ とすれば

$$i(t) = \frac{y(t)}{R} = \frac{H(f)e^{j2\pi ft}}{R}, \quad \frac{di(t)}{dt} = \frac{j2\pi f\, H(f)e^{j2\pi ft}}{R}$$

これらを上式に代入して

$$H(f) = \frac{1}{1+j2\pi fL/R}$$

∴ $|H(f)| = \dfrac{1}{\sqrt{1+(2\pi fL/R)^2}} e^{j\theta(f)}$, $\theta(f) = -\tan^{-1}(2\pi fL/R)$

したがって，$y(t) = \dfrac{2}{\sqrt{1+(L/R)^2}} \cos(t+\theta_1) + \dfrac{4}{\sqrt{1+(2L/R)^2}} \sin(2t+\theta_2)$

ただし，$\theta_1 = -\tan^{-1}(L/R)$, $\theta_2 = -\tan^{-1}(2L/R)$。

4章

1. （a） $G(f) = \dfrac{1}{T}\displaystyle\int_{-T/2}^{T/2} e^{-j2\pi ft} dt = \dfrac{2}{T}\int_0^{T/2} \cos 2\pi ft\, dt = \dfrac{\sin \pi fT}{\pi fT} = \mathrm{sinc}(fT)$

   （b） $G_2(f) = \displaystyle\int_{-\infty}^{\infty} g(t-T/2)e^{-2j\pi ft} dt = G(f)e^{-j\pi fT}$

   （c） $G_3(f) = \displaystyle\int_{-\infty}^{\infty} g(2t)e^{-j2\pi ft} dt = \dfrac{1}{2}G(f/2)$

   （d） $X(f) = \displaystyle\int_{-\infty}^{\infty} x(t)e^{-j2\pi ft} dt = G(f)e^{j\pi fT} - G(f)e^{-j\pi fT} = j\,2\sin \pi fT \cdot G(f)$

   （e） $Y(f) = \displaystyle\int_{-\infty}^{\infty}\left[\int_{-\infty}^{t} x(\tau)d\tau\right] e^{-j2\pi ft} dt = \dfrac{1}{j2\pi f}X(f) + \dfrac{1}{2}X(0)\delta(f)$

   $= T\dfrac{\sin \pi fT}{\pi fT} G(f) = T\Bigl(\dfrac{\sin \pi fT}{\pi fT}\Bigr)^2 = T\,\mathrm{sinc}^2(fT)$

   （f） $y(t) = g(t) \otimes Tg(t)$ より
   $Y(f) = G(f) \cdot TG(f) = TG^2(f)$

2. （a） $G_1(f) = 2\displaystyle\int_0^{T/2} \cos \pi t/T \cos 2\pi ft\, dt = \dfrac{1}{\pi}\dfrac{2T\cos \pi fT}{1-(2fT)^2}$

   （b） $g_2(t) = g_1(t-T/2)$ より $G_2(f) = G_1(f)e^{-j\pi fT}$

   （c） $g_3(t) = g_2(t) - g_1(t+T/2)$ より
   $G_3(f) = G_2(f) - G_1(f)e^{j\pi fT} = G_1(f)(e^{-j\pi fT} - e^{j\pi fT}) = -j\,2G_1(f)\sin \pi fT$

3. （a） $G(f) = \displaystyle\int_{-\infty}^{\infty} e^{-a|t|} e^{-j2\pi ft} dt = \int_{-\infty}^{0} e^{(a-j2\pi f)t} dt + \int_0^{\infty} e^{-(a+j2\pi f)t} dt$

   $= \dfrac{2a}{a^2+(2\pi f)^2}$

   （b） （a）の結果から $\displaystyle\int_{-\infty}^{\infty} \dfrac{2a}{a^2+(2\pi f)^2} e^{j2\pi ft} df = e^{-a|t|}$。

ここで，$2\pi f$ と t を置換すれば

$$\int_{-\infty}^{\infty} \dfrac{2a}{a^2+t^2} e^{j2\pi ft}\dfrac{1}{2\pi} dt = \dfrac{a}{\pi}\int_{-\infty}^{\infty} \dfrac{1}{a^2+t^2} e^{j2\pi ft} dt = e^{-a|2\pi f|}$$

したがって，$\displaystyle\int_{-\infty}^{\infty} \dfrac{1}{a^2+t^2} e^{-j2\pi ft} dt = \dfrac{\pi}{a}e^{-a|-2\pi f|} = \dfrac{\pi}{a}e^{-2\pi a|f|}$。

4. （a） $\int_{-\infty}^{\infty} \exp(-ax^2)dx = \sqrt{\dfrac{\pi}{a}}$ （$a>0$）の公式を用いる。

$$\mathcal{F}[\exp(-at^2)] = \int_{-\infty}^{\infty} \exp(-at^2 - j2\pi ft)dt$$

$$= \exp[-(\pi f)^2/a]\int_{-\infty}^{\infty} \exp[-a(t+j\pi f/a)^2]dt$$

$$= \exp[-(\pi f)^2/a]\int_{-\infty}^{\infty} \exp(-au^2)du = \sqrt{\dfrac{\pi}{a}}\exp\left[-\dfrac{(\pi f)^2}{a}\right]$$

（b） $g_1(t) \leftrightarrow \exp[-2\sigma_1^2(\pi f)^2]$, $g_2(t) \leftrightarrow \exp[-2\sigma_2^2(\pi f)^2]$ より
$g_3(t) = g_1(t) \otimes g_2(t) \leftrightarrow \exp[-2(\sigma_1^2 + \sigma_2^2)(\pi f)^2]$
したがって，題意が成立する。

5. （a） $g(t)$ が実関数，複素関数にかかわらず次式が成立する。

$$\mathcal{F}[g(-t)] = \int_{-\infty}^{\infty} g(-t)e^{-j2\pi ft}dt = \int_{-\infty}^{\infty} g(u)e^{j2\pi fu}du$$

$$= G(-f)$$

特に $g(t)$ が実関数の場合，$g^*(t) = g(t)$ より

$$\mathcal{F}[g(-t)] = \left[\int_{-\infty}^{\infty} g(u)e^{-j2\pi fu}du\right]^* = G^*(f)$$

（b） $g(t)$ は実関数であるから，$g(t) \leftrightarrow G(f)$, $g(-t) \leftrightarrow G^*(f)$。したがって

$$\mathcal{F}[g_e(t)] = \dfrac{G(f) + G^*(f)}{2} = \mathrm{Re}[G(f)]$$

（c） （b）と同様，$\mathcal{F}[g_o(t)] = \dfrac{G(f) - G^*(f)}{2} = j\,\mathrm{Im}[G(f)]$。

（d） $\mathcal{F}[g^*(t)] = \int_{-\infty}^{\infty} g^*(t)e^{-j2\pi ft}dt = \left[\int_{-\infty}^{\infty} g(t)e^{j2\pi ft}dt\right]^* = G^*(-f)$

（e） $\mathcal{F}[g^*(-t)] = \int_{-\infty}^{\infty} g^*(-t)e^{-j2\pi ft}dt = \left[\int_{-\infty}^{\infty} g(x)e^{-j2\pi fx}dx\right]^* = G^*(f)$

（f） $\mathrm{Re}[g(t)] \leftrightarrow \mathcal{F}\left[\dfrac{g(t) + g^*(t)}{2}\right] = \dfrac{G(f) + G^*(-f)}{2}$

（g） $\mathrm{Im}[g(t)] \leftrightarrow \mathcal{F}\left[\dfrac{g(t) - g^*(t)}{j2}\right] = \dfrac{G(f) - G^*(-f)}{j2}$

6. （a） $H(f) = \mathcal{F}[e^{-at}\mathrm{u}(t)] = \dfrac{1}{a + j2\pi f}$

（b） $X(f) = \mathcal{F}[\cos 2\pi f_0 t] = \dfrac{1}{2}\{\delta(f - f_0) + \delta(f + f_0)\}$

（c） $Y(f) = X(f)H(f) = \dfrac{1}{2}\left\{\dfrac{1}{a + j2\pi f_0}\delta(f - f_0) + \dfrac{1}{a - j2\pi f_0}\delta(f + f_0)\right\}$

（d） $y(t) = \mathcal{F}^{-1}[Y(f)] = \dfrac{1}{2}\left(\dfrac{e^{j2\pi f_0 t}}{a + j2\pi f_0} + \dfrac{e^{-j2\pi f_0 t}}{a - j2\pi f_0}\right)$

$$= \frac{a\cos 2\pi f_0 t + 2\pi f_0 \sin 2\pi f_0 t}{a^2 + (2\pi f_0)^2}$$

7. （a） $H(f) = \dfrac{1}{\sqrt{1+(2\pi f)^2}} e^{j\theta(f)}$, $\theta(f) = -\tan^{-1}(2\pi f)$

（b） $y(t) = \dfrac{1}{\sqrt{2}} \cos(t - \pi/4) + \dfrac{1}{\sqrt{17}} \cos(4t - \tan^{-1} 4)$

8. $X(f) = \dfrac{\sin \pi fT}{\pi fT} = \mathrm{sinc}(fT)$。 $M(f) = \dfrac{1}{2}\{\delta(f-f_c) + \delta(f+f_c)\}$ より

$$Y(f) = X(f) \otimes M(f) = \frac{1}{2}\mathrm{sinc}[(f-f_c)T] + \frac{1}{2}\mathrm{sinc}[(f+f_c)T]$$

9. 孤立三角波を $g(t)$ とすれば

$$g(t) \leftrightarrow G(f) = 2\int_0^{T/2}(1-2t/T)\cos 2\pi ft\,dt = \frac{T}{2}\left(\frac{\sin \pi fT/2}{\pi fT/2}\right)^2$$

$$= \frac{T}{2}\mathrm{sinc}^2(fT/2)$$

$g_p(t)$ は $g(t)$ を母関数とする周期関数であるから，ポアソンの和公式により

$$g_p(t) = \frac{1}{T}\sum_{n=-\infty}^{\infty} G\left(\frac{n}{T}\right) e^{j2\pi nt/T}$$

したがって

$$G_p(f) = \frac{1}{2}\sum_{n=-\infty}^{\infty} \mathrm{sinc}^2(n/2)\delta(f-n/T) = \frac{1}{2}\delta(f) + 2\sum_{\substack{n:\,\mathrm{odd}\\ n \neq 0}}\left(\frac{1}{n\pi}\right)^2 \delta(f-n/T)$$

10. 2信号 $x(t)$, $y(t)$ が複素時間関数の場合，相互相関関数は次式で定義される。

$$R_{xy}(\tau) = \int_{-\infty}^{\infty} x^*(t)y(t+\tau)dt$$

上式で $t+\tau = u$ とおいて変形すると，つぎの関係（複素鏡像）が成立する。

$$R_{xy}(\tau) = \int_{-\infty}^{\infty} y(u)x^*(u-\tau)du = \left[\int_{-\infty}^{\infty} y^*(u)x(u-\tau)du\right]^* = R_{yx}^*(-\tau)$$

$R_{xy}(\tau)$ をフーリエ変換すれば

$$\mathcal{F}[R_{xy}(\tau)] = \int_{-\infty}^{\infty}\left[\int_{-\infty}^{\infty} x^*(t)y(t+\tau)dt\right]e^{-j2\pi f\tau}d\tau$$

$$= \left[\int_{-\infty}^{\infty} x(t)e^{-j2\pi ft}dt\right]^* \int_{-\infty}^{\infty} y(u)e^{-j2\pi fu}du = X^*(f)Y(f)$$

が得られる。また，$R_{xy}(\tau) = R_{yx}^*(-\tau)$ の関係から

$$\mathcal{F}[R_{xy}(\tau)] = \int_{-\infty}^{\infty} R_{yx}^*(-\tau)e^{-j2\pi f\tau}d\tau = \int_{-\infty}^{\infty} R_{yx}^*(u)e^{j2\pi fu}du$$

$$= \left[\int_{-\infty}^{\infty} R_{yx}(u)e^{-j2\pi fu}du\right]^* = \mathcal{F}^*[R_{yx}(\tau)]$$

相互エネルギースペクトルは，$x(t)$, $y(t)$ が実時間信号の場合と同じ形になる

(式 (4.56, 4.57))。

また，$x(t) = y(t)$ の場合，自己相関関数は $R_{xx}(\tau) = R_{xx}{}^*(-\tau)$，すなわち共役対称となる。また，そのフーリエ変換はエネルギースペクトルであり，次式で与えられる。

$$\mathscr{F}[R_{xx}(\tau)] = X^*(f)X(f) = |X(f)|^2$$

ただし，$R_{xx}(\tau)$ は複素関数であるから，一般的にエネルギースペクトルは偶関数にならない。これは $x(t), y(t)$ が実時間信号の場合と異なる点である。

11. （a） $R_{yy}(\tau) = \int_{-\infty}^{\infty} y(t)y(t+\tau)dt$, $y(t) = x(t) \otimes h(t) = \int_{-\infty}^{\infty} h(u)x(t-u)du$ より

$$R_{yy}(\tau) = \int_{-\infty}^{\infty}\int_{-\infty}^{\infty} h(u)x(t-u)du \int_{-\infty}^{\infty} h(v)x(t+\tau-v)dv dt$$

積分の順序を変更して，$\int_{-\infty}^{\infty} x(t-u)x(t+\tau-v)dt = R_{xx}(\tau+u-v)$ より

$$R_{yy}(\tau) = \int_{-\infty}^{\infty}\int_{-\infty}^{\infty} R_{xx}(\tau+u-v)h(u)h(v)dudv$$

ここで，$u-v = -w$ とおけば，$v = u+w, dv = dw$ より

$$R_{yy}(\tau) = \int_{-\infty}^{\infty} R_{xx}(\tau-w)\int_{-\infty}^{\infty} h(u)h(u+w)du dw = \int_{-\infty}^{\infty} R_{xx}(\tau-w)R_{hh}(w)dw$$
$$= R_{xx}(\tau) \otimes R_{hh}(\tau)$$

（b） $R_{yy}(\tau) = R_{xx}(\tau) \otimes R_{hh}(\tau)$ の両辺をフーリエ変換することで，$|Y(f)|^2 = |X(f)|^2|H(f)|^2$ が得られる。

5章

1. （a） $\mathscr{L}[-2] = \int_0^{\infty}(-2)e^{-st}dt = -2/s$, $\mathrm{Re}[s] > 0$

   （b） $\mathscr{L}[\delta(t-a)] = \int_0^{\infty}\delta(t-a)e^{-st}dt = \begin{cases} e^{-as} & \cdots\cdots & a \geq 0 \\ 0 & \cdots\cdots & a < 0 \end{cases}$, すべての s

   （c） $\mathscr{L}[(A+Be^{-bt})\mathrm{u}(t)] = \int_0^{\infty}(A+Be^{-bt})e^{-st}dt = \dfrac{A}{s} + \dfrac{B}{s+b}$, $\mathrm{Re}[s] > 0$

   と $\mathrm{Re}[s+b] > 0$ の共通領域

   （d） $\mathscr{L}[t^2\mathrm{u}(t)] = 2/s^3$, $\mathrm{Re}[s] > 0$

   （e），（f） $\mathscr{L}[t \cdot e^{j\omega_0 t}\mathrm{u}(t)] = \int_0^{\infty} t \cdot e^{-(s-j\omega_0)t}dt = \dfrac{1}{(s-j\omega_0)^2} = \dfrac{s^2-\omega_0^2}{(s^2+\omega_0^2)^2}$

$+ j\dfrac{2\omega_0 s}{(s^2+\omega_0^2)^2}$ より

$$\mathscr{L}[t\cos\omega_0 t \cdot \mathrm{u}(t)] = \dfrac{s^2-\omega_0^2}{(s^2+\omega_0^2)^2}, \ \mathrm{Re}[s] > 0$$

$\mathcal{L}[t\sin\omega_0 t\cdot\mathrm{u}(t)] = \dfrac{2\omega_0 s}{(s^2+\omega_0{}^2)^2}$, Re$[s]>0$

(g) $\mathcal{L}[\mathrm{rect}[(t-a)/2a]] = \mathcal{L}[\mathrm{u}(t)-\mathrm{u}(t-2a)] = \dfrac{1-e^{-2as}}{s}$, Re$[s]>0$

(h) $\mathcal{L}[Ae^{-at}\cos(\omega_0 t+\theta)\mathrm{u}(t)] = A\cos\theta\cdot\mathcal{L}[e^{-at}\cos\omega_0 t]$
$\qquad\qquad\qquad\qquad\qquad\qquad - A\sin\theta\cdot\mathcal{L}[e^{-at}\sin\omega_0 t]$

$\qquad\qquad\qquad\qquad = A\cos\theta\dfrac{s+a}{(s+a)^2+\omega_0{}^2}$

$\qquad\qquad\qquad\qquad\quad - A\sin\theta\dfrac{\omega_0}{(s+a)^2+\omega_0{}^2}$, Re$[s]>-a$

(i) $\mathcal{L}[\mathrm{u}(at)] = \displaystyle\int_0^\infty \mathrm{u}(at)e^{-st}dt = \dfrac{1}{a}\int_0^\infty \mathrm{u}(x)e^{-sx/a}dx = \dfrac{1}{s}$, Re$[s]>0$

(j) $g(t) = \dfrac{1}{2}(1-\cos 2\omega t)\mathrm{u}(t)$ としてからラプラス変換してもよいが，つぎのように積分の性質を利用することもできる。

$\mathcal{L}[dg(t)/dt\cdot\mathrm{u}(t)] = \mathcal{L}[\omega\sin 2\omega t\cdot\mathrm{u}(t)] = \dfrac{2\omega^2}{s^2+(2\omega)^2}$ より

$\mathcal{L}[g(t)] = \dfrac{1}{s}\dfrac{2\omega^2}{s^2+(2\omega)^2}$, Re$[s]>0$

2. (a) $\mathcal{L}^{-1}\left[\dfrac{s+2}{(s-2)(s+1)}\right] = \mathcal{L}^{-1}\left[\dfrac{4}{3(s-2)} - \dfrac{1}{3(s+1)}\right] = \dfrac{1}{3}(4e^{2t}-e^{-t})\mathrm{u}(t)$

(b) $\mathcal{L}^{-1}\left[\dfrac{s^2+8}{s(s^2+16)}\right] = \mathcal{L}^{-1}\left[\dfrac{1}{2s}+\dfrac{s}{2(s^2+16)}\right] = \dfrac{1}{2}(1+\cos 4t)\mathrm{u}(t)$

(c) $\mathcal{L}^{-1}\left[\dfrac{s^2}{s^2+3s+2}\right] = \mathcal{L}^{-1}\left[1-\dfrac{4}{s+2}+\dfrac{1}{s+1}\right] = \delta(t)+e^{-t}(1-4e^{-t})\mathrm{u}(t)$

(d) $\mathcal{L}^{-1}\left[\dfrac{1}{s^2+2s+5}\right] = \mathcal{L}^{-1}\left[\dfrac{1}{(s+1)^2+4}\right] = \dfrac{1}{2}e^{-t}\sin 2t\cdot\mathrm{u}(t)$

(e) $\mathcal{L}^{-1}\left[\dfrac{1}{s^2(s+1)}\right] = \mathcal{L}^{-1}\left[\dfrac{1}{s^2}-\dfrac{1}{s}+\dfrac{1}{s+1}\right] = (t-1+e^{-t})\mathrm{u}(t)$

(f) $\mathcal{L}^{-1}\left[\dfrac{(s+2)e^{-s}}{s^2+2s+1}\right] = \mathcal{L}^{-1}\left[\left\{\dfrac{1}{(s+1)^2}+\dfrac{1}{s+1}\right\}e^{-s}\right]$

$\qquad\qquad\qquad\qquad = (t+1)e^{-t}\mathrm{u}(t)\otimes\delta(t-1)$

$\qquad\qquad\qquad\qquad = \displaystyle\int_{-\infty}^\infty (\tau+1)e^{-\tau}\mathrm{u}(\tau)\delta(t-\tau-1)d\tau = te^{-(t-1)}\mathrm{u}(t-1)$

注) $e^{-s\tau}$ は τ の時間シフトを意味するから，$\mathcal{L}^{-1}\left[\dfrac{s+2}{s^2+2s+1}\right]$ から得た時間関数の t を $t-1$ に置き換えても同じ結果が得られる。

(g) $\mathcal{L}^{-1}\left[\dfrac{2(s^2+4s+4)}{(s^2+4)^2}\right] = \mathcal{L}^{-1}\left[\dfrac{4s}{(s^2+4)^2}+\dfrac{2}{s^2+4}\right] = (t+1)\sin 2t \cdot \mathrm{u}(t)$

3. (a) $\mathcal{L}[\mathrm{rect}[(t-a)/2a]] = (1-e^{-2as})/s$ より

$$\mathrm{rect}[(t-a)/2a]\otimes\mathrm{rect}[(t-a)/2a] = \mathcal{L}^{-1}\left[\left(\dfrac{1-e^{-2as}}{s}\right)^2\right]$$
$$= t\{\mathrm{u}(t)-2\mathrm{u}(t-2a)+\mathrm{u}(t-4a)\}$$

(b) $\mathcal{L}[e^{-bt}\mathrm{u}(t)] = \dfrac{1}{s+b}$, $\mathcal{L}[\mathrm{u}(t)] = \dfrac{1}{s}$ より

$$e^{-bt}\mathrm{u}(t)\otimes\mathrm{u}(t) = \mathcal{L}^{-1}\left[\dfrac{1}{s(s+b)}\right] = \dfrac{1}{b}(1-e^{-bt})\mathrm{u}(t)$$

(c) $\sin(at)\mathrm{u}(t)\otimes\cos(bt)\mathrm{u}(t) = \mathcal{L}^{-1}\left[\dfrac{as}{(s^2+a^2)(s^2+b^2)}\right]$
$$= \dfrac{a}{b^2-a^2}(\cos at - \cos bt)\mathrm{u}(t)$$

4. (a) 両辺をラプラス変換して，$sY(s)+5Y(s) = X(s)+2sX(s)$ より，$H(s) = \dfrac{Y(s)}{X(s)} = \dfrac{2s+1}{s+5}$。したがって，$h(t) = \mathcal{L}^{-1}[H(s)] = 2\delta(t)-9e^{-5t}\mathrm{u}(t)$。

(b) 同様に，$(s^2+4s+3)Y(s) = (2-3s)X(s)$ より $H(s) = \dfrac{-3s+2}{s^2+4s+3}$ となる。

したがって，$h(t) = \mathcal{L}^{-1}[H(s)] = \left(\dfrac{5}{2}e^{-t}-\dfrac{11}{2}e^{-3t}\right)\mathrm{u}(t)$。

5. (a) $v_i(t) = Ri(t)+v_o(t) = RC\dfrac{dv_o(t)}{dt}+v_o(t)$ の両辺をラプラス変換して

$$V_i(s) = RC\{sV_o(s)-v_o(0)\}+V_o(s) = (RCs+1)V_o(s)$$

$V_i(s) = 1/s$ より $V_o(s) = \dfrac{1}{s(RCs+1)}$

したがって，$h(t) = \mathcal{L}^{-1}\left[\dfrac{1}{s(RCs+1)}\right] = (1-e^{-t/RC})\mathrm{u}(t)$。

(b) 同様に，$V_i(s) = (1-e^{-sT})/s$ より

$$h(t) = \mathcal{L}^{-1}\left[\dfrac{1-e^{-sT}}{s(RCs+1)}\right] = (1-e^{-t/RC})\mathrm{u}(t)-(1-e^{-(t-T)/RC})\mathrm{u}(t-T)$$

6. $v_i(t) = Ri(t)+L\dfrac{di(t)}{dt}+\dfrac{1}{C}\int_0^t i(x)dx$ の両辺をラプラス変換して

$V_i(s) = (R+Ls+1/Cs)I(s)$。$V_i(s) = 2/s$ およびパラメータ値を代入して

$I(s) = \dfrac{2}{(s+2)(s+1)}$。したがって，$i(t) = \mathcal{L}^{-1}[I(s)] = 2e^{-t}(1-e^{-t})\mathrm{u}(t)$

7. (a) $Y(s) = X(s)e^{-sT}$ より $H(s) = Y(s)/X(s) = e^{-sT}$

(b) $Y(s) = sX(s)-x(0) = sX(s)$ より $H(s) = s$

（c） $Y(s) = X(s)/s$ より $H(s) = 1/s$

8. （a） $H(s) = \dfrac{1-e^{-sT}}{(s+1)^2}$ で，極は s 平面の左半平面にあるため安定なシステムである。

（b） $H(s) = \dfrac{1-e^{-sT}}{s^2}$ で，極は $s=0$ の二重極であるため不安定なシステムである。

6章

1. （a） $D(f) = \dfrac{1}{T_s}\sum\limits_{n=-\infty}^{\infty}\delta(f-n/T_s)$　（**解図5**（a））

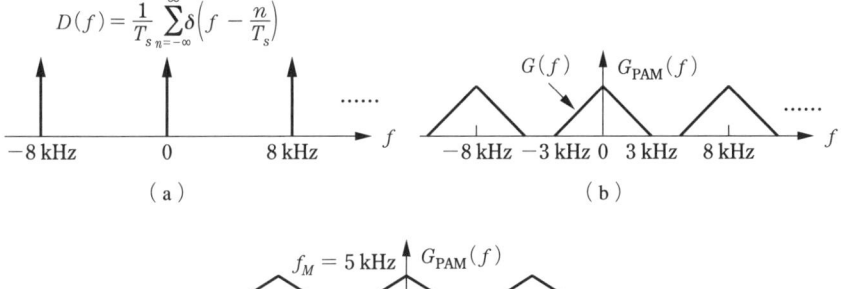

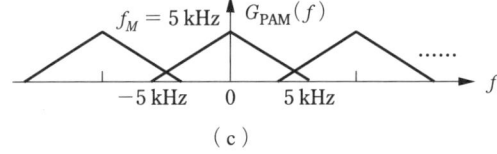

解図 5

（b） PAM信号のスペクトルは式（6.3）で表され，解図5（b）のようになる。スペクトルのオーバラップはないため，もとの信号を復元できる。

（c） $2f_M > 1/T_s$ のため，PAM信号のスペクトルは解図5（c）のようにオーバラップし，もとの信号を復元できない。

2. （a） 双対性より，$G(f) = \dfrac{1}{4\,000}\,\mathrm{rect}(f/4\,000)$。すなわち，$G(f)$ は最高周波数が $2\,000$ Hz の矩形スペクトルである。$f_s = 4\,000$ Hz，$T_s = 1/4\,000$ s

（b） $g_1(t) = \mathrm{sinc}(4\,000t) \leftrightarrow G_1(f) = \dfrac{1}{4\,000}\,\mathrm{rect}(f/4\,000)$ とすれば

$g(t) = g_1(t)\cdot g_1(t) \leftrightarrow G(f) = G_1(f)\otimes G_1(f)$

$f_s = 8\,000$ Hz，$T_s = 1/8\,000$ s $= 125$ μs

3. $nf_s \pm f_0 = (8n \pm 5)$ kHz。もとの信号はエリアスと重ならないため復元できる。
4. 帯域信号の最低周波数を $f_L = 5$ kHz，最高周波数を $f_H = 7$ kHz とすれば，$f_s = 8$ kHz で標本化された信号の周波数スペクトルは**解図6**のようになる。もとの信号はエリアスと重ならないため復元できる。

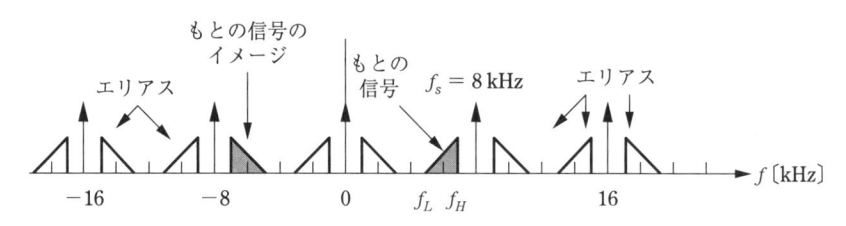

解図6 標本化された信号のスペクトル

5. 信号の基本周波数成分 f_0 は，標本化周波数 f_s により $nf_s + f_0$（n：整数）に周波数変換される。ここで $f_s = (1-\alpha)f_0$（$0<\alpha<1$）とすれば，$n=-1$ のとき αf_0 の周波数成分が得られる。同様に，m 次の高調波成分は $nf_s + mf_0$ に周波数変換され，$n=-m$ のとき αmf_0 の周波数成分が得られる。このようにして，もとの信号スペクトルは周波数軸を圧縮され，図6.29(c)に示すスペクトルが得られる。したがって，つぎの条件を満足すれば，カットオフ周波数 $f_s/2$ の LPF により $g(\alpha t)$ を得ることができる。

$$\alpha mf_0 < f_s/2 = (1-\alpha)f_0/2 \quad \text{より} \quad \alpha < \frac{1}{2m+1}$$

6. 量子化ビット数を B とすれば，量子化幅は $Q = 2/2^B = 2^{1-B}$。量子化雑音電力は，$N_Q = Q^2/12 = 2^{2-2B}/12 = 1/(3 \cdot 2^{2B})$。信号電力は $S = \int_{-1}^{1} x^2 p(x)dx = 1/3$。したがって，$SNR_Q = 2^{2B} \geq 10^6$ を満足する整数 B は $B = 10$。

7. 信号電力は $S = \sigma^2$。量子化雑音電力は $N_Q = (6\sigma/2^8)^2/12 = 3\sigma^2/2^{16}$。したがって，$SNR_Q = 2^{16}/3$ ($= 43.4$ dB)。

8. (a) $g(t) = V \sin 2\pi f_0 t$ とすれば，$g(t)$ の平均電力は

$$S = \frac{1}{T}\int_0^T |g(t)|^2 dt = f_0 \int_0^{1/f_0} V^2 \sin^2 2\pi f_0 t\, dt = V^2/2$$

量子化幅は $Q = 2V/2^{16}$ であるから，量子化雑音電力は，$N_Q = Q^2/12 = V^2/(2^{30} \cdot 12)$。したがって，$SNR_Q = 6 \cdot 2^{30}$ ($=98.1$ dB)。

（b）信号の実効電圧を $V_{\rm rms}$ とする。量子化幅は $Q = 20\,V_{\rm rms}\cdot 2/2^{16}$ であるから，量子化雑音電力は，$N_Q = Q^2/12 = 25\,V_{\rm rms}{}^2/(2^{26}\cdot 12)$。
したがって，$SNR_Q = 2^{26}\cdot 12/25\,(=75.1\,{\rm dB})$。

9．解表 3

解表 3 2 進数表示と 10 進数の対応

極性・絶対値	1 の補数	2 の補数	10 進数
0111	0111	0111	7
0110	0110	0110	6
0101	0101	0101	5
0100	0100	0100	4
0011	0011	0011	3
0010	0010	0010	2
0001	0001	0001	1
0000	0000	0000	0
1001	1110	1111	-1
1010	1101	1110	-2
1011	1100	1101	-3
1100	1011	1100	-4
1101	1010	1011	-5
1110	1001	1010	-6
1111	1000	1001	-7
―	―	1000	-8

10．（a） $00110000_{(2)}$　（b） $11101101_{(2)}$　（c） $0.0110110_{(2)}$
　　（d） $1.0110110_{(2)}$　（e） $1010.1010_{(2)}$

7 章

1．（a） $\displaystyle\sum_{k=-N}^{N} e^{-j2\pi fkT_s} = e^{j2N\pi fT_s}\sum_{k=0}^{2N} e^{-j2\pi fkT_s} = e^{j2N\pi fT_s}\frac{1-e^{-j2(2N+1)\pi fT_s}}{1-e^{-j2\pi fT_s}}$
$\displaystyle\qquad = \frac{\sin(2N+1)\pi fT_s}{\sin \pi fT_s}$

はディリクレ核である。$N = 4$ であるから，$G_s(f) = \dfrac{\sin 9\pi fT_s}{\sin \pi fT_s}$。
離散信号のスペクトルは，標本化周波数 f_s を基本周期とする周期関数である。
基本周期は，$f_s = 1/T_s = 1\,{\rm kHz}$。（b），（c），（d）についても基本周期は $1\,{\rm kHz}$。

（b） $g_1(k) = \begin{cases} 1 & \cdots\cdots \quad |k|\leqq 1 \\ 0 & \cdots\cdots \quad |k|>1 \end{cases}$ とすれば，$g(k) = g_1(k)\otimes g_1(k)$ である。
$g_1(k)$ の DTFT は，（a）より $\sin 3\pi fT_s/\sin \pi fT_s$。したがって

$$G_s(f) = \left(\frac{\sin 3\pi f T_s}{\sin \pi f T_s}\right)^2$$

（c）　$G_s(f) = \sum_{k=0}^{\infty}\left(\frac{1}{2}\right)^k e^{-j2\pi fkT_s} = \lim_{N\to\infty}\frac{1-(e^{-j2\pi fT_s}/2)^N}{1-e^{-j2\pi fT_s}/2} = \frac{1}{1-e^{-j2\pi fT_s}/2}$

（d）　基本周期 $1/T_s$ のインパルス列は，以下のようにフーリエ級数で表すことができる。

$$\sum_{n=-\infty}^{\infty}\delta(f-n/T_s) = T_s\sum_{k=-\infty}^{\infty}e^{-j2\pi fkT_s}$$

この関係を利用して

$$e^{j\theta k} \leftrightarrow \sum_{k=-\infty}^{\infty}e^{j\theta k}\cdot e^{-j2\pi fkT_s} = \sum_{k=-\infty}^{\infty}e^{-j2\pi(f-\theta/2\pi T_s)kT_s} = \frac{1}{T_s}\sum_{n=-\infty}^{\infty}\delta\left(f-\frac{\theta}{2\pi T_s}-\frac{n}{T_s}\right)$$

したがって，$\cos(k\pi/4) = (e^{jk\pi/4}+e^{-jk\pi/4})/2$ より

$$\cos(k\pi/4) \leftrightarrow \frac{1}{2T_s}\left\{\sum_{n=-\infty}^{\infty}\delta\left(f-\frac{1}{8T_s}-\frac{n}{T_s}\right)+\sum_{n=-\infty}^{\infty}\delta\left(f+\frac{1}{8T_s}-\frac{n}{T_s}\right)\right\}$$

2. （a）　$G(n) = \sum_{k=0}^{3}(-1)^k e^{-j2\pi nk/4}$ （$n=0,1,2,3$）　より

$G(0) = \sum_{k=0}^{3}(-1)^k = 1-1+1-1 = 0,$

$G(1) = \sum_{k=0}^{3}(-1)^k e^{-jk\pi/2} = 1+j-1-j = 0,$

$G(2) = \sum_{k=0}^{3}(-1)^k e^{-jk\pi} = 4,\ \ G(3) = G^*(N-3) = G^*(1) = 0$

一般的に

$$G(n) = \sum_{k=0}^{3}(-1)^k e^{-jnk\pi/2} = \frac{1-e^{-j2n\pi}}{1+e^{-jn\pi/2}} = \frac{j\sin n\pi}{\cos n\pi/4}e^{-j3n\pi/4}$$
$$= \{0, 0, 4, 0\}$$

（b）　$G(n) = \sum_{k=0}^{N-1}(-1)^k e^{-j2\pi nk/N} = \frac{1-(-e^{-j2\pi n/N})^N}{1+e^{-j2\pi n/N}} = \frac{1-(-1)^N e^{-j2n\pi}}{1+e^{-j2\pi n/N}}$

N が偶数の場合

$$G(n) = \frac{1-e^{-j2n\pi}}{1+e^{-j2n\pi/N}} = \frac{j\sin n\pi}{\cos(n\pi/N)}e^{-jn\pi(N-1)/N} = \begin{cases} N & \cdots\cdots\ \ n=N/2 \\ 0 & \cdots\cdots\ \ n\neq N/2 \end{cases}$$

N が奇数の場合

$$G(n) = \frac{1+e^{-j2n\pi}}{1+e^{-j2n\pi/N}} = \frac{1}{\cos(n\pi/N)}e^{jn\pi/N} = 1+j\tan(n\pi/N)$$

（c）　$G(0) = \sum_{k=0}^{7}g(k) = 0,\ \ G(1) = \sum_{k=0}^{7}g(k)e^{-jk\pi/4} = 1+j-1-j = 0,$

$G(2) = \sum_{k=0}^{7}g(k)e^{-jk\pi/2} = 4,\ \ G(3) = \sum_{k=0}^{7}g(k)e^{-j3k\pi/4} = 0,$

演 習 問 題 略 解　　*279*

$$G(4) = \sum_{k=0}^{7} g(k)e^{-jk\pi} = 0, \quad G(5) = G^*(3) = 0,$$
$$G(6) = G^*(2) = 4, \quad G(7) = G^*(1) = 0$$

（d）（c）の数列を一般化したとき，N は偶数である。

$$G(n) = \sum_{\substack{k=0 \\ k: \text{even}}}^{N-1} (-1)^{k/2} e^{-j2\pi nk/N} \text{ において, } k = 2m \text{ とおけば}$$

$$G(n) = \sum_{m=0}^{N/2-1} (-1)^m e^{-j4\pi nm/N} = \frac{1-(-e^{-j4n\pi/N})^{N/2}}{1+e^{-j4n\pi/N}} = \frac{1-(-1)^{N/2}e^{-j2n\pi}}{1+e^{-j4n\pi/N}}$$

したがって

　N が 4 の倍数の場合

$$G(n) = \begin{cases} N/2 & \cdots\cdots \quad n = N/4, \ 3N/4 \\ 0 & \cdots\cdots \quad \text{elsewhere} \end{cases}$$

　N が 4 の倍数でない場合

$$G(n) = \frac{1+e^{-j2n\pi}}{1+e^{-j4n\pi/N}} = \frac{1}{\cos(2n\pi/N)} e^{-j2n\pi/N} = 1 - j\tan(2n\pi/N)$$

3.（a）$x(-k) = x(N-k)$ より

$$\mathcal{F}[x(-k)] = \sum_{k=0}^{N-1} x(N-k)e^{-j2\pi nk/N} = \sum_{l=N}^{1} x(l)e^{-j2\pi n(N-l)/N} = \sum_{l=0}^{N-1} x(l)e^{j2\pi nl/N}$$
$$= \sum_{l=0}^{N-1} x(l)e^{-j2\pi(-n)l/N} = X(-n)$$

なお，この関係は $x(k)$ が実・複素関数のいずれでも成立する。

（b）$\mathcal{F}[x^*(-k)] = \sum_{k=0}^{N-1} x^*(N-k)e^{-j2\pi nk/N} = \sum_{l=0}^{N-1} x^*(l)e^{j2\pi nl/N}$
$$= \left[\sum_{l=0}^{N-1} x(l)e^{-j2\pi nl/N}\right]^* = X^*(n)$$

（c）$Y(n) = \sum_{k=0}^{2N-1} y(k)e^{-j2\pi nk/2N} = \sum_{l=0}^{N-1} y(2l)e^{-j2\pi nl/N}$
$$+ \sum_{m=0}^{N-1} y(2m+1)e^{-j2\pi n(2m+1)/2N} = \sum_{l=0}^{N-1} x(l)e^{-j2\pi nl/N} = X(n)$$

（d）$Y(n) = \sum_{k=0}^{2N-1} y(k)e^{-j2\pi nk/2N} = \sum_{k=0}^{N-1} x(k)e^{-j2\pi nk/2N} = \sum_{k=0}^{N-1} x(k)e^{-j2\pi(n/2)k/N}$
$$= X(n/2)$$

4.（a）$y(k) = \{0, 2, 2, 0, -2, -2\}$　（b）$y(k) = \{-1, -3, 0, 2\}$

5.（a）$y(k) = \{\cdots, 0, 1, 1, 0, -1, -3, -2, -1, 1, 2, 1, 1, 0, \cdots\}$
　（b）$y(k) = \{\cdots, 0, 1, -2, -1, 2, -2, -1, 1, 0, \cdots\}$

6.（a）$G(n) = \{4, 2+\sqrt{2}, 2, 2-\sqrt{2}, 0, 2-\sqrt{2}, 2, 2+\sqrt{2}\}$
　（b）$\Delta f = 1/(NT_s) = 1/(8T_s)$

7.（a）$\Delta f = 1/(NT_s) = 0.5\,\text{kHz}$　（b）IDFT より，結果は

$$g(k) = \frac{1}{2} + \frac{\sqrt{2}}{4}\left(\cos\frac{3k\pi}{8} - \sin\frac{3k\pi}{8}\right) + \sin\frac{k\pi}{2}$$
$$= \frac{1}{2} + \frac{1}{2}\cos\left(\frac{3k\pi}{8} + \frac{\pi}{4}\right) + \sin\frac{k\pi}{2}$$

解図 7 の＊で示される。

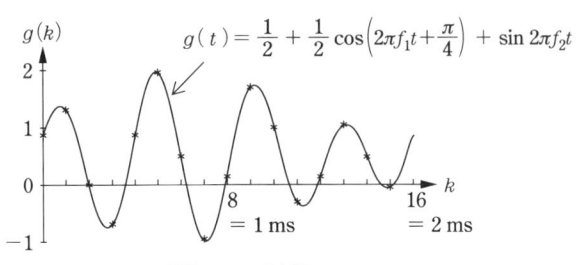

$g(t) = \frac{1}{2} + \frac{1}{2}\cos\left(2\pi f_1 t + \frac{\pi}{4}\right) + \sin 2\pi f_2 t$

$f_1 = 1.5\,\text{kHz},\ f_2 = 2\,\text{kHz}$

解図 7

(c) $T_0 = NT_s = 2\,[\text{ms}]$

(d) $G(0)$ は直流成分であり，振幅は $G(0)/N = 1/2$。$G(3) = G^*(13) = G^*(-3)$ は周波数 $1.5\,\text{kHz}$，位相角 $\pi/4$ の余弦波で，その振幅は $(4+4)/N = 1/2$。$G(4) = G^*(12) = G^*(-4)$ は周波数 $2.0\,\text{kHz}$，位相角 $-\pi/2$ の余弦波（すなわち正弦波）で，その振幅は $(8+8)/N = 1$。以上が信号に含まれる周波数成分であるから，解図 7 の実線で示される信号 $g(t)$ と推定される。

8. (a) **解図 8**(a)

(b) 図(b)。$X(n)$ が繰り返される。

(c) 図(c)。ゼロパディングにより周波数分解能は 2 倍に向上し，$X(n)$ では見えなかったスペクトル成分が現れてくる。

9. **解図 9**(a), (b)。アナログ信号の周波数スペクトルは

$$G(f) = \frac{1}{2}\{\delta(f-f_0) + \delta(f+f_0)\}$$
$$\otimes \{\delta(f-f_1) + \delta(f+f_1) + 0.01\delta(f-f_2) + 0.01\delta(f+f_2)\}$$

で与えられる。正の周波数では $f_0 \pm f_1$ と $f_0 \pm f_2$ に線スペクトルが存在し，後者は前者に比べ $40\,\text{dB}$ 小さい振幅スペクトルになる。しかし，線スペクトルと DFT の解析周波数が一致しないため，スペクトルが他の周波数に漏洩する。このため，$n = 16, 48$ の成分（$f_0 \pm f_2$ 相当）は検出できない。

10. **解図 10**(a), (b)。スペクトルの漏洩が抑圧され，$f_0 \pm f_2$ の成分を検出できる。しかし，周波数分解能が低下するため f_0 近傍の検出精度が低下する。

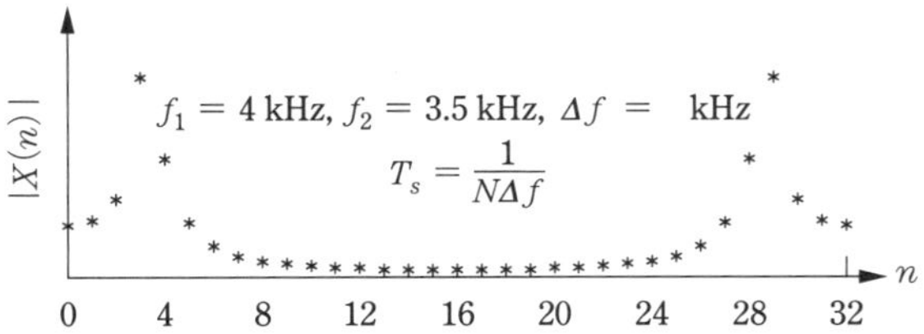

演　習　問　題　略　解　　　281

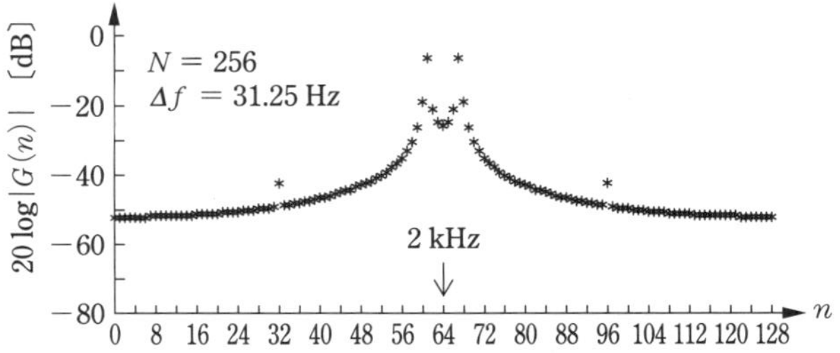

解図 9

(a) 128 点 DFT, $N=128$, $\Delta f = 62.5$ Hz

(b) 256 点 DFT, $N=256$, $\Delta f = 31.25$ Hz

縦軸: $20\log|G(n)|$ [dB]

(a) 信号 $x(k) = \cos 2\pi f_1 k T_s + \sin 2\pi f_2 k T_s$ の 32 点 DFT 振幅スペクトル

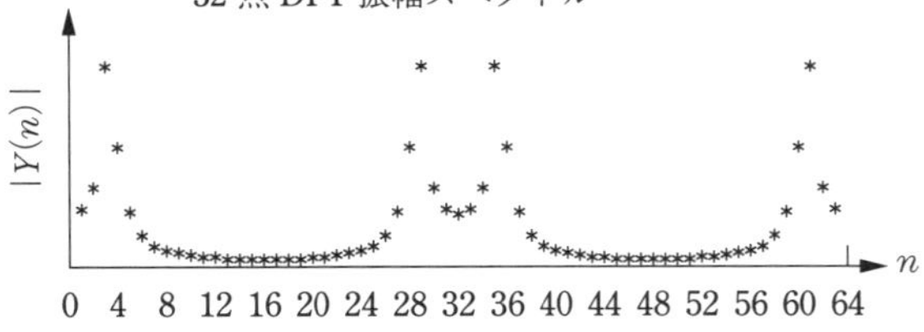

$f_1 = 4$ kHz, $f_2 = 3.5$ kHz, $\Delta f =\;$ kHz
$$T_s = \frac{1}{N\Delta f}$$

(b) $y(k) = \begin{cases} x\left(\dfrac{k}{2}\right) & \cdots\cdots\ k : \text{even} \\ 0 & \cdots\cdots\ k : \text{odd} \end{cases}$ の振幅スペクトル

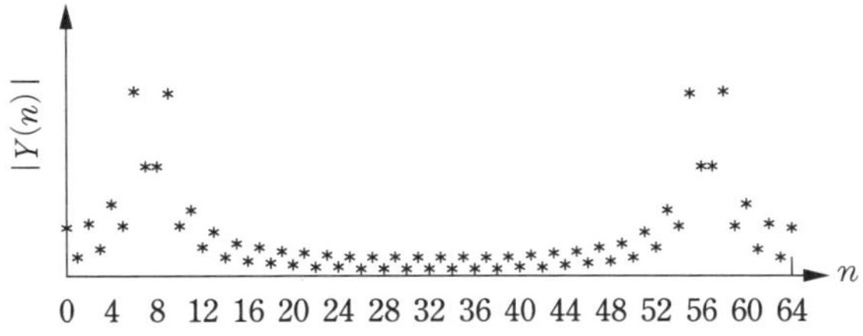

(c) $y(k) = \begin{cases} x(k) & \cdots\cdots\ k = 0,1,\cdots,N-1 \\ 0 & \cdots\cdots\ k = N, N+1,\cdots,2N \end{cases}$ の振幅スペクトル

解図 8

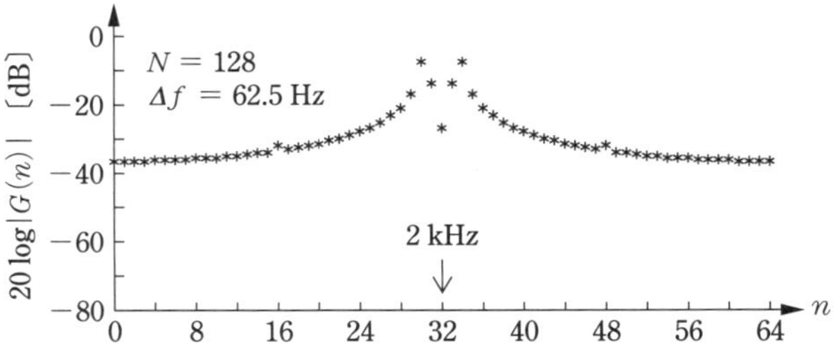

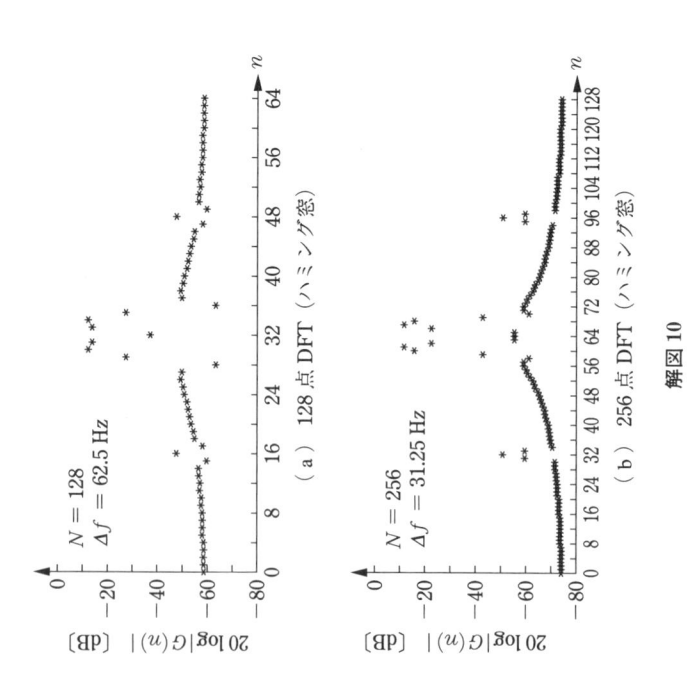

282　演習問題略解

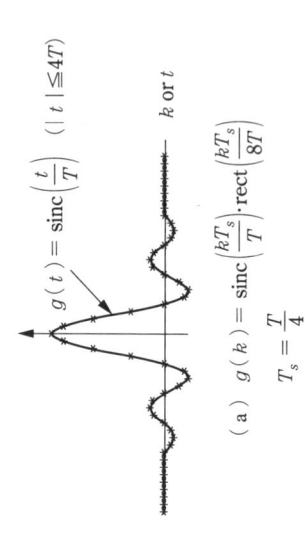

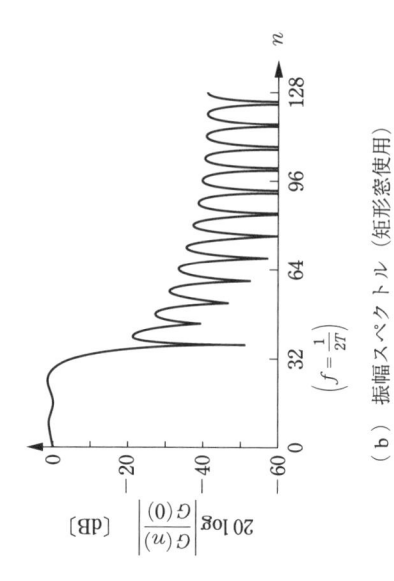

(a) $g(k) = \mathrm{sinc}\left(\dfrac{kT_s}{T}\right) \cdot \mathrm{rect}\left(\dfrac{kT_s}{8T}\right)$
　　$T_s = \dfrac{T}{4}$

$g(t) = \mathrm{sinc}\left(\dfrac{t}{T}\right)$ ($|t| \leqq 4T$)

k or t

(b) 振幅スペクトル（矩形窓使用）

$20 \log \left|\dfrac{G(n)}{G(0)}\right|$ [dB]

$\left(f = \dfrac{1}{2T}\right)$

解図 11

(a) 128 点 DFT（ハミング窓）
$N = 128$
$\Delta f = 62.5\,\mathrm{Hz}$

$20 \log |G(n)|$ [dB]

(b) 256 点 DFT（ハミング窓）
$N = 256$
$\Delta f = 31.25\,\mathrm{Hz}$

$20 \log |G(n)|$ [dB]

解図 10

11. $g(t)$ を標本化して，$\pm 4T$ の矩形窓から得られる離散信号 $g(k)$ を**解図 11**(a)に示す。$g(k)$ の振幅スペクトルを図(b)に示す。ただし，図は正の周波数成分のみを示している。

12. ハミング窓に通した離散信号 $g(k)$ を**解図 12**(a)に示す。図(b)，(c)はそれぞれハミング窓，ハニング窓に通したときの振幅スペクトルである。スペクトルの漏洩や帯域内の振幅変動（リップル）が抑圧されている。

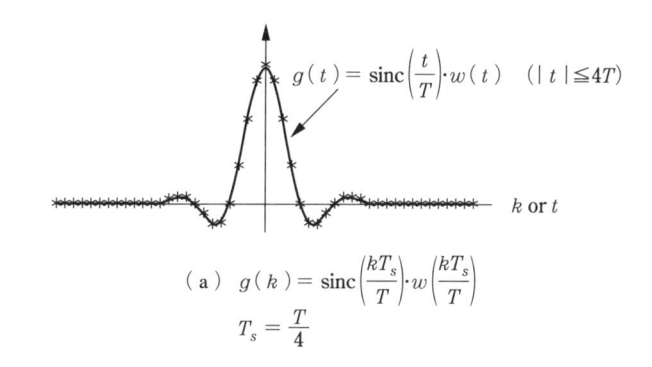

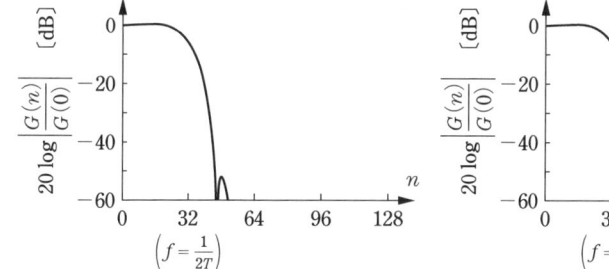

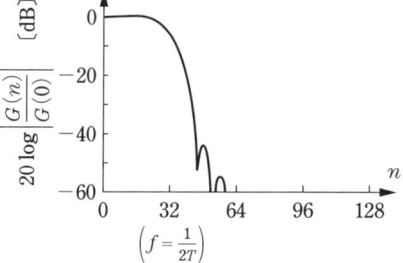

(a) $g(k) = \mathrm{sinc}\left(\dfrac{kT_s}{T}\right) \cdot w\left(\dfrac{kT_s}{T}\right)$

$T_s = \dfrac{T}{4}$

$g(t) = \mathrm{sinc}\left(\dfrac{t}{T}\right) \cdot w(t) \quad (|t| \leq 4T)$

(b) 振幅スペクトル（ハミング窓使用）　　(c) 振幅スペクトル（ハニング窓使用）

解図 12

8 章

1. (a) $1 + 2z^{-3} + 4z^{-4}$, $|z| > 0$

(b) $G(z) = \sum_{k=0}^{4} z^{-k} = 1 + z^{-1} + z^{-2} + z^{-3} + z^{-4}$

または，$G(z) = Z[\mathrm{u}(k) - \mathrm{u}(k-5)] = \dfrac{z}{z-1} - z^{-5}\dfrac{z}{z-1} = \dfrac{z - z^{-4}}{z-1}$, $|z| > 0$

(c) $g(k) = k\,\mathrm{u}(k) - k\,\mathrm{u}(k-6) = k\,\mathrm{u}(k) - (k-6)\,\mathrm{u}(k-6) - 6\,\mathrm{u}(k-6)$ として

$$G(z) = \frac{z}{(z-1)^2} - z^{-6}\frac{z}{(z-1)^2} - 6z^{-6}\frac{z}{z-1} = \frac{z^6-6z+5}{z^5(z-1)^2}, \quad |z|>0$$

（d） $G(z) = z^{-2} + \dfrac{z}{(z-1)^2}, \quad |z|>1$

（e） $G(z) = \left(-z\dfrac{d}{dz}\right)^3 U(z) = -z\dfrac{d}{dz}\left\{-z\dfrac{d}{dz}\left(-z\dfrac{d}{dz}\dfrac{z}{z-1}\right)\right\}$

$= -z\dfrac{d}{dz}\left\{-z\dfrac{d}{dz}\dfrac{z}{(z-1)^2}\right\} = -z\dfrac{d}{dz}\dfrac{z(z+1)}{(z-1)^3}$

$= \dfrac{z(z^2+4z+1)}{(z-1)^4}, \quad |z|>1$

（f） $G(z) = -z\dfrac{d}{dz}\left\{\dfrac{az}{(z-a)^2}\right\} = \dfrac{az(z+a)}{(z-a)^3}, \quad |z|>a$

スケーリングの性質を用いてもよい。

（g） $G(z) = \left(-z\dfrac{d}{dz}\right)^2 \dfrac{z(z-\cos\omega)}{z^2-2z\cos\omega+1}$

$= \dfrac{z(z^2-1)\{(z^2+1)\cos\omega - 2z(1+\sin^2\omega)\}}{(z^2-2z\cos\omega+1)^3}, \quad |z|>1$

（h） $\mathcal{Z}[a^k \sin k\omega \cdot u(k)] = \dfrac{a^{-1}z\sin\omega}{(a^{-1}z)^2 - 2a^{-1}z\cos\omega+1} = \dfrac{az\sin\omega}{z^2-2az\cos\omega+a^2}$

より

$$G(z) = -z\dfrac{d}{dz}\left(\dfrac{az\sin\omega}{z^2-2az\cos\omega+a^2}\right) = \dfrac{az(z^2-a^2)\sin\omega}{(z^2-2az\cos\omega+a^2)^2}, \quad |z|>|a|$$

（i） e^x のマクローリン展開を利用。 $G(z) = \displaystyle\sum_{k=0}^{\infty}\dfrac{a^k}{k!}z^{-k} = \sum_{k=0}^{\infty}\dfrac{(az^{-1})^k}{k!} = e^{a/z},$ $|z|>0$。

（j） $\ln(1-x) = -x - x^2/2 - x^3/3 - \cdots$ を利用。

$G(z) = \displaystyle\sum_{k=0}^{\infty}\dfrac{z^{-k}}{k+1} = 1 + \dfrac{z^{-1}}{2} + \dfrac{z^{-2}}{3} + \cdots$

$x = z^{-1}$ とおいて両辺に $-z$ を掛ければ， $-z\cdot\ln(1-z^{-1}) = 1 + z^{-1}/2 + z^{-2}/3 + \cdots\cdots$ より

$G(z) = -z\cdot\ln(1-z^{-1}), \quad |z|>1$

2．（a） $\mathcal{Z}[x(k-m)] = z^{-m}X(z)$ より

$Y(z) = (1 + z^{-m} + z^{-2m} + \cdots)X(z) = \dfrac{X(z)}{1-z^{-m}}$

（b） $X(z) = \displaystyle\sum_{k=0}^{\infty}x(k)z^{-k}$ より $\dfrac{d}{dz}X(z) = \sum_{k=0}^{\infty}(-k)x(k)z^{-k-1}$ 。微分を繰り返して

$$\frac{d^m}{dz^m} X(z) = (-1)^m \sum_{k=0}^{\infty} k(k+1)\cdots(k+m-1) z^{-k-m} = (-1)^m z^{-m} \sum_{k=0}^{\infty} y(k) z^{-k}$$
$$= (-z)^{-m} Y(z)$$

したがって，題意が成立する．

3. （a） $G(z) = z^{-1} \dfrac{z}{z+3}$ より $g(k) = (-3)^{k-1} \mathrm{u}(k-1)$ 　（b） $\mathrm{u}(k-3)$

　　（c） $G(z)/z$ の変形部分分数展開より，$G(z) = -\dfrac{2}{3} + \dfrac{z}{z-2} - \dfrac{1}{3} \dfrac{z}{z-3}$

　　　$\therefore\ g(k) = -\dfrac{2}{3} \delta(k) + (2^k - 3^{k-1}) \mathrm{u}(k)$

$G(z)$ を直接部分分数展開した場合，$g(k) = (2^k - 3^{k-1}) \mathrm{u}(k-1)$ を得るが，結果は同じである．

　　（d） $G(z) = \dfrac{5}{2} \dfrac{z}{z-1} - \dfrac{7z}{z-2} + \dfrac{9}{2} \dfrac{z}{z-3}$ より

　　　　$g(k) = \left(\dfrac{5}{2} - 7 \cdot 2^k + \dfrac{1}{2} 3^{k+2}\right) \mathrm{u}(k)$

　　（e） $G(z) = \dfrac{3z}{z+1} + \dfrac{4z}{(z-2)^2} - \dfrac{3z}{z-2}$ より

　　　　$g(k) = \{(-1)^k 3 + k \cdot 2^{k+1} - 3 \cdot 2^k\} \mathrm{u}(k)$

　　（f） 長除算より，$G(z) = z^{-1} + 4z^{-2} + 9z^{-3} + 16z^{-4} + \cdots$

　　　$\therefore\ g(k) = k^2 \mathrm{u}(k)$

　　（g） $G(z)/z$ の変形部分分数展開より

$$G(z) = \frac{1+j\sqrt{3}}{2} \frac{z}{z-(1+j\sqrt{3})/2} + \frac{1-j\sqrt{3}}{2} \frac{z}{z-(1-j\sqrt{3})/2}$$

$$g(k) = \left\{\left(\frac{1+j\sqrt{3}}{2}\right)^{k+1} + \left(\frac{1-j\sqrt{3}}{2}\right)^{k+1}\right\} \mathrm{u}(k) = \{e^{j(k+1)\pi/3} + e^{-j(k+1)\pi/3}\} \mathrm{u}(k)$$

$$= 2 \cos \frac{(k+1)\pi}{3} \cdot \mathrm{u}(k)$$

別解として，$G(z) = \dfrac{z(z - \cos \pi/3)}{z^2 - 2z \cos \pi/3 + 1} - \dfrac{\sqrt{3}\, z \sin \pi/3}{z^2 - 2z \cos \pi/3 + 1}$ と展開し，三角関数の z 変換を利用することもできる．

　　（h） 長除算より，$G(z) = 1 + z^{-1} - z^{-2} - z^{-3} + z^{-4} + z^{-5} - \cdots$

　　　$\therefore\ g(k) = \{1, 1, -1, -1, 1, 1, -1, -1, \cdots\}$

または，$G(z) = \dfrac{z^2}{z^2+1} + \dfrac{z}{z^2+1}$ より

$$g(k) = \left(\cos \frac{k\pi}{2} + \sin \frac{k\pi}{2}\right) \mathrm{u}(k) = \sqrt{2} \sin \frac{2k+1}{4} \pi$$

(i) $G(z)/z$ の変形部分分数展開より $G(z) = \dfrac{1}{e^{-2}-1}\left(\dfrac{z}{z-e^{-2}} - \dfrac{z}{z-1}\right)$

$\therefore\ g(k) = \dfrac{e^{-2k}-1}{e^{-2}-1}\mathrm{u}(k)$

(j) $G(z) = \dfrac{2z}{(z-2)^2} + \dfrac{z}{z-2}$ より $g(k) = k\cdot 2^k\mathrm{u}(k) + 2^k\mathrm{u}(k)$
$= (k+1)\cdot 2^k\mathrm{u}(k)$

4. $\dfrac{z}{z-a} \leftrightarrow a^k\mathrm{u}(k)$ より,$m=0$ のとき成立する。$m=n$ のとき成立するとすれば

$$\dfrac{z^{n+1}}{(z-a)^{n+1}} \leftrightarrow \dfrac{(k+1)(k+2)\cdots(k+n)}{n!}\cdot a^k\mathrm{u}(k)$$

左辺を z で微分して $-z$ を掛けると

$$-z\dfrac{d}{dz}\dfrac{z^{n+1}}{(z-a)^{n+1}} = \dfrac{a(n+1)z^{n+1}}{(z-a)^{n+2}} \leftrightarrow k\dfrac{(k+1)\cdots(k+n)}{n!}a^k\mathrm{u}(k)$$

$\therefore\ \dfrac{z^{n+1}}{(z-a)^{n+1}} + \dfrac{az^{n+1}}{(z-a)^{n+2}} = \dfrac{z^{n+2}}{(z-a)^{n+2}}$

$\leftrightarrow \left\{\dfrac{(k+1)\cdots(k+n)}{n!} + \dfrac{k}{n+1}\dfrac{(k+1)\cdots(k+n)}{n!}\right\}a^k\mathrm{u}(k)$

$= \dfrac{(k+1)\cdots(k+n+1)}{(n+1)!}a^k\mathrm{u}(k)$

となり $m=n+1$ でも成立する。

5. (a) $Y(z) = X_1(z)X_2(z) = \dfrac{z}{z-1}\dfrac{z}{z-1/2} = \dfrac{2z}{z-1} - \dfrac{z}{z-1/2}$ より

$y(k) = \mathcal{Z}^{-1}[Y(z)] = 2\mathrm{u}(k) - 1/2^k\mathrm{u}(k) = (2 - 1/2^k)\mathrm{u}(k)$

(b) $Y(z) = X_1(z)X_2(z) = \left(\dfrac{z}{z-1} - z^{-4}\dfrac{z}{z-1}\right)\left(\dfrac{z}{z-1} - z^{-6}\dfrac{z}{z-1}\right)$

$= \dfrac{z^2}{(z-1)^2}(1 - z^{-4} - z^{-6} + z^{-10})$

より

$y(k) = (k+1)\mathrm{u}(k) - (k-3)\mathrm{u}(k-4) - (k-5)\mathrm{u}(k-6) + (k-9)\mathrm{u}(k-10)$

6. (a) 両辺を z 変換して,$Y(z) - \dfrac{1}{2}z^{-1}Y(z) = X(z) + z^{-1}X(z)$

したがって,$H(z) = \dfrac{z+1}{z-1/2} = \dfrac{z}{z-1/2} + z^{-1}\dfrac{z}{z-1/2}$

$h(k) = \left(\dfrac{1}{2}\right)^k\mathrm{u}(k) + \left(\dfrac{1}{2}\right)^{k-1}\mathrm{u}(k-1)$

または,$H(z) = 1 + \dfrac{3z^{-1}}{2}\dfrac{z}{z-1/2}$ として,$h(k) = \delta(k) + 3\left(\dfrac{1}{2}\right)^k\mathrm{u}(k-1)$

極は単位円の内部に存在するから，安定なシステムである。

（b） $Y(z)-2z^{-1}Y(z)+2z^{-2}Y(z) = X(z)+z^{-1}X(z)/2$ より

$$H(z) = \frac{z(z+1/2)}{z^2-2z+2} = \frac{\frac{z}{\sqrt{2}}\left(\frac{z}{\sqrt{2}} - \frac{1}{\sqrt{2}}\right) + \frac{3}{2}\frac{z}{\sqrt{2}}}{\left(\frac{z}{\sqrt{2}}\right)^2 - 2\left(\frac{z}{\sqrt{2}}\right)\frac{1}{\sqrt{2}} + 1}$$

表 8.1 とスケーリングの性質より，$h(k) = 2^{k/2}\left(\cos\frac{k\pi}{4} + \frac{3}{2}\sin\frac{k\pi}{4}\right)u(k)$。

極は $z_p = 1 \pm j$ で，単位円の外部に存在するため不安定なシステムである（インパルス応答からも明らか）。

7．（a） $H(z) = \dfrac{F(z)}{1+F(z)} = \dfrac{5Kz/4}{z^2-(9-5K)z/4+1/2}$

（b） $K=1$ の場合，極は $z_p = (1\pm j)/2$。$|z_p|<1$ より安定なシステム。
$K=4$ の場合，極は $z_p = (-11\pm\sqrt{89})/8$。$|z_p|>1$ より不安定なシステム。

8．（a） $y(k) = x(k)+x(k-1)/2+x(k-2)/4-y(k-1)/2$

（b） $(1+z^{-1}/2)Y(z) = (1+z^{-1}/2+z^{-2}/4)X(z)$ より $H(z) = \dfrac{4z^2+2z+1}{4z^2+2z}$。

（c） $H(z) = \dfrac{1}{2z}+\dfrac{z}{z+1/2}$ より $h(k) = \dfrac{1}{2}\delta(k-1) + \left(-\dfrac{1}{2}\right)^k u(k)$。

9．表 A.1 より，3 次バタワースフィルタの正規化伝達関数は

$$H_a(x) = \frac{1}{(x+1)(x^2+x+1)} = \frac{1}{x+1} - \frac{1}{x^2+x+1}$$

したがって

$$H_a(s) = \frac{\omega_c}{s+\omega_c} - \frac{\omega_c s}{s^2+\omega_c s+\omega_c^2}$$

$$= \frac{\omega_c}{s+\omega_c} - \frac{\omega_c(s+\omega_c/2)}{(s+\omega_c/2)^2+(\sqrt{3}\,\omega_c/2)^2} + \frac{\omega_c}{\sqrt{3}}\frac{\sqrt{3}\,\omega_c/2}{(s+\omega_c/2)^2+(\sqrt{3}\,\omega_c/2)^2}$$

表 8.3 より，z 領域の伝達関数は次式で与えられる。

$$H(z) = \frac{\omega_c z}{z-e^{-\omega_c T/2}} - \frac{\omega_c z\{z-2e^{-\omega_c T/2}\cos(\sqrt{3}\,\omega_c T/2)\}}{z^2-2ze^{-\omega_c T/2}\cos(\sqrt{3}\,\omega_c T/2)+e^{-\omega_c T}}$$

$$+ \frac{\omega_c}{\sqrt{3}}\frac{ze^{-\omega_c T/2}\sin(\sqrt{3}\,\omega_c T/2)}{z^2-2ze^{-\omega_c T/2}\cos(\sqrt{3}\,\omega_c T/2)+e^{-\omega_c T}}$$

上式より，振幅特性を求めると**解図 13** が得られる。インパルス不変変換法ではサンプリング間隔 T を小さくしないとエリアスの影響が生じる。

10．双 1 次変換法では，まず ω_c を $(2/T)\tan(\omega_c T/2)$ とプリワーピングし，つぎに $H_a(s)$ を修正する。
$a = \tan(\omega_c T/2) = \tan(\pi/m)$ とおけば，$H(z)$ は次式で与えられる。

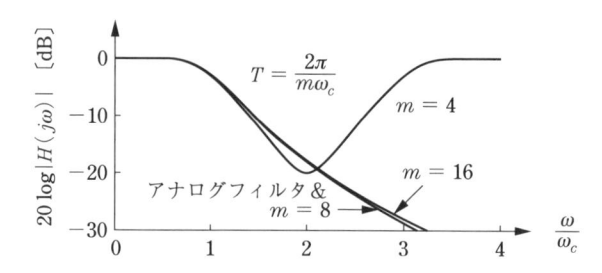

解図 13 3次バタワース振幅特性（インパルス不変変換）

$$H(z) = \frac{a^3(z+1)^3}{\{(a+1)z+(a-1)\}\{(a^2+a+1)z^2+2(a^2-1)z+a^2-a+1\}}$$

上式より，振幅特性を求めると**解図 14**が得られる。双1次変換法ではエリアスは発生せず，高域の減衰量が大きくなる。

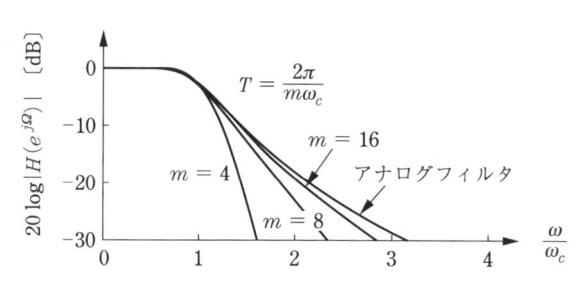

解図 14 3次バタワース振幅特性（双1次変換）

参 考 文 献

　信号とシステムは，大学における電気・電子・通信工学関連のカリキュラムでコアになる科目であるためか，多くの本が出版されている。特に洋書が多く，米国ではこの種の学力を身につけることの大切さを認識しているためと考えられる。本書を著すに際して，以下の書籍を参考にさせていただいた。分類として，基礎は教科書的なもの，応用は通信やディジタル信号処理を扱った本であり，難易度を示しているものではない。本書をきっかけにして，通信やディジタル信号処理の分野で必要となる基礎技術を身につけていただければ幸いである。

基礎：
1) S.S. Soliman and M.D. Srinath: Continuous and discrete signals and systems, 2nd ed., Prentice-Hall, Inc. (1998)
2) B.P. Lathi: Linear systems and signals, Berkeley-Cambridge Press (1992)
3) B. Girod, R. Rabenstein and A. Stenger: Signals and systems, John Wiley & Sons Inc. (2001)
4) J.D. Sherrich: Concepts in systems and signals, Prentice-Hall, Inc. (2001)
5) F.J. Taylor: Principles of signals and systems, McGraw-Hill Book Co. (1994)
6) A.V. Oppenheim and A.S. Willsky（伊達玄 訳）：信号とシステム (1), (2), (3), コロナ社 (1985)
7) A. Papoulis: Signal analysis, McGraw-Hill, Inc. (1977)
8) H.P. Hsu（佐藤平八 訳）：フーリエ解析，森北出版 (1979)
9) 前田肇：信号システム理論の基礎，コロナ社 (1997)
10) 篠崎寿夫，他：応用フーリエ解析，現代工学社 (1983)
11) 松浦武信，他：ラプラス変換とその応用，現代工学社 (1995)
12) 三谷政昭：信号解析のための数学，森北出版 (1998)

応用（通信関連）：
13) F. Stark and F.B. Tuteur: Modern electrical communications, Prentice-Hall, Inc. (1979)

14) A.B. Carlson: Communication systems, 3rd ed., McGraw-Hill Book Co. (1986)
15) S. Haykin: Communication systems, 3rd ed., John Wiley & Sons Inc. (1994)
16) B. Sklar: Digital communications, 2nd ed., Prentice-Hall, Inc. (2001)
17) S. Stein and J.J. Jones (関英男 監訳):現代の通信回線理論, 森北出版 (1970)
18) 福田明:基礎通信工学, 森北出版 (1999)

応用 (ディジタル信号処理関連):
19) L.R. Rabiner and B. Gold: Theory and application of digital signal processing, Prentice-Hall, Inc. (1975)
20) H. Baher: Analog & digital signal processing, 2nd ed., John Wiley & Sons Inc. (2001)
21) R.G. Lyons: Understanding digital signal processing, Addison-Wesley Publishing Co. (1997)
22) C. Marven and G. Ewers: A simple approach to digital signal processing, John Wiley & Sons Inc. (1996)
23) R.A. Roberts and C.T. Mullis: Digital signal processing, Addison-Wesley Publishing Co. (1987)
24) A.V. Oppenheim and R.W. Schafer (伊達玄 訳):ディジタル信号処理 (上・下), コロナ社 (1978)
25) 辻井重男, 鎌田一雄:ディジタル信号処理, 昭晃堂 (1990)
26) 瀬谷啓介:DSPプログラミング入門, 日刊工業新聞社 (1996)

索引

【あ】

圧縮器 154
アパーチャ効果 145
アパーチャ等化 146
アパーチャ補正 146
アレクサンダー・グラハム・ベル 152
アンダーサンプリング 135
アンチエリアスフィルタ 138

【い】

位相検波器 125
位相スペクトル 41,62
位相同期回路 125
1の補数表示 157
一様量子化 153
一般化ハミング窓 191
移動平均 225
因果的システム 25
インターポレーション 253
インターポレーション関数 142
インパルス応答 27
インパルス不変変換 226
インパルス列 67

【う】

ウィーナー・ヒンチンの定理 90
ウォルシュ関数 239
打切り誤差 149

【え】

エネルギー信号 8
エネルギースペクトル 62
エネルギー密度スペクトル 89
エリアス 133
エルゴード性 150
エルミート対称 40
エンドアラウンドキャリー 161

【お】

オイラーの公式 17,237
オーバーサンプリング 135
オフセット・バイナリー表示 164
折り返し周波数 135

【か】

階乗関数 104
回転子 195
ガウス関数 69,96
重ね合せの原理 20
片側z変換 203
片側ラプラス変換 102
カットオフ周波数 54
過渡応答 98
加法的 19
ガンマ関数 104

【き】

記憶システム 24
基数 156
奇対称信号 6
ギブス 48
——の現象 48
基本波 36
逆離散時間フーリエ変換 170
逆離散フーリエ変換 171
共役対称 70,175
極 115,214
極性・絶対値表示 157
極性ビット拡張 164
キルヒホッフ 54

【く】

偶対称信号 6
矩形波 63
矩形パルス信号 2
矩形窓 190
区分的に連続 46
クレストファクタ 156
クロネッカのデルタ 4
群遅延特性 246

【こ】

高速フーリエ変換 196
高調波 36
誤差関数 249
誤差の2乗平均値 50
誤差補関数 250
固有関数 81
固有値 81
コンパンダー 154

【さ】

サブナイキストサンプリング 138
サンプリング 131

【し】

時間シフト 10
時間伸縮 11

時間反転	10	線形畳み込み	179	【な】		
自己回帰	225	線形量子化	153	ナイキスト間隔	135	
自己回帰移動平均	226	【そ】		ナイキストサンプリング		255
自己相関関数	16	双1次変換	226	ナイキスト周波数	135	
自然角周波数	127	相　関	15	内　挿	136	
自然サンプリング	143	相関係数	17	【に】		
実　体	19	相関検波	15	2の補数表示	157	
時不変システム	22	相互エネルギースペクトル		【の】		
時分割多重	76		90	ノイズシェーピング	257	
時変システム	22	相互相関関数	15	ノルム	240	
シャノン・染谷の標本化		双対性	72	【は】		
定理	132	【た】		ハール関数	239	
周期信号	4	対称性	70	バイアス型	148	
終期値の定理	112, 211	畳み込み	77, 110, 210	バイナリ符号	131	
周期的畳み込み	178	畳み込み積分	13	パーシバルの定理		
収束領域	101, 203	畳み込み和	29		42, 89, 182	
周波数応答	81	単位ステップ関数		バタフライ演算	198	
周波数分解能	183		2, 67, 103, 205	バタワース多項式	247	
周波数変換	142	単位遅延演算子	207	バタワースフィルタ	247	
巡回時間シフト	177	ダンピングファクタ	127	ハニング窓	191	
巡回周波数シフト	178	【ち】		反共役対称	70, 175	
巡回畳み込み	178	長除算	213	バンドパスサンプリング		
初期値の定理	112, 211	【て】			138	
信号対雑音電力比	151	低域遮断周波数	54	【ひ】		
信号対量子化雑音電力比	151	低域通過フィルタ	83	非因果的システム	26	
伸張器	154	テイラー級数	51	非周期信号	4	
振幅スペクトル	41, 62	ディラック	4	非　数	165	
【す】		ディリクレ	45	非線形システム	19	
スカラー量子化	146	——の核関数	188	左半平面	99	
スケーリング	76, 107, 209	——の条件	45	標本化	131	
ステップ応答	29	ディリクレ核	49, 187	標本化速度変換技術	253	
スペクトルの漏洩	186	デシメーション	251	ヒルベルト空間	240	
スムージング	80	デルタ関数	4, 63, 103, 205	ヒルベルト変換	92	
【せ】		電圧制御発振器	126	比例的	19	
正規直交関数系	137, 239	伝達関数	81	【ふ】		
ゼ　ロ	115	電力信号	9			
ゼロスタッフィング		電力スペクトル	42, 182			
	189, 254	電力密度スペクトル	182			
ゼロパディング	189, 254			フィルタ	83	
線形システム	19					
線形・時不変システム	27					

フーリエ級数の部分和	47	ポアソンの和公式	86	ラゲール関数	239
フーリエ係数	38	**【ま】**		ランダム変数	150
複素フーリエ係数	40			ランプ関数	103, 205
フーリエ変換の存在条件	62	マクローリンの級数展開		**【り】**	
不確定性の原理	76		237		
負帰還	216	窓関数	189	リーマン・ルベーグの定理	
複素周波数	98	丸め誤差	149		50
符号関数	4, 66	**【み】**		リーマンのツェータ関数	44
部分分数展開	114			離散時間フーリエ変換	169
ブラックマン窓	192	右半平面	99	離散信号	1
プリワーピング	233	ミッドトレッド型	148	離散フーリエ変換	169
【へ】		ミッドライザ型	147	理想低域通過フィルタ	84
		【む】		両側 z 変換	203
平滑化	58, 80			両側ラプラス変換	99
ベクトル量子化	146	無記憶システム	23	量子化	131, 146
ベッセル関数	239	無相関	15	**【れ】**	
ヘビサイドの演算子法	98	無歪み伝送	84		
変調	75	**【ら】**		レート・歪み理論	153
【ほ】				レート変換技術	253
		ライプニッツの公式	48	連続信号	1
A/D 変換	147	PAM 信号	133	sinc 関数	63
Dirichlet-Jordan の定理	46	PCM 信号	154	μ 法則 log-PCM	154
D/A 変換	147	SSB 通信システム	94	Σ-Δ 変調	256
IEEE-754 規格	164	TDM 信号	76		
MASH 方式	258	sinc 関数	63		

―― 著者略歴 ――

1972年　東京工業大学工学部電子物理工学科卒業
1972年　日本電信電話公社（現 NTT）電気通信研究所勤務
1988年　工学博士（東京工業大学）
1998年　和歌山大学教授
2014年　和歌山大学定年退職

信号とシステム
Signals and Systems　　　　　　　　　　© Yoichi Saito　2003

2003年6月27日　初版第1刷発行
2016年8月10日　初版第6刷発行

検印省略	著　者	斉　藤　洋　一
	発行者	株式会社　コロナ社
	代表者	牛来真也
	印刷所	富士美術印刷株式会社

112-0011　東京都文京区千石 4-46-10
発行所　株式会社　コロナ社
CORONA PUBLISHING CO., LTD.
Tokyo　Japan
振替 00140-8-14844・電話(03)3941-3131(代)
ホームページ http://www.coronasha.co.jp

ISBN 978-4-339-00756-5　（柏原）　（製本：愛千製本所）
Printed in Japan

本書のコピー，スキャン，デジタル化等の無断複製・転載は著作権法上での例外を除き禁じられております。購入者以外の第三者による本書の電子データ化及び電子書籍化は，いかなる場合も認めておりません。

落丁・乱丁本はお取替えいたします